Thilia Ferrier

La régulation de la biosynthèse des flavonoïdes dans la baie de raisin

Thilia Ferrier

La régulation de la biosynthèse des flavonoïdes dans la baie de raisin

Utilisation de mutants naturels de vigne pour identifier de nouveaux gènes MYB dans la baie du raisin

Presses Académiques Francophones

Impressum / Mentions légales
Bibliografische Information der Deutschen Nationalbibliothek: Die Deutsche Nationalbibliothek verzeichnet diese Publikation in der Deutschen Nationalbibliografie; detaillierte bibliografische Daten sind im Internet über http://dnb.d-nb.de abrufbar.
Alle in diesem Buch genannten Marken und Produktnamen unterliegen warenzeichen-, marken- oder patentrechtlichem Schutz bzw. sind Warenzeichen oder eingetragene Warenzeichen der jeweiligen Inhaber. Die Wiedergabe von Marken, Produktnamen, Gebrauchsnamen, Handelsnamen, Warenbezeichnungen u.s.w. in diesem Werk berechtigt auch ohne besondere Kennzeichnung nicht zu der Annahme, dass solche Namen im Sinne der Warenzeichen- und Markenschutzgesetzgebung als frei zu betrachten wären und daher von jedermann benutzt werden dürften.

Information bibliographique publiée par la Deutsche Nationalbibliothek: La Deutsche Nationalbibliothek inscrit cette publication à la Deutsche Nationalbibliografie; des données bibliographiques détaillées sont disponibles sur internet à l'adresse http://dnb.d-nb.de.
Toutes marques et noms de produits mentionnés dans ce livre demeurent sous la protection des marques, des marques déposées et des brevets, et sont des marques ou des marques déposées de leurs détenteurs respectifs. L'utilisation des marques, noms de produits, noms communs, noms commerciaux, descriptions de produits, etc, même sans qu'ils soient mentionnés de façon particulière dans ce livre ne signifie en aucune façon que ces noms peuvent être utilisés sans restriction à l'égard de la législation pour la protection des marques et des marques déposées et pourraient donc être utilisés par quiconque.

Coverbild / Photo de couverture: www.ingimage.com

Verlag / Editeur:
Presses Académiques Francophones
ist ein Imprint der / est une marque déposée de
OmniScriptum GmbH & Co. KG
Heinrich-Böcking-Str. 6-8, 66121 Saarbrücken, Deutschland / Allemagne
Email: info@presses-academiques.com

Herstellung: siehe letzte Seite /
Impression: voir la dernière page
ISBN: 978-3-8381-4683-6

Zugl. / Agréé par: Bordeaux, Université de Bordeaux I, 2008

Copyright / Droit d'auteur © 2014 OmniScriptum GmbH & Co. KG
Alle Rechte vorbehalten. / Tous droits réservés. Saarbrücken 2014

ABRÉVIATIONS

°C	Degré Celsius
4CL	4-coumarate CoA ligase
A	Absorbance
aa	Acides aminés
ABA	Acide abscissique
ACT	Acétyltransférases
aa-dUTP	5-(3-aminoallyl)-2'deoxyuridine 5'triphosphate
AD	" Activation domain "
ADN	Acide désoxyribonucléique
ADNc	ADN complémentaire
ADNg	ADN génomique
ADN-T	ADN tranféré
AMPc	Adénosine 5'-monophosphate
ANR	Anthocyanidine réductase
ANS	Anthocyanidine synthase
Arabidopsis	*Arabidopsis thaliana*
ARN	Acide ribonucléique
ARNm	ARN messager
ATP	Adénosine triphosphate
Aux	Auxine
BB	Pellicule blanche du Béquignol mutant
BD	" Binding domain "
BET	Bromure d'éthidium
bHLH	Région basique/Hélice-boucle-Hélice
BR	Pellicule rouge du Béquignol mutant
C4H	Cinnamate 4-hydroxylase
CaMV	" cauliflower mosaic virus "
CHI	Chalcone isomérase
CHS	Chalcone synthase
CTAB	Bromure d'hexadécyltriméthylammonium
cv	Cultivar
Cy3	Cyanine 3
Cy5	Cyanine 5
Da	Dalton
dATP	Déoxyadénosine triphosphate

DEPC	Diéthylpyrocarbonate
DFR	Dihydroflavonol réductase
DNAse	Désoxyribonucléase
dNTP	Désoxynucléoside 5'-triphosphate
DO	" Dropout solution "
dTTP	Déoxythymidine triphosphate
DTT	1,4-Dithiothréitol
EBG	" Early Biosynthetic Genes "
EDTA	Acide éthylènediaminetétraacétique
EST	Expressed Sequence Tag
F3H	Flavanone-3-hydroxylase
F3'H	Flavonoïde 3'-hydroxylases
F3'5'H	Flavonoïde 3'5'-hydroxylases
FLS	Flavonol synthase
FT	Facteurs de transcription
GA	Acide gibbérellique
GMPc	Guanoside 5'-monophosphate cyclique
GST	Glutathione S-transferase
GTP	Guanosine TriPhosphate
GUS	β-glucuronidase
h	Heure
HPLC	Chromatographie liquide à haute performance
IAA	Alcool isoamylique
IPTG	Isopropyl-β-thiogalactopyranoside
Inr	Initiateur
j	Jours
Kan	kanamycine
Kb	Kilobase
kDa	Kilodalton
L	Litre
LAR	Leucoanthocyanidine réductase
LB	Milieu de Luriani-Bertani
LBG	" Late Biosynthetic Gene "

LDOX	Leucoanthocyanidine dioxygénase
min	Minutes
mL	Millilitre
mM	Millimolaire
MS	Milieu Murashige et Skoog
MYB	**My**élo**b**lastosis
NASC	Nottingham Arabidopsis Stock Center
Nb	Nombre
nm	Nanomètre
NOS	Nopaline synthase
NptII	Néomycine phosphotransférase II
OligodT	Oligodésoxyribonucléotide
OMT	*O*-méthyltransférase
p/v	poids/volume
pb	Paire de base
PCR	Réaction de polymérisation en chaîne
Pfu	*Pyroccoccus furiosus*
pmol	Picomoles
PA	Proanthocyanidines
PAL	Phénylalanine ammoniac-lyase
PN	Pinot noir
PB	Pinot blanc
PVPP	Polyvinyl polypyrrolidone
RE	Réticulum endoplasmique
RER	Face cytosolique du RE
rpm	Rotation par minute
RT-PCR	Transcription réverse suivie d'une PCR
S	Seconde
SA	Acide salicylique
SDS	Sodium dodécyle sulfate
SSC	Standard sodium citrate
TAIR	The Arabidopsis Information Resource
TAE	Tampon tris-acétate-EDTA
Taq	*Thermophillus aquaticus*

TC	Tentative consensus
TE	Tampon tris-EDTA
TIGR	The Institute for Genomic Research
Tm	" Melting Temperature "
Tris	tri-(hydroxyméthyl) amino méthane
TSS	Site d'initiation de la transcription
U	Unités
UFGT	UDP Glucose Flavonoid 3-O-Glucosyltransférase
µg	Microgramme
µM	Micromolaire
µL	Microlitre
U.V.	Ultraviolet
Vol.	Volume
v/v	volume/volume
WT	" wild type "
X-α-gal	5-bromo-4-chloro-3-indoyl α-D galactoside
X-gal	5-bromo-4-chloro-3-indoyl β-D galactoside

SOMMAIRE

AVANT-PROPOS... 1

Le fruit de la vigne.. 2
De la vigne au vin.. 2
Le vin et la santé.. 3
Le raisin, source de jouvence... 4
Objectifs du travail de thèse... 5

SYNTHESE BIBLIOGRAPHIQUE... 6

1 Présentation de la Vigne 8
  1.1 Systématique 8
  1.2 Notion de variétés, cépages, clones, cultivars................................... 9
  1.3 Cycle végétatif de la vigne 10
  1.4 Morphologie et anatomie de la baie de raisin.................................. 14
    1.4.1 La pellicule 14
    1.4.2 La pulpe 15
    1.4.3 Les pépins 15
    1.4.4 Les faisceaux libéro-ligneux 17
  1.5 Physiologie de la baie de raisin 17
    1.5.1 Cycle de développement de la baie de raisin 17
      1.5.1.1 Phase I ou croissance herbacée....................................... 17
      1.5.1.2 Phase II ou maturation.. 18
    1.5.2 Aspects biochimiques du développement de la baie de raisin ... 20
      1.5.2.1 Acidité de la baie.. 20
      1.5.2.2 Accumulation des sucres...21
      1.5.2.3 Accumulation des composés aromatiques...................... 23
    1.5.3 Contrôle hormonal du développement de la baie. 25
      1.5.3.1 Hormones intervenant dans la mise en place de la baie de raisin.. ..25
      1.5.3.2 Hormones intervenant au cours de la maturation de la baie de raisin… 26

2 Métabolisme des Flavonoïdes dans la baie de raisin 29
  2.1 Flavonoïdes chez les végétaux 31
  2.2 Biosynthèse des flavonoïdes chez les végétaux 35
    2.2.1 Voie commune de biosynthèse des flavonoïdes 35
    2.2.2 Biosynthèse des anthocyanes.. 37
    2.2.3 Biosynthèse des proanthocyanidines 38

2.2.4 Organisation subcellulaire du métabolisme des flavonoïdes 40
2.2.5 Transport et compartimentation des flavonoïdes 41
2.3 Composés phénoliques identifiés dans la baie de raisin 42
    2.3.1 Les anthocyanes 42
    2.3.2 Les proanthocyanidines 44
    2.3.3 Les flavonols 45
2.4 Biosynthèse des flavonoïdes dans la baie de raisin 46

3 Régulation transcriptionnelle du métabolisme des flavonoïdes 50
3.1 Mécanisme général de la régulation des gènes chez les eucaryotes 51
    3.1.1 Les promoteurs et leurs éléments de régulation 51
    3.1.2 Les facteurs de transcription 52
3.2 Aspects généraux sur la régulation de la voie de biosynthèse des flavonoïdes 54
    3.2.1 Les éléments *cis*-régulateurs de la voie des flavonoïdes 54
    3.2.2 Les facteurs de transcription régulateurs de la voie des flavonoïdes 56
        3.2.2.1 Facteur de transcription MYB 56
        3.2.2.2 Facteur de transcription bHLH 61
    3.2.3 Les WD40, une autre famille de régulateur de la voie des flavonoïdes 64
3.3 Gènes impliqués dans la régulation des gènes de biosynthèse des anthocyanes 66
    3.3.1 Régulation de la biosynthèse des anthocyanes chez les espèces modèles 66
        3.3.1.1 Activateurs de la biosynthèse des anthocyanes 66
        3.3.1.2 Répresseurs de la biosynthèse des anthocyanes 68
    3.3.2 Régulation de la biosynthèse des anthocyanes dans la baie de raisin 70
    3.3.3 Régulation de la biosynthèse des anthocyanes dans la baie de raisin 70
3.4 Gènes impliqués dans la régulation des gènes de biosynthèse des PA 72
    3.4.1 Régulation de la biosynthèse des PA chez Arabidopsis 74
    3.4.2 Régulation de la biosynthèse des PA dans la baie de raisin 74
3.5 Gènes impliqués dans la régulation des gènes de biosynthèse des flavonols 75

CHAPITRE 1
Caractérisation des mécanismes régulateurs de l'expression du gène VvMyb5a et de l'activité de la protéine correspondante..........76

1 Introduction : Etat de l'art sur *VvMyb5a*..................... 79

2 Recherche de partenaires protéiques de la protéine VvMyb5a 81
2.1 Analyse *in silico* de la séquence *VvMyb5a* 81
2.2 Recherche d'interacteurs protéiques du domaine GRD de VvMyb5a.. 85
    2.2.1 Principe de la technique du double hybride chez la levure........ 85
    2.2.2 Clonage du domaine GRD dans le plasmide proie et tests préliminaires 88
        2.2.2.1 Clonage du domaine GRD 90
        2.2.2.2 Test préliminaires : toxicité et auto-actvation............... 90
    2.2.3 Criblage de la banque 92
    2.2.4 Résultats du séquençage des clones positifs 94

3 Etude fonctionnelle du promoteur de *VvMyb5a* 98
3.1 Définition biologique du promoteur reconnu par l'ARN polymérase II... 98
3.2 Clonage et analyse in silico du promoteur VvMyb5a 101
    3.2.1 Clonage du promoteur *VvMyb5a* 101
    3.2.2 Analyse *in silico* de la séquence promotrice de *VvMyb5a*....... 102
3.3 Recherche de motifs consensus du promoteur proximal de VvMyb5a.. 104
    3.3.1 Recherche des motifs spécifiques du promoteur *VvMyb5a*..... 106
    3.3.2 Boîtes de réponses aux hormones................................... 106
        3.3.2.1 Motifs de régulation par l'ABA 106
        3.3.2.2 Coopération de motifs cis-régulateurs pour une signalisation par les gibbérellines 108
        3.3.2.3 Motif de régulation par d'autres hormones 110
    3.3.3 Boîtes de réponses aux stress environnementaux 112
        3.3.3.1 Motifs impliqués dans le signal lumière 112
        3.3.3.2 Autres motifs impliqués dans les facteurs abiotiques 114
    3.3.4 Boîtes de réponse aux sucres 116
3.4 Dissection fonctionnelle du promoteur *VvMyb5a*.................... 118
    3.4.1 Clonage des régions promotrices dans le vecteur d'expression transitoire pAM35... 119
    3.4.2 Tests préliminaires 119

3.5   Identification d'éléments trans-régulateurs par la technique du Simple Hybride chez la levure 121
    3.5.1   Principe de la technique du simple hybride chez la levure 121
    3.5.2   Clonage des régions promotrices cibles dans le vecteur .... d'expression pHIS2 124
    3.5.3   Tests préliminaires 124
    3.5.4   Criblage de la banque 126
    3.5.5   Résultats 128
3.6   Discussion et perspectives 129
    3.6.1   Régulation transcriptionnelle du gène *VvMyb5a* 129
    3.6.2   Les approches de criblage à grande échelle 132

CHAPITRE 2

Identification de nouveaux facteurs de transcription MYB par analyse de mutants naturels de la Vigne 136

1   Approche gènes candidats sur le Pinot Noir et deux de ses mutants naturels, le Pinot blanc et le Pinot gris. 137
1.1   Analyse de l'expression différentielle du facteur MYB R_2R_3, *VvMybPA1*, par la technique de la RT-PCR 139
1.2   Clonage et analyse in silico de la séquence d'ADNc du gène *VvMybPA1* 141
    1.2.1   Clonage de la séquence ADNc du gène *VvMybPA1* par RACE-PCR 141
    1.2.2   Analyse *in silico* de la séquence VvMybPA1 143
1.3   Caractérisation fonctionnelle du gène *VvMybPA1 in planta* 145
    1.3.1   Isolement et caractérisation d'un mutant d'insertion d'ADN-T dans le gène *VvMybPA1* 147
        1.3.1.1   Recherche de l'homologue de VvMybPA1 chez *Arabidopsis thaliana* 147
        1.3.1.2   Obtention du mutant d'insertion 148
        1.3.1.3   Isolement des lignées mutantes homozygotes 150
        1.3.1.4   Vérification du site d'insertion de l'ADN-T dans les mutants sélectionnés 153
        1.3.1.5   Confirmation de la perte d'expression d'AtMyb82 153
        1.3.1.6   Analyse préliminaire du phénotype du mutant KO62B ... 158
    1.3.2   Obtention et caractérisation des plantes transgéniques présentant une surexpression du gène *VvMybPA1* 158

  1.3.2.1 Obtention des transformants et expression du gène VvMybPA1 158
  1.3.2.2 Analyse des transformants T2 160
  1.3.2.3 Analyse phénotypique des transformants T3 162

2 Analyse globale du transcriptome des pellicules du cépage Béquignol mutant 164
2.1 Caractérisation du phénotype des baies du Béquignol mutant.. 164
 2.1.1 Analyses phénotypiques et microscopiques 164
 2.1.2 Analyses de la composition phénolique et de la teneur en sucre des pellicules 169
 2.1.3 Analyses de l'expression de gènes *MYB* 171
2.2 Analyse globale comparée des pellicules du Béquignol mutant.. 171
2.3 Validation de l'expression différentielle de *CB913371* par RT-.....PCR semi-quantitative 174
2.4 Identification et caractérisation fonctionnelle de *CB913371* 176
 2.4.1 Clonage de la séquence d'ADNc du gène *CB913371* 178
 2.4.2 Analyses *in silico* de la séquence codante de CB913371 et recherche de séquences protéiques homologues 178
 2.4.3 Profil d'expression de *VvMyb24* dans les différents organes de la vigne et au cours du développement de la baie de raisin 180

3 Discussion et Perspectives.. 180
3.1 Du séquençage de la vigne à la génomique fonctionnelle................ 180
3.2 Les mutants de couleurs, une ressource génétique utile pour identifier les régulateurs clés du métabolisme des anthocyanes 181
3.3 *VvMybPA1*, gène *MYB* impliqué dans la synthèse des ..anthocyanes ou des tannins ? 183
3.4 *VvMyb24*, nouveau régulateur *MYB* de la voie des anthocyanes? 186

CONCLUSIONS GENERALES ET PERSPECTIVES...…………...190

MATERIELS ET METHODES..**195**

1 Analyses bioinformatiques **196**

1.1   Recherche de séquences 196
1.2   Profil d'expression in silico... 196
1.3   Alignement des séquences et obtention des arbres phylogénétiques 196
1.4   Recherches bioinformatiques ciblées 197
    1.4.1 Analyse des séquences promotrices... 197
    1.4.2 Recherche de domaines protéiques.. 197

2 Matériels.. **198**

2.1   Amorces 198
2.2   Plasmides.. 198
    2.2.1 Vecteur de clonage... 198
    2.2.2 Vecteurs d'expression eucaryote 199
        2.2.2.1 Plasmides utilisés pour la recherche d'interactions
                  protéiques par la technique du double hybride en levure. 199
        2.2.2.2 Plasmides utilisés pour la recherche d'interactions ADN-
                  protéine par la technique du simple hybride en levure 200
        2.2.2.3 Plasmide utilisé pour les tests d'activation du promoteur 202
        2.2.2.4 Plasmide utilisé pour la transgénèse végétale 202
2.3   Bactéries 202
    2.3.1 Souches bactériennes 202
    2.3.2 Milieux de culture 203
2.4   Levures 203
    2.4.1 Souches de levures 203
    2.4.2 Milieux de culture 203
2.5   Matériel végétal 204
    2.5.1 Baies de raisin 204
        2.5.1.1 Cépages 204
        2.5.1.2 Procédure de prélèvement 204
    2.5.2 Graines d'Arabidopsis thaliana et conditions de culture 205
        2.5.2.1 Ecotype 205
        2.5.2.2 Condition de culture in vitro 205
        2.5.2.3 Condition de culture en terre... 205

3 Techniques de biologie moléculaire **206**

3.1   Extraction des acides nucléiques.. 206

3.1.1 Extraction des ARN totaux 206
    3.1.1.1 Extraction des ARN totaux de vigne 206
    3.1.1.2 Extraction des ARN totaux d'Arabidopsis thaliana 206
    3.1.1.3 Traitement des ARN totaux à la DNase 207
3.1.2 Extraction d'ADN génomique *d'Arabidopsis thaliana* 207
3.2 Analyses des acides nucléiques 207
    3.2.1 Quantification des acides nucléiques extraits 207
    3.2.2 Electrophorèse des acides nucléiques 207
    3.2.3 Réaction de transcription inverse (RT) 208
    3.2.4 Réaction de polymérisation en chaine (PCR) 208
3.3 Analyse du niveau d'expression des transcrits par RT-PCR 209
3.4 Clonage moléculaire 209
    3.4.1 Préparation des fragments à cloner 210
        3.4.1.1 Amplification et purification des fragments amplifiés
            par PCR 210
        3.4.1.2 Digestion de l'ADN par des enzymes de restriction 210
    3.4.2 Ligation dans le vecteur d'intérêt 211
        3.4.2.1 Principe de la réaction de ligation 211
        3.4.2.2 Ligation des produits amplifiés dans le vecteur
            pGEMT®easy 211
        3.4.2.3 Ligation des produits digérés dans les autres vecteurs 211
    3.4.3 Transformation de bactéries thermocompétentes par choc
        thermique 212
        3.4.3.1 Préparation des bactéries thermocompétentes 212
        3.4.3.2 Transformation de bactéries par choc thermique 212
    3.4.4 Sélection des bactéries recombinantes 213
    3.4.5 Vérification des clones positifs 213
        3.4.5.1 Minipréparation d'ADN plasmidique 213
        3.4.5.2 Digestion de l'ADN plasmidique et séquençage des clones
            positifs 214
3.5 Clonage des extrémités 5' et 3' d'un gène par la technique de
    RACE-PCR 214
3.6 Techniques pour le criblage simple et double hybride chez la
    levure 214
    3.6.1 Préparation et transformation des levures compétentes 214
    3.6.2 Vérification de la toxicité de la protéine ou du peptide appât pour
        la technique du double hybride 215
    3.6.3 Vérification de l'auto-activation de la protéine ou du peptide
        appât pour la technique du double hybride 215
    3.6.4 Détermination de la quantité optimale de 3-AT pour la technique
        de simple hybride 216

    3.6.5 Amplification de la banque ADNc double et simple hybride.. 216
    3.6.6 Criblage des interactions simple et double hybride par co-transformation 217
    3.6.7 Calcul de l'efficacité de co-transformation 218
    3.6.8 Isolation des clones positifs en simple et double hybride chez la levure 218
        3.6.8.1 Minipréparation d'ADN plasmidique des clones de levures 219
        3.6.8.2 Préparation et transformation des bactéries électrocompétentes 219
3.7 Techniques de microarray 221
    3.7.1 Principe général de la technique de microarray 221
    3.7.2 Principe d'analyses des lames de microarray 222
    3.7.3 Type de lames utilisées pour l'analyse microarray 222
    3.7.4 Synthèse des sondes marquées, co-hybridation et lavages des lames 223
        3.7.4.1 Synthèse et marquages des sondes 223
        3.7.4.2 Dosage des sondes et détermination de l'efficacité d'incorporation des fluorochromes 223
        3.7.4.3 Co-hybridation et lavages des lames 224
    3.7.5 Acquisition et analyse des images 225
        3.7.5.1 Acquisition des images 225
        3.7.5.2 Analyse des images 226
    3.7.6 Normalisation et statistiques 226
    3.7.7 Ré-annotation des séquences " spottées " sur les lames 227
        3.7.7.1 Mise à jour des annotations 227
        3.7.7.2 Catégories fonctionnelles 228

4 Méthodes de transgenèse et d'analyses des plantes transgéniques 228

4.1 Préparation et transformation d'agrobactéries électrocompétentes.. 228
4.2 Transformation stable d'Arabidopsis thaliana et sélection des plantes 228
4.3 Méthodes d'analyses des plantes transgéniques 229

5 Méthodes d'analyses histologiques 229

5.1 Réalisation de coupes d'échantillons frais 229
5.2 Observation et acquisition des images 230

ANNEXES..**231**

Annexe 1.. 232
Annexe 2.. 234
Annexe 3.. 236
Annexe 4.. 237
Annexe 5.. 238
Annexe 6.. 239
Annexe 7.. 240
Annexe 8.. 241
Annexe 9.. 243
Annexe 10.. 244
Annexe 11.. 245
Annexe 12.. 246
Annexe 13.. 247
Annexe 14.. 248

BIBLIOGRAPHIE...**254**

LISTE DES FIGURES

Figure 1: Classification selon Cronquist.
Figure 2: Classification phylogénétique des Vitacées.
Figure 3: Classification générale du genre *Vitis*.
Figure 4: Stades repères phénologiques du cycle végétatif de la vigne.
Figure 5: Organisation d'une baie de raisin.
Figure 6: Structure détaillée d'une baie de raisin.
Figure 7: Schéma représentant le développement de la baie de raisin.
Figure 8: Répartition tissulaire des composés essentiels à l'élaboration de la qualité organoleptique de la baie de raisin.
Figure 9: Régulation hormonal du développement de la baie de raisin.
Figure 10: Structure chimique de base des flavonoïdes.
Figure 11 : Représentation schématique des principales classes de flavonoïdes.
Figure 12: Structure chimique des six anthocyanes majeures de la baie de raisin.
Figure 13: Structure chimique des tannins condensés ou proanthocyanidines.
Figure 14: Structure chimique des principaux flavonols.
Figure 15: Représentation schématique des voies de biosynthèse des principaux composés phénoliques présents chez les végétaux.
Figure 16: Modèles d'organisation des enzymes du métabolisme des flavonoïdes en canal métabolique.
Figure 17: Cinétique d'accumulation des composés phénoliques pendant le développement de la baie de raisin.
Figure 18: Profil d'expression des gènes *VvLDOX, VvANR, VvLAR1* et *VvLAR2* au cours du développement de la baie dans les pépins (A) et la pellicule (B).
Figure 19: Profil d'expression des gènes de biosynthèse des anthocyanes au cours du développement de la baie dans la pellicule (A) et la pulpe (B).
Figure 20: Principaux domaines de liaison à l'ADN des facteurs de transcription.
Figure 21: Structure tridimensionnelle d'une protéine MYB R_2R_3 interagissant avec la molécule d'ADN.
Figure 22: Représentation des domaines fonctionnels des protéines de type MYB typiques chez les animaux et chez les végétaux.

Figure 23: Structure tridimensionnelle d'une protéine bHLH MyoD interagissant avec la molécule d'ADN.
Figure 24: Structure tridimensionnelle du domaine WD40 de la sous-unité beta de la protéine G hétérotrimérique.
Figure 25: Représentation schématique du locus qui détermine la couleur des baies de Cabernet sauvignon.
Figure 26: Différences génétiques à l'origine des cépages rouges et blancs.
Figure 27: Représentation schématique de l'activité du complexe MYB-bHLH-WD40 impliqué dans la biosynthèse des proanthocyanidines dans les graines d'*Arabidopsis*.
Figure 28: Activation des promoteurs des gènes codant les enzymes de la voie de biosynthèse des flavonoïdes chez la vigne par *VvMyb5a*.
Figure 29: Implication des facteurs de transcriptions MYB R_2R_3 dans les mécanismes régulateurs de la biosynthèse des flavonoïdes au cours du développement de la baie de raisin.
Figure 30: Analyse bioinformatique du locus *VvMyb5a*.
Figure 31: Analyse des similarités observées entre VvMyb5a et d'autres protéines MYB de plantes.
Figure 32: Principe de la technique du double hybride chez la levure.
Figure 33: Représentation schématique des domaines protéiques conservés dans la protéine VvMyb5a et du peptide cible utilisé pour l'approche double hybride.
Figure 34: Représentation schématique du crible effectué pour identifier les clones positifs en double hybride contre le domaine GRD de VvMyb5a.
Figure 35: Comparaison des séquences protéiques de GSVIVP0003204001 avec deux membres de la famille des protéines Mak kinase.
Figure 36: Représentation schématique de la structure des promoteurs de plantes.
Figure 37: Représentation schématique de la position des motifs consensus du promoteur proximal *VvMyb5a*.
Figure 38: Représentation schématique de la position des éléments de réponse à l'acide abscissique identifiés dans le promoteur *VvMyb5a*.
Figure 39: Représentation schématique de la position des éléments de réponse aux gibbérellines identifiés dans le promoteur *VvMyb5a*.

Figure 40 : Représentation schématique de la position des éléments de réponse aux hormones éthylène, auxine et acide salicylique identifiés dans le promoteur *VvMyb5a*.
Figure 41 : Représentation schématique de la position des éléments de réponse à la lumière identifiés dans le promoteur *VvMyb5a*.
Figure 42 : Représentation schématique de la position des éléments de réponse aux facteurs abiotiques dans le promoteur *VvMyb5a*.
Figure 43 : Représentation schématique de la position des éléments de réponse aux sucres dans le promoteur *VvMyb5a*.
Figure 44 : Représentation schématique des régions promotrices de *VvMyb5a* impliquées dans la réponse aux hormones, aux sucres et à la lumière.
Figure 45 : Fusions transcriptionnelles entre divers fragments du promoteur du gène *VvMyb5a* délétés en 5' et le gène rapporteur de la *β-glucuronidase* (*GUS*).
Figure 46 : Activité transcriptionnelle du promoteur *VvMyb5a* et des fragments délétés en 5' dans des protoplastes *d'Arabidopsis thaliana*.
Figure 47 : Principe de la technique de criblage simple hybride chez la levure pour identifier des facteurs *trans*-régulateurs.
Figure 48 : Représentation schématique du crible effectué pour identifier les clones positifs en simple hybride contre le fragment S_4 de *VvMyb5a*.
Figure 49 : Analyse par RT-PCR semi-quantitative de l'expression de *VvMybPA1* au cours du développement des baies de Pinot noir, gris et blanc.
Figure 50 : Analyse par électrophorèse en gel d'agarose des amplifications des extrémités 5' et 3' de l'ADNc de *VvMybPA1* par RACE-PCR.
Figure 51 : Analyse par électrophorèse des amplifications de la séquence codante et génomique de *VvMybPA1*.
Figure 52 : Analyse de la séquence génomique de *VvMybPA1*.
Figure 53 : Comparaison des séquences protéiques de VvMybPA1 avec deux membres de la famille des protéines MYB.
Figure 54 : Analyse phylogénétique de VvMYB24 et des 126 protéines MYB R2R3 *d'Arabidopsis thaliana*.
Figure 55 : Représentation schématique de l'ADN-T du vecteur pAC106 utilisé par GABI-kat.
Figure 56 : Analyse par PCR du génotype des mutants d'insertion ADN-T pour le gène *AtMyb82* (*At5g52600*).

Figure 57: Identification du site d'insertion exact de l'ADN-T dans le mutant KO62B.
Figure 58: Expression du gène *AtMyb82* dans différents organes d'*Arabidopsis thaliana*.
Figure 59: Vérification de l'absence de transcrits *AtMyb82* dans le mutant d'insertion KO62B par RT-PCR.
Figure 60: Analyse phénotypique préliminaire du mutant KO62B.
Figure 61: Représentation schématique de l'ADN-T utilisé pour la surexpression de *VvMybPA1*.
Figure 62: Phénotype observé sur les transformants *35S::VvMybPA1*.
Figure 63: Analyse de l'expression du gène *VvMybPA1* dans les plantes transgéniques *35S::VvMybPA1* de génération T3.
Figure 64: Photographies de grappes de baies du groupe variétal du cépage Béquignol.
Figure 65: Observations des couches cellulaires de la pellicule de baie du Béquignol mutant, Béquignol et Béquignol blanc.
Figure 66: Analyse de la teneur en anthocyanes des pellicules rouges de Béquignol mutant et des pellicules de Béquignol rouge par HPLC.
Figure 67: Analyse de la teneur en flavonols des pellicules de Béquignol mutant, Béquignol rouge et Béquignol blanc par HPLC.
Figure 68: Analyse de la teneur en sucre des pulpes de Béquignol mutant, Béquignol rouge et Béquignol blanc.
Figure 69: Analyse par RT-PCR semi-quantitative des profils d'expression des gènes *VvMybA1*, *VvMybA3* et *VvMybPA1* dans les pellicules blanches et rouges du Béquignol mutant.
Figure 70: Validation de l'expression différentielle de *CB923371* par RT-PCR semi-quantitative dans les pellicules des baies de Pinot noir, de Pinot blanc et de Béquignol mutant.
Figure 71: Profil d'expression par RT-PCR semi-quantitative de *CB913371* dans les pellicules, les pulpes et les baies épépinées des cépages Pinot noir et blanc.
Figure 72: Analyse de la séquence génomique de *VvMyb24*.
Figure 73: Comparaison des séquences protéiques de CB913371 et d'AtMyb24.
Figure 74: Analyse par RT-PCR semi-quantitative de l'expression de *VvMyb24* dans des organes de vigne et dans des baies de raisin à différents stades de développement.
Figure 75: Principe et différentes étapes de la technique microarray

LISTE DES TABLEAUX

Tableau I: Protéines MYB, bHLH et WD40 impliquées dans le contrôle de la synthèse des anthocyanes chez les espèces modèles et dans la baie de raisin.

Tableau II: Protéines MYB, bHLH et WD40 impliquées dans le contrôle de la biosynthèse des proanthocyanidines chez les espèces modèles et dans la baie de raisin.

Tableau III: Représentation schématique des résultats des tests d'autoactivation.

Tableau IV: Interacteurs protéiques possibles du domaine GRD de la protéine VvMyb5a identifiés par la technique du double hybride en levure.

Tableau V: Analyse comparative des motifs *cis*-régulateurs identifiés dans le promoteur *VvMyb5a* par les outils de prédiction PLACE et MatInspector.

Tableau VI: Liste des éléments *cis*- et *trans*-régulateurs de réponse aux hormones identifiés dans le promoteur de *VvMyb5a* par les outils de prédiction PLACE et MatInspector.

Tableau VII: Liste des éléments *cis*- et *trans*-régulateurs impliqués dans le signal lumière identifiés par les outils de prédiction PLACE et MatInspector.

Tableau VIII: Liste des éléments *cis*- et *trans*-régulateurs impliqués dans différents stress abiotiques identifiés par les outils de prédiction PLACE et MatInspector.

Tableau IX: Liste des éléments *cis*- et *trans*-régulateurs impliqués dans la réponse aux sucres identifiés par les outils de prédiction PLACE et MatInspector.

Tableau X: Eléments *trans*-régulateurs interagissant avec le promoteur *VvMyb5a*, identifiés par la technique du simple hybride chez la levure.

Tableau XI: Souches de microorganismes utilisés.

AVANT-PROPOS

L'histoire de la vigne et du vin accompagne l'histoire de l'humanité depuis des millénaires. Comme l'homme, le cep est divers, changeant, souvent imprévisible. Le vin est fruit de la terre comme du travail des hommes, lié à ceux-ci par une complicité profonde. Un néophyte voit dans la vigne des plants bien ordonnés, alignés tels des militaires, tous identiques. Pourtant, chaque cep, résultat biologique de lentes mutations génétiques, est différent et vit son aventure individuelle tout en étant encadré afin d'éviter que la nature ne reprenne le dessus.

Le Fruit de la vigne...
Le raisin est un fruit exceptionnel : en tant qu'aliment énergétique, il est facilement digeste et assimilable par l'organisme. Ses atouts nutritifs sont ainsi reconnus depuis l'antiquité. Il est le 2ème fruit dont parle la Bible, après la pomme. Né en chine en 2000 ans avant notre ère, il est l'un des fruits les plus anciennement connus. Riche en symbole, il représente la vie dans les tombeaux des pharaons et devient la figure du culte de Dionysos dans la Grèce antique. Jusqu'alors, la vigne était essentiellement destinée à la vinification et c'est seulement au XVIème siècle qu'elle sera considérée pour d'autres usages. C'est en outre François Ier qui, recevant en cadeau du Chasselas de la part de Soliman le Magnifique, fait entrer ces belles grappes à Fontainebleau. Le " raisin de table " acquiert ses lettres de noblesses et devient dessert du roi. A la fin du XIXème, le viticulture française traverse une crise qui favorise aussi l'essor du vin de table, nouveau débouché potentiel. Le raisin de table prend alors son plein essor. Il connaît au cours du XXème siècle un développement considérable, lié notamment aux évolutions des moyens de transport et de commercialisation.

De la vigne au vin...
Le vin est un produit unique. Tout au long des siècles, le vin reste un élément de fête, de culture ou une libation de choix pour préconiser une meilleure santé, avant même la découverte du *French Paradox* [1]. Boire du vin, toujours avec modération, c'est aussi rafraîchir sa mémoire culturelle. Il est, selon Colette " l'honneur des mets " ou, selon Alexander Fleming "ce qui rend les hommes heureux" (la pénicilline ne faisant que "guérir les humains "). Un pays moderne se doit de lui conserver son prestige et d'encourager tous les efforts qui tendent à en améliorer la qualité. Le vin est, et doit demeurer un produit de " distinction " (cf. Pierre

Bourdieu) dans un pays comme la France qui lui a toujours reconnu une place de choix.

L'usage du vin par les Gaulois a permis à nos ancêtres de s'intégrer dans la civilisation du vin et par là même de se distinguer culturellement des peuples de l'Europe du Nord buveurs de bière. Mais nulle part ailleurs, autant qu'en France, la liqueur de Bacchus n'a été élevée au rang de " boisson totem ". Dans un essai intitulé Mythologies, Roland Barthes écrit en 1957 que: " le vin est senti par la nation française comme un bien qui lui est propre, au même titre que ses 360 espèces de fromages et sa culture ". Trente ans plus tard à la question : " *Être Français, c'est selon vous d'abord... ?* ", la réponse : *"Aimer le bon vin* " vient à la suite d'évidences comme *"Être né en France* " ou *" Parler français* " (selon un sondage réalisé en mai 1987 sur " Les Français et leur histoire " pour le n°100 du mensuel L'Histoire). Autrement dit, le vin apparaît à nos compatriotes comme un élément constitutif de la " francitude " voire comme un mythe fondateur de la nation française. Le flacon de vin est aussi un " lieu de mémoire ".

Car la France est le pays de référence de la civilisation du vin en même temps que la patrie de la gastronomie, laquelle culmine dans ses vins. Mais indépendamment de sa région natale ou du statut économique du consommateur, tous les vins sont attendus comme une expérience orgasmique [2]. Ainsi, la volonté des producteurs français est d'être irréprochable sur la qualité du produit et comme le dit Gérard Bertrand (leader qualitatif des vins premiums du sud de la France), " Le vin est grand, quand la main de l'homme a révélé le terroir qui l'a engendré ".

Le vin et la santé…
Les vertus thérapeutiques du vin ont été reconnues dès l'Antiquité. La plupart des médicaments que prescrivait Hippocrate étaient à base de vin, bien qu'à cette époque, aucun fondement scientifique ne le justifiait. A l'époque où l'eau était le véhicule de maladies et d'infections, Pasteur disait que le vin était la plus saine et la plus hygiénique des boissons. Depuis la découverte du " french paradox ", de nombreuses études ont été menées sur l'alcool et ses effets sur la santé humaine. Des études épidémiologiques se sont multipliées, les plus significatives sont celles menées dans le Nord-est de la France sous l'égide du Pr. Serge Renaud, et celles menées au Danemark par Gronbaek et *al.* [3]. Ces études ont permis de montrer que les composés phénoliques, en dehors de leurs effets

sensoriels et leur contribution à la couleur du vin, ont des propriétés antimutagènes, anticarcinogènes, antiathérogènes et anticoagulantes. Leurs actions thérapeutiques interviendraient contre certaines pathologies chroniques comme l'athérosclérose, le diabète, l'hypertension et certains cancers. Des recherches sont encore nécessaires pour expliquer les effets observés lors des enquêtes épidémiologiques. Il est incontestable que l'abus de boissons alcoolisées a fait des ravages dans la société en étant à la fois source de problèmes de santé et de drames humains. Mais comme le recommande Arnaud de Villeneuve, " Buvez-en peu, mais qu'il soit bon, le bon vin sert de médecin, le mauvais vin est un poison ".

Le raisin, source de jouvence...

On connaissait les vertus d'un verre de vin par jour, mais on ne soupçonnait pas toutes les richesses contenues dans un minuscule pépin de raisin. L'emploi du raisin en cosmétologie remonte au moins au XVIIe siècle, à la cour de Louis XIV, où il était à la mode de s'appliquer du vin vieilli sur le visage pour donner au teint de l'éclat. De même, son action éclaircissante était bien connue des vignerons français. Dans les années 90, le professeur Vercauteren ouvre la porte à un nouvel art de prendre soin de son corps et le petit grain rond recouvert de pruine, entra dans la Vinothérapie [4].

Le secteur viticole est l'un des secteurs les plus importants de la production agricole française. En 2005, la superficie du vignoble français était de 890 000 hectares la plaçant à la deuxième place derrière l'Espagne. Pourtant la France reste le premier producteur mondial du vin [5]. Si la part de l'Europe dans la production mondiale reste importante (74%), elle est en constante diminution depuis le milieu des années 90. D'une part, les vins des pays dits du Nouveau monde (USA, Argentine, Chili, Australie et Afrique du Sud) sont arrivés sur le marché mondial. D'autre part, toutes les grandes zones viticoles mondiales connaissent une baisse de leur production face aux fluctuations climatiques. De fait, la volonté des producteurs français est d'être irréprochable sur la qualité du produit. Cela passe par l'expérimentation (choix du cépage), la conduite de la vigne, la qualité phytosanitaire des fruits, le respect de l'environnement, la rénovation variétale, une meilleure adaptabilité de la vigne aux contraintes environnementales.... Pour pouvoir améliorer la culture de la vigne, il est impératif de connaître et comprendre les mécanismes moléculaires, biochimiques et physiologiques qui déterminent la qualité organoleptique des baies de raisin.

Objectifs du travail de thèse

Les flavonoïdes, et plus particulièrement les anthocyanes et les tannins condensés, sont des métabolites secondaires jouant un rôle important dans l'élaboration de la qualité organoleptique des baies de raisin et, *in fine*, des vins. La voie de biosynthèse de ces composés a été largement étudiée au cours de ces dernières années non seulement chez les espèces modèles et mais également chez la vigne. Cependant, les mécanismes moléculaires de contrôle de la voie de biosynthèse des flavonoïdes restent encore mal définis. A l'heure actuelle, des protéines de type MYB, bHLH, ou encore WD40 apparaissent impliquées dans la régulation de l'expression des gènes codant les enzymes de la voie de biosynthèse des flavonoïdes. Au début de ce travail de thèse, seul trois facteurs de transcription MYB (VvMyb5a, VvMyb5b et VvMybA1) avaient été identifiés chez la vigne. Les gènes *VvMyb5a* et *VvMyb5b* avaient été isolés et caractérisés par L. Deluc lors d'un précédent travail de thèse dans le laboratoire.

Ainsi, dans un premier temps, nous avons poursuivis le travail engagé sur le gène *VvMyb5a*. Nous avons cherché à identifier des protéines régulatrices de l'expression de ce gène et de l'activité biologique de la protéine VvMyb5a. Cette approche a été réalisée en utilisant les techniques de simple et double hybride chez la levure. En parallèle, les mécanismes de contrôle de l'expression de *VvMyb5a* ont été étudiés grâce à une dissection fonctionnelle du son promoteur *via* une analyse *in silico* et le clonage de plusieurs régions du promoteur en amont du gène rapporteur *GUS* (β-glucuronidase).

Dans un second temps, nous avons recherché de nouveaux régulateurs du métabolisme des flavonoïdes dans les baies en utilisant des mutants naturels de vigne affectés dans la synthèse des anthocyanes. Le séquençage à grande échelle des EST (Expressed Sequence Tag) de vigne a permis d'identifier plusieurs régulateurs putatifs du métabolisme des flavonoïdes. L'analyse des profils d'expression de ces gènes par RT-PCR semi-quantitative chez le Pinot noir et deux de ses mutants naturels, le Pinot gris et le Pinot blanc, a mis en évidence l'expression différentielle d'un gène codant un facteur de transcription MYB nommé *VvMybPA1*. Une analyse globale du transcriptome de la pellicule des baies de Béquignol mutant a également été réalisée et a permis l'identification de *VvMyb24*, un autre gène codant une protéine de la famille MYB. La caractérisation fonctionnelle des gènes *VvMybPA1* et *VvMyb24* a alors été entreprise chez *Arabidopsis thaliana*.

SYNTHESE BIBLIOGRAPHIQUE

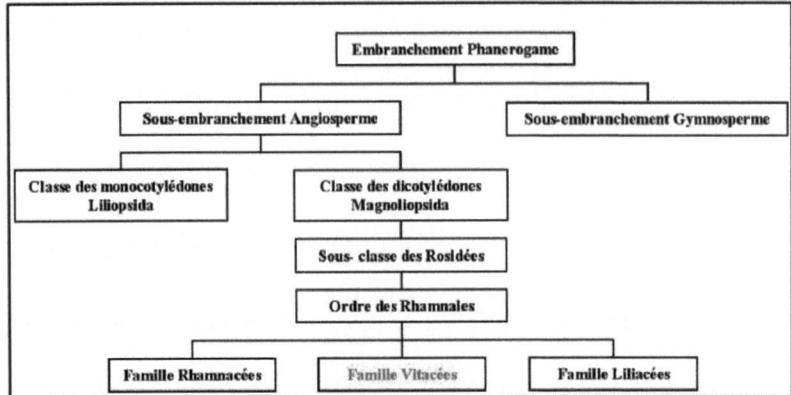

Figure 2. Classification phylogénétique des Vitacées.

Selon les travaux de l'Angiosperms Phylogeny Group (APG I en 1998 et APG II en 2003) et de Jansen et *al.* (2006), la famille des *Vitacées* est une famille basale de la famille des Rosidées [7-9].

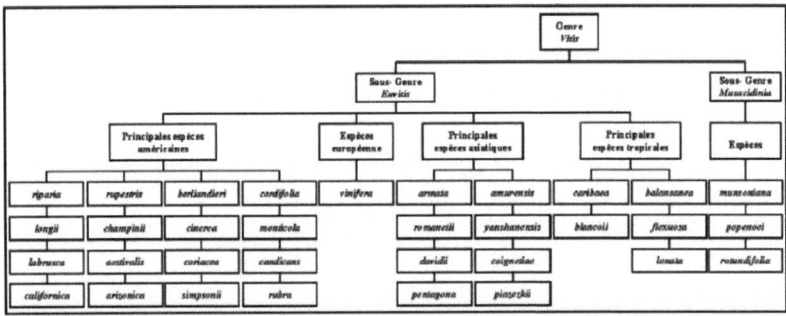

Figure 3. Classification générale du genre *Vitis* (d'après [10]).

Le genre *Vitis* se divise en deux sous-genres : *Muscadinia* et *Euvitis*. Le sous-genre *Muscadinia* comporte trois espèces originaires des Etats-Unis. Le sous-genre *Euvitis* comprend une soixantaine d'espèces divisées en quatre groupes, classés en fonction de leur origine géographique : américaine, européenne, asiatique et tropicale.

1 Présentation de la Vigne
1.1 Systématique

La vigne appartient à la famille des *Vitacées*, également appelée *Ampelidacées* (dans la littérature ancienne). Les plantes de cette famille sont des lianes ligneuses ou herbacées (avec une tige tubéreuse ou souterraine) qui possèdent des feuilles alternes, des vrilles et des inflorescences oppositifoliées, des étamines libres, un gynécée supère, et dont les fruits sont des baies.

Arthur Cronquist (1981) sur la base de critères morphologiques, anatomiques et chimiques, place cette dicotylédone dans la sous-classe des *Rosidées* dans l'ordre des *Rhamnales*; proche de la famille des *Rhamnacées* et des *Lééacées* (figure 1) [6]. Mais aujourd'hui, les classifications phylogénétiques APG I [7], APG II [8] et les travaux de Jansen et *al.* présentent les *Vitacées* comme une famille ancestrale à celle des *Rosidées* (figure 2) [9].

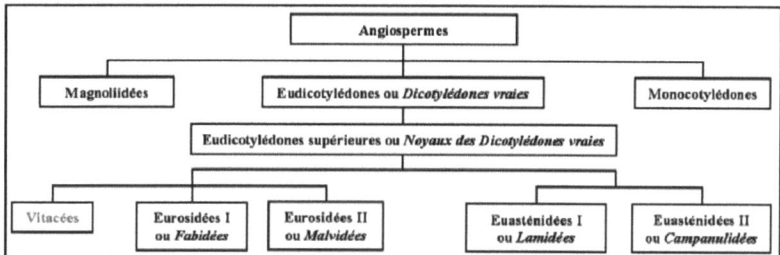

Figure 1. Classification selon Cronquist.
La classification de Cronquist est une classification des Angiospermes fondée essentiellement sur des critères morphologiques, anatomiques et chimiques [6].

La famille des *Vitacées* comprend 19 genres, dont deux sont fossiles. Seul le genre *Vitis* a une importance agricole. Il est divisé en deux sous-genres, *Euvitis* et *Muscadinia*, avec comme principale différence le nombre de chromosomes : $2n = 38$ pour le sous-genre *Euvitis* et $2n = 40$ pour le sous-genre *Muscadinia* (figure 3). Le sous-genre *Euvitis* est composé d'environ quarante espèces réparties sur les continents nord américain, européen et asiatique [11]. Les vignes d'origine américaines ont été introduites en

Europe à la fin du XIXème siècle, suite à la dévastation des vignes européennes par le phylloxéra. Seul le greffage des cépages européens sur des pieds "porte-greffes" américains (*Vitis riparia*, *Vitis rupestris*) résistants au parasite a permis, dans la première moitié du XXème siècle, le sauvetage et la restauration des vignobles européens. Les vignes asiatiques (*Vitis amurensis*...) sont utilisées dans les programmes de croisements interspécifiques pour leur résistance au froid, particulièrement dans l'ex-URSS [10]. Enfin, il existe une seule vigne d'origine européenne, *Vitis vinifera*, qui permet de produire la quasi-totalité du vin consommé dans le monde. La viticulture française fait état de 500 cépages dont les représentants les plus connus se nomment Pinot, Cabernet sauvignon, Syrah, Gamay, Chardonnay....

Vitis vinifera est une espèce diploïde. Réparti sur 19 chromosomes, son génome est de petite taille, 475-500 Mb (approximativement 4 fois celui d'*Arabidopsis* mais 1/6ème de celui du maïs) et 30 434 gènes. Le séquençage de la vigne a révélé que 41,4% de son génome était constituée de séquences répétées et de transposons [12]. Elle présente un polymorphisme remarquable en relation avec son caractère fortement hétérozygote (75%) [13]. Sous sa forme originale et sauvage, la vigne est dioïque. Cependant, la plupart des espèces modernes sont hermaphrodites [11].

1.2 Notion de variétés, cépages, clones, cultivars

La vigne cultivée *Vitis vinifera* comprend plus de 6 à 7000 variétés.

Un **clone**, ou **cultivar**, peut être défini comme le descendant par voie végétative, d'une souche mère. Le **cépage**, unité taxonomique propre à *Vitis vinifera*, est le produit d'un semis ou d'un individu unique au départ, multiplié par voie végétative. Au cours des cycles de multiplication, des variations peuvent se produire et être fixées. Un cépage est donc composé d'un ensemble de clones suffisamment semblables entre eux pour être confondus sous un même nom, on parle de cépage-population [10]. Lorsque la variation touche un caractère évident et remarquable (apparition d'une forte densité de poils couchés) ou ayant des conséquences technologiques importantes (couleur de l'épiderme de la baie, couleur de la pulpe, particularité de la saveur), le clone concerné est alors considéré comme une nouvelle variété différenciée du cépage initial.

1.3 Cycle végétatif de la vigne

Dans les pays tempérés comme la France, le cycle végétatif de la vigne est caractérisé par des stades phénologiques bien décrits par Baggiolini [14] (figure 4). Ces derniers correspondent à la croissance des organes végétatifs (rameaux, feuilles, vrilles et racines).

Lorsque les températures diminuent, la vigne entre dans une période de **repos hivernal**. De novembre à février, la vigne est en dormance avec une activité interne et biochimique relativement importante. Elle stocke alors des réserves principalement sous forme d'amidon. Au début du printemps, lorsque la température du sol atteint 10 à 12°C, l'activité végétative débute. Elle se manifeste par des " pleurs ", correspondant à des remontées d'une forme de sève brute au niveau des plaies de taille [10]. Il n'est pas rare de constater que les pleurs durent près d'un mois, temps nécessaire à la plante pour cicatriser ses plaies de taille, ce qui peut occasionner l'humidification de jeunes bourgeons et ainsi accroître leur sensibilité au gel. L'apparition de ces pleurs précède l'étape de **débourrement**. La date de débourrement est fonction des cépages, de la température, de la latitude mais également de la vigueur du sarment, et du système de taille utilisé. Cette étape est caractérisée par une reprise d'activité endogène du bourgeon latent, il s'agit essentiellement de mitoses. Lorsque la somme des températures cumulées est suffisante, il y a croissance et développement du futur rameau (stades A à D de Baggiolini). Le bourgeon gonfle, écarte les écailles, laissant apparaître la villosité (bourre ou coton qui entoure et protège les organes primordiaux) et la pointe de la première feuille [10]. Le cycle végétatif se poursuit par une période de croissance, caractérisée par l'allongement des rameaux issus des bourgeons latents, l'étalement et l'accroissement des jeunes feuilles puis la naissance de nouvelles feuilles.

Après le débourrement, les inflorescences apparaissent rapidement au sommet des pousses entre les premières feuilles. Au bout d'une à deux semaines, selon les conditions climatiques et la vitesse de croissance, les boutons floraux qui se présentent tout d'abord en masses compactes, se séparent et l'ensemble acquiert sa forme définitive. Les stades grappes visibles et grappes séparées constituent respectivement les stades F et G.

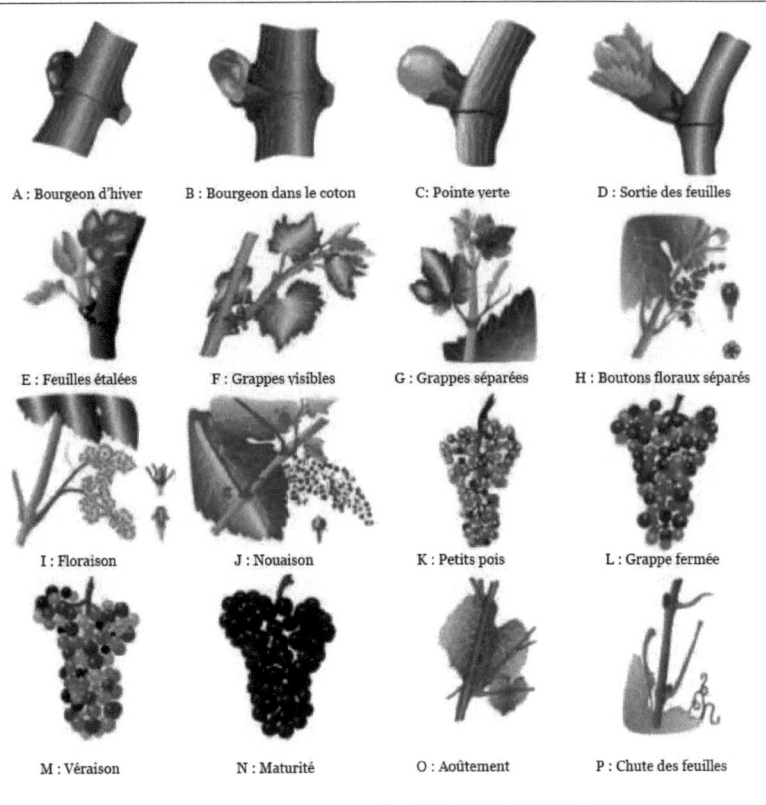

Figure 4. Stades repères phénologiques du cycle végétatif de la vigne [14].

(A) Le repos hivernal. (B, C, D) Le débourrement. (E, F, G, H) La croissance. (I) La floraison. (J) La nouaison. (K et L) Fin de la phase herbacée. (M) La véraison. (N) La maturation suivie de l'aoûtement (O). (P) Fin du cycle de développement de la vigne.

La **floraison,** qui a lieu au mois de mai/juin, est l'une des phases les plus critiques du cycle végétatif de la vigne puisqu'elle va conditionner la récolte (stade I). En cas de conditions climatiques trop fraîches et/ou pluvieuses lors des périodes de floraison et d'après floraison, la fécondation ne sera que partielle, on parle alors de *coulure physiologique.* Certaines années, la fécondation est imparfaite et les ovaires mal fécondés produisent des baies de tailles réduites qui n'atteindront jamais la maturité : c'est le *millerandage* [10]. Après la fécondation, les ovules évoluent en graines (ou pépins) tandis que le reste de l'ovaire donne le fruit, cette étape correspond à la nouaison [15] (stade J). Seuls les ovaires fécondés vont se développer en une baie au stade " petit pois " (stade K). Le feuillage, les rameaux et les racines continuent à s'étendre pendant toute la phase herbacée du cycle de développement des baies qui dure jusqu'à la fin juillet. Les baies sont vertes et se comportent à ce stade comme des organes chlorophylliens en croissance. Au mois d'août, la baie atteint le stade " véraison " qui marque la fin de la phase herbacée et le début de la maturation (stades L à N). A partir de la véraison débutent de nombreux changements physiologiques qui se poursuivent tout au long de la maturation (environ 45 j) jusqu'à ce que les baies soient matures et puissent être vendangées (fin septembre-début octobre). Après la phase de maturation, le raisin entre dans une phase de surmaturation, caractérisée par un flétrissement des baies, une augmentation de la concentration en sucres et une sensibilité accrue aux attaques fongiques et bactériennes.

Parallèlement à la véraison survient l'**aoûtement** (stade O). Il se caractérise par un brunissement de l'écorce des rameaux, des vrilles et des grappes. Ce processus résulte de modifications anatomiques (formation de liège) ; de l'accumulation de lignines et de réserves amylacées, et d'une diminution synchrone de la teneur en eau des tissus du bois. Ces réserves proviennent des feuilles qui, après l'arrêt de la croissance, se sont progressivement vidées de leur contenu. L'aoûtement se poursuit jusqu'en novembre, avant les premières gelées, et prépare ainsi le développement de la vigne pour l'année suivante [10]. Dans le courant du mois d'octobre et du mois de novembre, la vigne commence à perdre ses feuilles : c'est la **défeuillaison,** signe de la fin du cycle végétatif actif de la vigne (stade F).

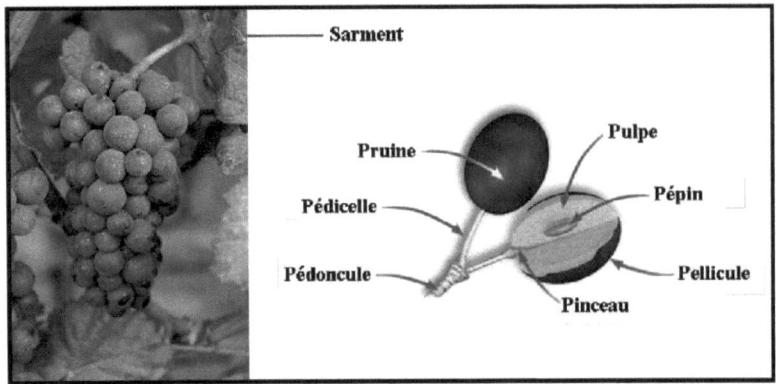

Figure 5. Organisation d'une grappe de raisin

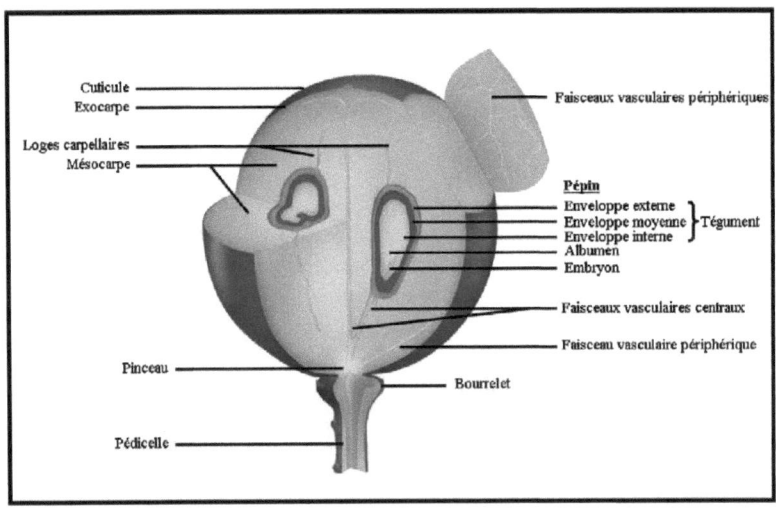

Figure 6. Structure d'une baie de raisin (d'après [16, 17]).

1.4 Morphologie et anatomie de la baie de raisin

Le raisin est une baie classée dans le groupe des fruits charnus à pépins. Ce fruit est regroupé en grappe (figure 5). Cette dernière est composée d'un pédoncule qui la fixe au sarment, d'un rachis ou rafle, partie ligneuse plus ou moins ramifiée dont les ultimes ramifications (les pédicelles) portent les baies. La rafle est essentiellement constituée d'eau, de fibres, de tannins et de matières minérales. Le pinceau constitue le prolongement du pédicelle à l'intérieur de la baie.

La structure et l'ultrastructure de la baie sont liées à sa fonction de puits. Une coupe dans une baie permet de distinguer de l'extérieur vers l'intérieur (figure 6) [16]:
- une couche externe ou exocarpe correspondant à la pellicule ou peau du raisin,
- une couche moyenne ou mésocarpe formant la chair ou la pulpe,
- une couche interne ou endocarpe, réduite à une simple paroi contre le tégument externe de la graine,
- des faisceaux libéro-ligneux nécessaires à l'alimentation de la baie en eau et assimilat,
- les graines ou pépins.

1.4.1 La pellicule

Les cellules de la pellicule sont caractérisées par la présence de plastes, de vacuoles contenant des composés phénoliques et de nombreuses mitochondries bien développées, révélant une intense activité métabolique.

Elle est constituée de tissus à forte concentration cellulaire, on distingue (figure 6):
- la cuticule, membrane extérieure très mince recouverte d'une matière cireuse appelée pruine. Elle donne un aspect velouté au raisin. Elle assure l'imperméabilité de la pellicule et retient les levures amenées par le vent et les insectes.
- l'épiderme, formé d'une seule assise de cellules régulières sous la cuticule.
- l'hypoderme, tissu constitué de couches de cellules renfermant des granulations de matières colorantes et odorantes, responsables respectivement de la couleur et du fruité du raisin. Généralement ces

substances ne se trouvent que dans la pellicule, à l'exception des cépages teinturiers dont la pulpe est colorée et des cépages muscats dont les arômes se trouvent également dans la pulpe [10].

1.4.2 La pulpe

La pulpe représente 75 à 85% du poids de la baie. Les cellules de la pulpe contiennent une très grande vacuole, essentielle à leur rôle de stockage. Le contenu vacuolaire fournira le moût du raisin qui compose la quasi-totalité du poids de la pulpe. Cette dernière est constituée d'eau (70 à 80%), de sucres (100 à 300 g/L), d'acides organiques, de sels minéraux, de substances azotées, de composés aromatiques et phénoliques.

Elle comprend (figure 6):
- une zone externe, peu épaisse, qui tapisse la face interne de la pellicule,
- une zone intermédiaire qui est la plus volumineuse. Lorsque la baie est mûre, ces cellules subissent une désorganisation de leur paroi. Lors de la cueillette ou des traitements mécaniques de la vendange, ce sont elles qui libèrent leur jus en premier, et donnent ainsi les meilleurs jus,
- une zone interne qui abrite les pépins

1.4.3 Les pépins

La graine ou pépin résulte du développement de l'ovule fécondé. Le nombre de pépins par baie peut varier de 0 à 4, la moyenne se situant le plus souvent vers 2. Dans certains cas, les raisins n'ont pas du tout de pépins et sont dits apyrènes.

Les pépins sont formés d'une cuticule fine et sensiblement colorée, d'un épiderme et de téguments qui entourent l'albumen et l'embryon [18]. Une coupe longitudinale révèle l'existence de trois types de téguments ou enveloppes (figure 6):
- une enveloppe externe essentiellement composée de cellules parenchymateuses à parois cellulosiques assez molles,
- une enveloppe moyenne dure comprenant deux assises de cellules allongées fortement lignifiées,

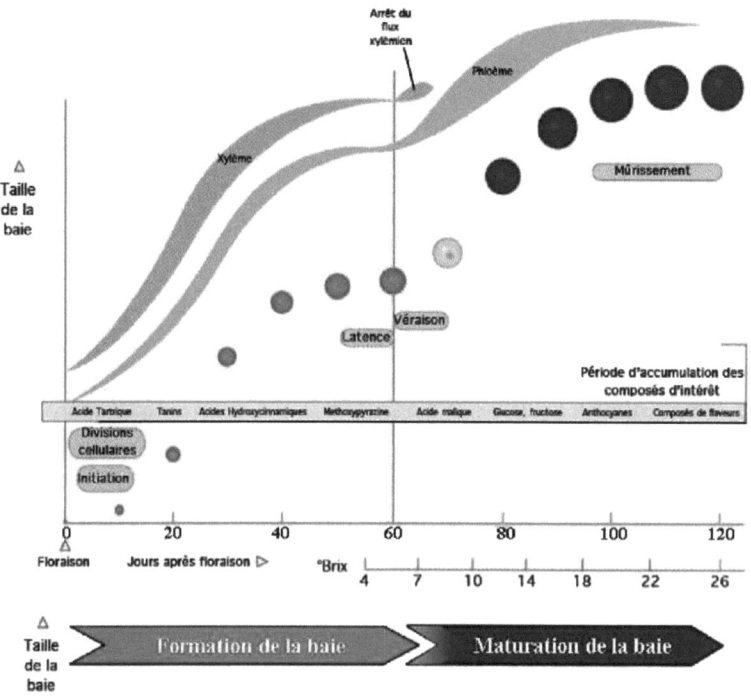

Figure 7 : Schéma représentant le développement de la baie de raisin (d'après [19]).

La taille et la couleur relative des baies sont représentées tous les 10 j à partir de la floraison. Les évolutions des flux xylémien et phloèmien sont représentées respectivement par les aires bleues et roses. L'indice Brix, qui correspond à une évaluation de l'alcool que pourrait produire les baies au cours de leur maturation est fonction de la concentration en sucres dans la baie de raisin. Les différents composés qui s'accumulent au cours du développement de la baie sont indiqués.

- une enveloppe interne formées par 3 couches de cellules rectangulaires.

Les tannins représentent 5 à 8% du poids du pépins et sont synthétisés dans l'épiderme et les cellules du tégument interne [18].

1.4.4 Les faisceaux libéro-ligneux

Ils partent du bourrelet du pédicelle et assurent la nutrition de la baie. On distingue les faisceaux périphériques, situés à une vingtaine d'assises cellulaires au-dessous de l'épiderme, et un faisceau vasculaire central plus large qui alimente les pépins et la columelle (figure 6). Au début du développement, les faisceaux vasculaires périphériques délimitent l'exocarpe et le mésocarpe. Plus tard, ils sont entourés de cellules de mésocarpe et ne caractérisent plus la frontière exocarpe-mésocarpe [20].

1.5 Physiologie de la baie de raisin
1.5.1 Cycle de développement de la baie de raisin

La baie de raisin croit selon une double sigmoïde, initialement découpée en trois phases de développement: **phase I** (première période de croissance active), **phase II** (phase de latence ou de ralentissement de la croissance) et **phase III** (seconde période de croissance active) [21-25]. Récemment, les travaux d'Ollat et *al.* ont permis de confirmer les descriptions antérieures faites par Coombe et Staudt, selon laquelle le développement des baies se fait en deux phases seulement : la croissance herbacée et la maturation [26-28] (figure 7). La phase de latence ne correspond pas à un stade physiologique mais seulement à la fin de la première période de croissance. Ainsi, nous décrirons le développement de la baie de raisin selon ces deux phases.

1.5.1.1 Phase I ou croissance herbacée

La croissance herbacée est déterminée par le nombre de pépins, l'action des régulateurs de croissance, les relations source-puits et les paramètres climatiques [24]. Elle débute à la floraison et dure de 25 à 45 j suivant les cépages [15]. Pendant cette période, la croissance des baies est liée simultanément à des phénomènes de division et de grandissement cellulaire. La plupart des divisions ont lieu avant l'anthèse, mais le pic de mitoses se situe environ une semaine après celle-ci. Les dernières divisions s'effectuent dans la partie périphérique de la baie une quarantaine de jours après anthèse [28]. Le grandissement cellulaire commence au bout de 10 à 15 j après la fécondation et se poursuit jusqu'à la fin de la phase I [18]. A la fin de cette période, le nombre de cellules dans la baie est établi et il déterminera la taille potentielle de la baie à maturité [19].

Cette phase de croissance rapide aboutit à la formation de la baie ainsi qu'à la production des pépins [18]. La baie est verte, ferme, acide et amère; elle présente une respiration élevée. L'eau est principalement importée par le xylème [24]. Le saccharose, importé par la sève phloémienne, reste peu concentré car il est métabolisé pour assurer le fonctionnement cellulaire. Les acides organiques (majoritairement acides malique et tartrique), les acides hydroxycinnamiques et les tannins sont synthétisés sur place [29]. Des minéraux, des acides aminés (aa), des micronutriments et des composés aromatiques (comme les méthoxypyrazines) s'accumulent également [29-31].

La fin de la phase I est caractérisée par un ralentissement de la croissance qui peut durer de 10 à 20 j selon les cépages. Les baies perdent leur chlorophylle, commencent à devenir translucides et à se pigmenter : c'est la véraison.

1.5.1.2 Phase II ou maturation

Le début de la véraison coïncide avec le début de la deuxième période de croissance. Le grandissement cellulaire reprend, entraînant une augmentation du volume des baies. A la fin de la maturation, la taille des baies est 2 à 3 fois supérieure à celle observée pendant la phase de latence [19, 32].

De nombreux changements physiologiques et métaboliques ont lieu pendant cette période qui dure de 35 à 45 j. La baie se ramollit et sa composition chimique change. La modification de la composition en polysaccharides pariétaux et la distension cellulaire provoquée par l'accumulation massive d'eau et de sucres, sont à l'origine de cette plasticité pariétale [17, 33]. La baie devient un véritable organe puits. Les importations de carbone augmentent fortement (3,5 fois en moyenne) [24].

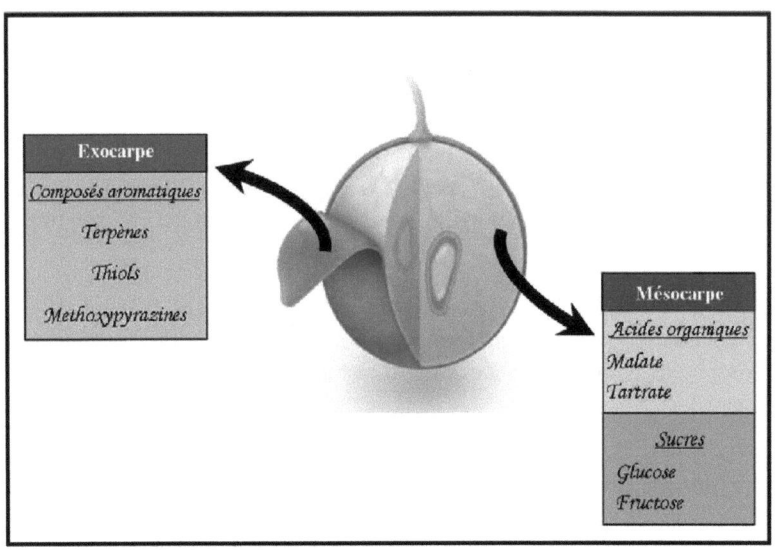

Figure 8 : Répartition tissulaire des composés essentiels à l'élaboration de la qualité organoleptique de la baie de raisin (d'après [34]).

Les cellules de la pellicule sont caractérisées par la présence de plastes, de vacuoles accumulant des composés phénoliques et de nombreuses mitochondries bien développées, ce qui révèle une intense activité métabolique. De façon concomitante à l'accumulation des sucres dans les cellules de la pulpe, l'acidité des baies diminue et le pH augmente [24]. L'acide malique est métabolisé et utilisé comme source d'énergie. Les tannins sont oxydés, remobilisés et les méthoxypyrazines sont dégradés par la lumière [19].

1.5.2 Aspects biochimiques du développement de la baie de raisin

La qualité organoleptique des baies est la résultante du contenu en acides, en sucres et en composés phénoliques et aromatiques (figure 8). Ce chapitre résume les avancées réalisées sur la compréhension des mécanismes qui déterminent l'acidité de la baie, l'accumulation des sucres et des arômes. L'accumulation des composés phénoliques et les mécanismes régulateurs de leur biosynthèse seront détaillés dans le chapitre suivant car ce sujet constitue le cœur du travail expérimental présenté dans cette thèse.

1.5.2.1 Acidité de la baie

Les principaux acides organiques du raisin sont les acides malique et tartrique qui représentent environ 90% de l'acidité totale des baies (figure 7 et 8). Des traces d'acide citrique et d'autres acides organiques plus rares sont également détectés [24]. Pendant la croissance herbacée, les acides malique, tartrique et l'acidité totale augmentent simultanément dans la baie. Leur concentration est maximale à la véraison, et diminue ensuite pendant la maturation [35].

Peu de temps après la floraison, l'acide tartrique est rapidement synthétisé dans les cellules du mésocarpe et de l'exocarpe, à partir du métabolisme de l'acide ascorbique [24]. Après la véraison, l'enzyme clé de la biosynthèse du tartrate, L-IdnDH n'est plus exprimée et l'acide tartrique n'est plus accumulé [36, 37]. De fait, pendant la maturation, la concentration en acide tartrique diminue de concert à l'augmentation du volume de la baie. Cette diminution est attribuée à un effet de dilution, puisque le volume des baies augmente alors que la quantité du tartrate par baies reste constante [35]. Contrairement à l'acide tartrique, le malate est un intermédiaire très actif du métabolisme du raisin car il est la source principale en carbone pour la respiration. Sa concentration et sa répartition tissulaire varient énormément au cours du développement et de la maturation des baies. La concentration en acide malique, accumulé dans les cellules de la pulpe à la fin de la première phase de croissance, est maximale à la véraison, puis chute rapidement [25]. En fin de maturation, l'acide malique est majoritairement présent dans les cellules de la pellicule et sa concentration est deux à trois fois inférieure à celle de départ dans la pulpe [35, 38]. Dans les baies non vérées, l'acide malique est synthétisé dans le cytosol à partir de la β-carboxylation de la PEP par l'enzyme PEPC. L'oxaloacétate formé est ensuite réduit par la malate déshydrogénase cytosolique pour donner le malate [24]. A la véraison, l'acide malique est métabolisé par deux enzymes: l'enzyme malique cytosolique et la PEP carboxykinase, permettant ainsi de fournir l'énergie nécessaire à la biosynthèse, la respiration et la néoglucogénèse [35, 39-41]. Une autre voie de dégradation résulterait de la diffusion passive du malate à travers la membrane vacuolaire (malgré l'augmentation d'activité des deux pompes H^+-PPiase and V-ATPase) puis dans la mitochondrie. La malate déhydrogénase et l'enzyme malique mitochondriale dégraderaient alors le malate respectivement en oxaloacétate et en pyruvate [25, 42]. Les facteurs environnementaux affectent également la teneur en acide malique. L'acidité des fruits à la récolte est corrélée négativement à la température subie pendant la période de maturation. Elle varie selon les régions et les années, avec des niveaux plus élevés en acide malique dans les régions froides [35].

1.5.2.2 Accumulation des sucres

Produit de la photosynthèse, le saccharose est transporté depuis les feuilles (organe source) vers les baies (organe puits) par le phloème. Le chargement du phloème peut s'effectuer par deux voies : apoplastique ou symplastique. Dans la voie symplastique, le saccharose transite depuis les cellules du mésophylle vers les cellules du complexe cellule compagne – cellule criblée via les plasmodesmes, qui assurent la continuité du cytoplasme de ces cellules. Dans la voie apoplastique, le saccharose est libéré des cellules du mésophylle dans l'apoplaste et ensuite dirigé vers les cellules conductrices du phloème (cellules compagnes ou cellules criblées) grâce à des transporteurs membranaires actifs. Ainsi, un gradient de saccharose est généré entre les organes sources et les organes puits, dirigeant le flux phloémien vers ces derniers.

Dans la baie, le déchargement du saccharose depuis le complexe conducteur jusqu'aux cellules receveuses met en jeu les deux voies décrites ci-dessous. Par la voie symplastique, le saccharose traverse les plasmodesmes et est hydrolysé dans le cytosol ou la vacuole des cellules puits. Par la voie apoplastique, le saccharose est exporté dans l'apoplaste, et il est réabsorbé à travers la membrane plasmique de la cellule receveuse. Des transporteurs spécifiques assurant l'absorption ou l'efflux du saccharose ou des hexoses permettent le franchissement de la membrane plasmique et de la membrane vacuolaire [43]. Pendant la croissance herbacée, le déchargement symplastique est favorisé puis, à partir de la véraison, le déchargement apoplastique prend le dessus [44]. Trois transporteurs de saccharose ont été caractérisés dans la baie de raisin: *VvSUC11*, *VvSUC12* et *VvSUC27* [45-47]. En 1999, l'identification de transporteurs de monosaccharide par Fillion et *al.* suggère que l'importation du sucre dans les cellules receveuses peut se faire aussi sous forme d'hexoses. Le saccharose serait clivé dans l'apoplaste, maintenant ainsi le gradient de sucrose entre le phloème et l'apoplaste. Les hexoses produits seraient alors absorbés dans le cytosol grâce à des transporteurs assurant un symport proton/saccharose à travers la membrane plasmique puis par des transporteurs assurant un antiport proton/hexose dans la vacuole [43]. Six séquences d'ADNc pleine longueur homologues à des transporteurs membranaires d'hexoses ont été clonées à partir de banques d'ADNc de baies, et appelées *VvHT1* à *VvHT6* [25, 48, 49].

Pendant la croissance herbacée, la majorité du sucrose importé dans la baie est métabolisé, et de fait, la concentration en sucres est relativement faible (pas plus de 150 mM d'hexoses) (figure 7 et 8). A partir de la véraison, le saccharose déchargé du phloème, est stocké sous forme d'hexoses (fructose et glucose) dans la vacuole des cellules du mésocarpe. Vingt jours après la véraison, la concentration vacuolaire en hexoses est proche de 1 M, avec un rapport glucose sur fructose de 1 [48]. L'accumulation du fructose et du glucose en proportion égale suggère que la liaison *O*-glycosidique du saccharose est clivée par des invertases plutôt que par la saccharose synthase [24, 48, 50]. Dans la baie de raisin, différentes isoformes d'invertases ont été localisées dans la paroi, le cytoplasme et la vacuole [50]. Deux invertases vacuolaires, *GIN1* et *GIN2*, ont été clonées et caractérisées. Elles sont fortement exprimées dans les étapes précoces du développement de la baie, puis leur expression et leur activité diminuent simultanément à l'accumulation des hexoses [37, 51]. Le déchargement des sucres dans la baie s'arrête à la fin de la maturation, lorsque la quantité en sucres devient constante.

1.5.2.3 Accumulation des composés aromatiques

La maturité aromatique correspond à une complexité maximale du bouquet odorant se dégageant des raisins, et plus particulièrement de la pellicule et de la pulpe. Il existe plusieurs centaines de composés volatils qui ont un impact olfactif important et qui participent aux arômes. Les caractéristiques de l'arôme variétal, encore appelé arôme primaire, sont attribuées à la présence de certains constituants, parmi lesquels les acides organiques, les proanthocyanidines, les composés terpéniques, les méthoxypyrazines, les dérivés shikimiques et les composés à fonction thiol [34] (figure 8). Ces substances d'origine variétale sont spécifiques du cépage et sont présentes dans le fruit à l'état libre ou sous forme de précurseurs glycosylés [52].

La famille des terpènes a été particulièrement étudiée ces dernières années. Une cinquantaine de composés terpéniques ont été identifiés dans le raisin [25]. Il s'agit de monoterpènes, de quelques sesquiterpènes et des alcools et aldéhydes correspondants. Les monoterpènes les plus odorants se trouvent parmi les alcools monoterpéniques, en particulier le linalol, le géraniol, le nérol et l'α-terpinéol qui développent des odeurs de type floral. Les monoterpènes libres et liés, issus de la voie de synthèse DOXP/MEP, n'ont pas tout à fait la même localisation dans la baie [52]. La pellicule est plus riche en composés terpéniques que la pulpe. Leurs taux augmentent au cours du développement et de la maturation de la baie et même parfois au-delà du stade mûr. Cependant, les terpénols libres n'apparaissent en quantité notable qu'à partir de la véraison. Les tétraterpènes sont à l'origine des caroténoïdes, dont la dégradation oxydative conduit à des composés comme les norisoprénoïdes qui peuvent être odorants. L'ensoleillement des baies pendant la maturation augmente la dégradation des caroténoïdes [25].

En revanche, d'autres composés comme les méthoxypyrazines et les proanthocyanidines sont considérés comme gênants chez certains vins tandis qu'ils donneront une flagrance subtile tant appréciée chez d'autres. Les proanthocyanidines (tannins) sont à l'origine de l'astringence et de l'amertume des vins. Les méthoxypyrazines, produits du métabolisme des aa, sont accumulées sous forme libre pendant la croissance herbacée et sont ensuite progressivement métabolisées au cours de la maturation.

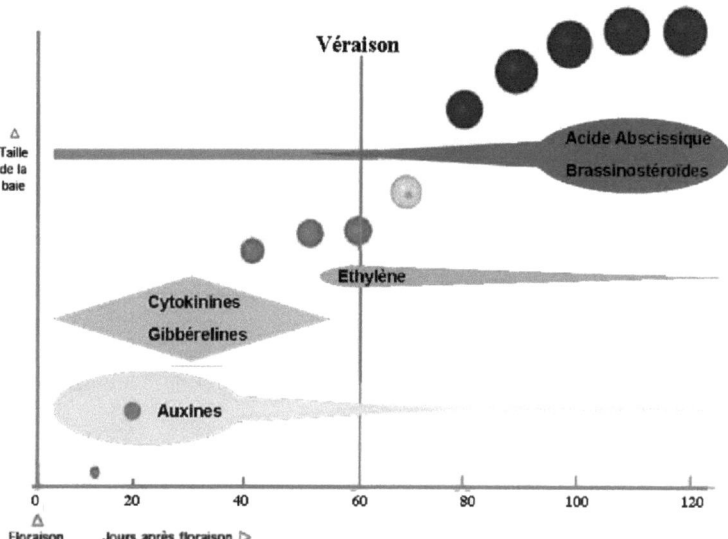

Figure 9. Régulation hormonal du développement de la baie de raisin (d'après [25]).

La taille et la couleur relative des baies sont représentées tous les 10 j à partir de la floraison. Les variations des teneurs en hormone sont indiquées par des volumes arbitraires. Les deux phases de développement de la baie sont indiquées : la croissance herbacée de 0 à 60 j après floraison et la maturation qui suit la véraison.

Elles donnent le caractère végétal avec des notes de poivrons et de fruits rouges aux vins de Cabernet sauvignon. Leur dégradation dépend du microclimat environnant et augmente de façon synchrone à l'exposition des baies au soleil [34].

1.5.3 Contrôle hormonal du développement de la baie.

Les raisins sont considérés comme des fruits non-climactériques. A l'inverse des fruits climactériques, la maturation de la baie de raisin ne s'accompagne pas d'une augmentation de la respiration associée à une brusque stimulation de la synthèse d'éthylène. Le taux respiratoire évolue peu après la véraison et la synthèse d'éthylène reste faible [21]. La véraison est marquée par un changement significatif de la transcription des gènes (certains seront éteints tandis que d'autres seront activés). Ces modifications sont synchrones aux changements des taux d'hormones et/ou de leur perception dans la baie [21, 23, 53, 54]. Ces hormones ou phytohormones agissent à de faibles concentrations molaires, fonctionnent souvent de façon concomitante et répondent à divers stimuli environnementaux. Leur action se traduit par de multiples effets permettant ainsi de réguler le développement de la baie, de la fécondation à la maturation (figure 9).

1.5.3.1 Hormones intervenant dans la mise en place de la baie de raisin

La phase de croissance herbacée de la baie de raisin est majoritairement sous contrôle des auxines et des gibbérellines (GA). Ces phytohormones peuvent être importées dans le fruit, mais elles sont majoritairement produites par les pépins, ou par les tissus maternels (ovules non fécondés) pour les espèces apyrènes [25].

Jusqu'alors, plusieurs travaux suggéraient que l'auxine était impliquée dans le développement précoce de la baie, mais aussi dans l'initiation de la maturation. D'une part, l'application d'IAA ou d'une auxine de synthèse exogène (BTOA) quelques semaines avant la véraison peut inhiber la maturation des baies [53]. D'autre part, chez une espèce américaine (Concord cv *Vitis Labruscana*), la teneur en IAA est maximale avant le plateau herbacé puis décroit rapidement à la véraison, pour atteindre de faibles quantités à la maturation [55]. L'ensemble de ces données suggère que la diminution de la teneur en auxine déclenche la maturation du fruit.

Récemment, Symons et *al.* ont constaté que les teneurs en IAA restent faibles durant tout le développement des baies de Cabernet Sauvignon [56]. Ainsi l'auxine jouerait seulement un rôle dans la croissance de la baie et interviendrait dans la régulation de la division et la différenciation cellulaire.

Les gibbérellines sont impliquées dans le grandissement cellulaire. Dans la baie, la teneur en GA est proportionnelle aux nombres de pépins. Dans des baies épépinées, la concentration endogène en GA est élevée jusqu'à deux semaines après floraison, puis elle atteint des niveaux très bas voire indétectables pendant la maturation [56].

1.5.3.2 Hormones intervenant au cours de la maturation de la baie de raisin

Le signal hormonal contrôlant la maturation, de la véraison à la récolte, est encore mal connu. Il résulterait de la combinaison de plusieurs signaux hormonaux plutôt que d'un seul. Trois hormones semblent impliquées dans le processus de maturation : l'acide abscissique (ABA), l'éthylène et les brassinostéroïdes (BR).

Dans les fruits climactériques, l'éthylène provoque une brusque augmentation de la respiration appelée crise respiratoire. La baie de raisin est définie comme un fruit non-climactérique car la teneur en éthylène reste faible durant tout le développement [21]. Néanmoins, une augmentation transitoire de la production d'éthylène (2 à 3 fois environ) trois semaines avant la véraison a été constatée dans des baies de Cabernet sauvignon [57]. Cette augmentation faible suggère que l'éthylène pourrait jouer un rôle majeur dans la maturation des baies de raisin. En effet, les travaux de Jeong et *al.*, montrant que l'application d'un inhibiteur des récepteurs à l'éthylène (le 1-MCP) retardait l'augmentation du diamètre de la baie, confortent cette hypothèse [57]. Cette hormone pourrait être également responsable des changements physiologiques qui ont lieu dans la baie au cours de la maturation. Ainsi, l'éthylène serait impliqué dans l'accumulation des sucres et la diminution de la teneur en acides après véraison [57, 58]. Par ailleurs, l'application d'éthylène exogène active, à long-terme, les gènes impliqués dans la synthèse des anthocyanes et induit donc une accumulation plus importante de ces métabolites [59].

L'ABA semble déterminant dans l'initiation de la maturation [21, 53, 55]. De manière similaire à l'éthylène dans les fruits climactériques, il est fortement accumulé dès la véraison et durant toute la maturation [21]. Des traitements pouvant retarder l'accumulation d'ABA entraînent systématiquement un retard de la maturation et inversement, l'application d'ABA exogène (6 à 8 semaines après floraison) réduit la phase de croissance herbacée [21, 53]. Des baies traitées avec de l'ABA à la véraison, mûrissent plus vite, sont moins acides et accumulent plus d'anthocyanes [60-62]. Un retard de l'accumulation d'ABA est accompagné par un retard de l'importation en hexoses, suggérant que l'ABA favoriserait également l'accumulation des sucres dans la baie [53, 62, 63].

Des travaux récents publiés par Symons et *al.* (2006) ont montré que les BR pourraient également jouer un rôle dans la maturation de la baie. De manière similaire à l'ABA, la véraison est marquée par une augmentation du niveau de la BR bioactive castasterone (CS) et par des modifications des profils d'expression des gènes qui contrôlent la synthèse des BR. L'application de BR exogène avant la véraison augmente le pourcentage de baies qui sont colorées ainsi que l'accumulation de sucres. A l'inverse, l'application d'un inhibiteur de la synthèse des BR retarderait la véraison [56].

A la véraison, c'est l'action concomitante de ces trois phytohormones qui permet aux baies de mûrir. Les rôles respectifs et les interactions entre ces trois hormones sont encore à déterminer. Des baies traitées avec de l'auxine synthétique montrent non seulement un retard de maturation, mais également un décalage du pic d'accumulation de l'ABA à la véraison [53]. Chez la tomate (fruit climactérique), l'application de BR exogène avance la maturation *via* l'augmentation des teneurs en éthylène [64].

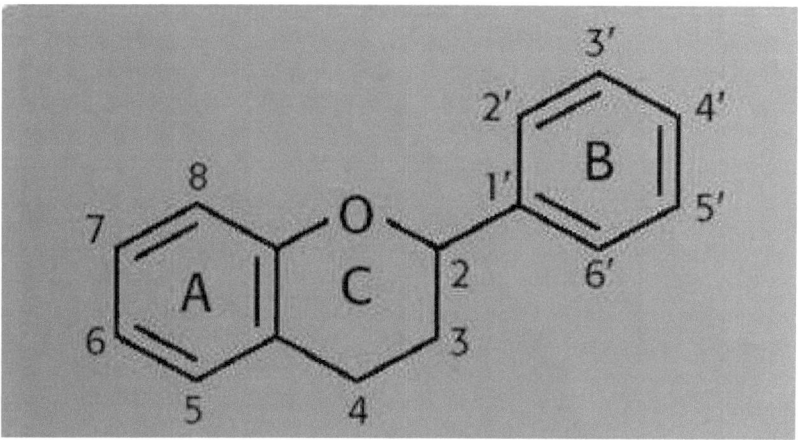

Figure 10. Structure chimique de base des flavonoïdes
Les deux cycles benzéniques (A et B) sont reliés par un hétérocyle oxygéné (C). A, B et C forment l'unité flavane.

2 Métabolisme des Flavonoïdes dans la baie de raisin

Les flavonoïdes sont des composés naturels appartenant à la famille des polyphénols. Ces métabolites secondaires sont considérés comme des pigments universels chez les végétaux. Tous les flavonoïdes sont caractérisés par un squelette à quinze atomes de carbone en C_6-C_3-C_6 : deux cycles benzéniques (A et B) reliés par un hétérocycle oxygéné (C) formant l'unité flavane (figure 10). Présents dans la plupart des plantes vasculaires, ils jouent des rôles biochimiques et physiologiques majeurs dans tous les types cellulaires et organes (racines, tiges, bois, feuilles, fleurs, fruits et graines) où ils sont accumulés. La voie de biosynthèse des flavonoïdes est ubiquitaire dans le règne végétal et produit une variété de composés aussi bien pigmentés que non pigmentés. Ces composés sont impliqués dans de nombreux processus biologiques chez les plantes: attraction d'agents pollinisateurs *via* la pigmentation des organes floraux, germination du tube pollinique, protection contre les rayonnements U.V., et défense contre des insectes et champignons pathogènes en agissant respectivement comme des insecticides et phytoalexines [65]. Chez l'Homme, leurs pouvoirs antioxydants peuvent avoir des effets bénéfiques vis-à-vis différentes pathologies en influençant plusieurs fonctions biologiques dont la synthèse protéique, la différenciation et la prolifération cellulaire, l'angiogenèse et la carcinogenèse [66].

L'étude de la voie métabolique des flavonoïdes a contribué directement ou indirectement à la découverte de nombreux principes biologiques fondamentaux durant les deux derniers siècles. Gregor Mendel, fondateur de la génétique moderne, utilisa la couleur des fleurs et des graines de petits pois, parmi d'autres caractères, pour développer sa théorie sur l'hérédité. Le prix Nobel Barbara McClintlock, en étudiant la pigmentation des grains de maïs, découvrit les éléments génétiques mobiles. Plus récemment, l'analyse de la coloration des grains de maïs et des tissus végétatifs a permis d'identifier les phénomènes d'épigénétiques connus jusqu'alors sous le nom de paramutations. De la même manière, l'utilisation de plants de Pétunia transgéniques surexprimant des enzymes clés de la voie de biosynthèse des flavonoïdes a révélé les phénomènes de co-suppression/RNAi [67].

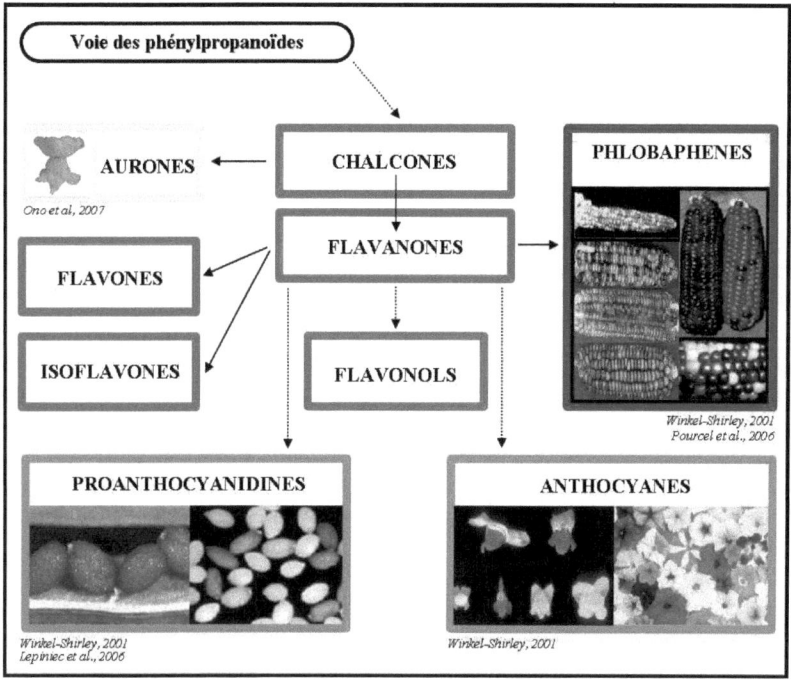

Figure 11. Représentation schématique des principales classes de flavonoïdes

La biosynthèse des flavonoïdes dérive de la voie des phénylpropanoïdes. Les chalcones sont les précurseurs communs à tous les flavonoïdes. Les photographies illustrent le rôle majeur de certains flavonoïdes dans la pigmentation des plantes. Les références bibliographiques dont sont issues les photographies sont indiquées et correspondent aux numéros [67-70]. Lorsqu'une seule réaction enzymatique permet la synthèse du composé, la flèche est pleine. A l'inverse, quand plusieurs réactions enzymatiques sont nécessaires, les flèches sont en pointillés.

2.1 Flavonoïdes chez les végétaux

Les flavonoïdes constituent un groupe de plus de 9000 composés phénoliques. Ces molécules aromatiques sont toutes issues de la voie des phénylpropanoïdes et peuvent être classées en 6 groupes : les chalcones, les flavones, les flavonols, les flavanones, les anthocyanes et les tannins condensés (ou proanthocyanidines, PA) (figure 11). Les aurones qui constituent un septième groupe moins représenté sont à l'origine du jaune brillant de plusieurs fleurs ornementales dont celles d'*Antirrhinum majus* [72]. Certaines plantes synthétisent aussi des formes spécialisées de flavonoïdes comme les isoflavones, composés incolores présents dans un grand nombre de familles de végétaux, mais les légumineuses (en particulier les *Papilionoideae*) sont les producteurs les plus caractéristiques [69]. Le Shorgo à sucre (*Sorghum bicolor*), le Maïs (*Zea mays*) et le Gloxinia (*Sinningia cardinalis*) sont parmi les rares espèces à produire la 3-déoxyanthocyanine (forme polymérisée du phlobaphène). Les phlobaphènes, polymères de flavan-4-ols aussi connus sous le nom de déoxyflavonoïdes, sont des pigments marrons-rouges présents dans de nombreux tissus de plantes dont le péricarpe de maïs [69, 73].

Les anthocyanes (du grec *anthos* = fleur et *kyanos* = bleu) font l'objet d'une attention particulière car ce sont les matières colorantes les plus importantes et les plus répandues dans les plantes. Ces pigments sont connus pour être responsables, dans les pétales et les feuilles, des couleurs allant du rose au bleu en passant par le rouge, le mauve et le violet. Les anthocyanes correspondent aux anthocyanidines et aux anthocyanines. Au niveau structural, ce sont des molécules formées de deux cycles benzéniques reliés par un ion flavylium (cycle C). Elles différent les unes des autres par le nombre d'acylations, hydroxylations, méthylations, la nature et le nombre de sucres liés à la molécule ainsi que par la nature et le nombre d'acides aliphatiques ou aromatiques liés au sucre. Les structures de base sans sucre attaché au cycle aromatique (aglycones), sont appelées anthocyanidines. Les plus répandues dans les plantes sont: la cyanidine, la delphinidine, la malvidine, la pélargonidine, la péonidine et la pétunidine (figure 12) [71]. Ces molécules sont généralement présentes dans les tissus des végétaux sous forme hétérosidique. Chacune des anthocyanidines peut être glycosylée et acylée sur différents sites et avec différents groupes sucres et acyls.

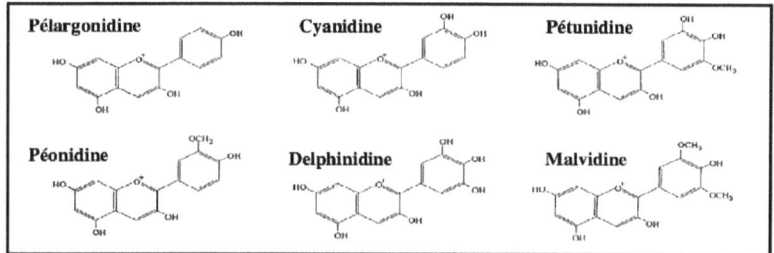

Figure 12. Structure chimique des six anthocyanes majeures de la baie de raisin [71].

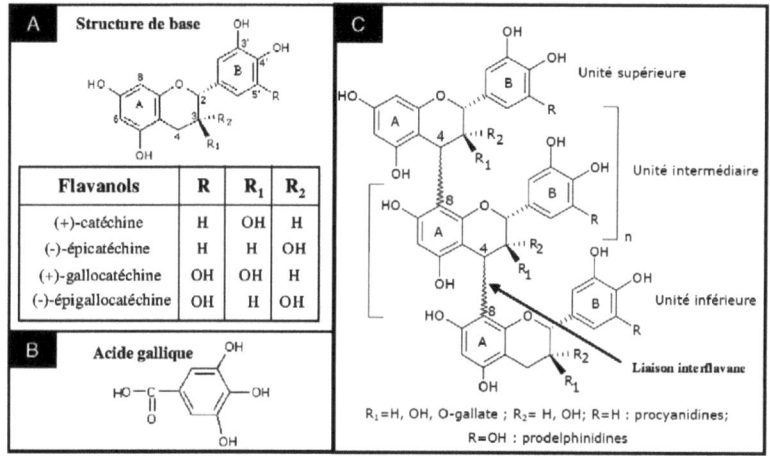

Figure 13. Structure chimique des tannins condensés ou proanthocyanidines.

A- Structure chimique des flavan-3-ols
B- Structure chimique de l'acide gallique
C- Structure chimique des tannins condensés. Le nombre d'unités monomériques " n " peut varier de 1 à 30.

Une fois glycosylées, les anthocyanidines deviennent des anthocyanines. Les sucres les plus communément liés aux anthocyanidines sont le glucose, le galactose, le rhamnose et l'arabinose [74]. Ces sucres sont eux-mêmes estérifiés par des acides aliphatiques ou aromatiques. La glysosylation et la méthylation participent à la stabilisation des anthocyanes en les protégeant de l'oxydation. L'acylation favorise la co-pigmentation intra et/ou intermoléculaire et augmente également la stabilité des anthocyanes et leur solubilité dans l'eau [75]. La conjugaison aux sucres jouerait un rôle critique dans le transport et le stockage des anthocyanes dans la vacuole. L'ensemble de ces modifications (glycosylations, acylations et méthylations), augmente non seulement le nombre d'anthocyanes (environ 400 identifiées à ce jour), mais il diversifie également leurs activités biologiques [75].

Connus depuis le Moyen Âge pour le tannage des cuirs, les proanthocyanidines sont aussi déterminantes dans la saveur et l'astringence des thés, vins et jus de fruits. La chimie des PA a été étudiée depuis de nombreuses décennies. Leur nom vient de leur aptitude à libérer des anthocyanes en milieu acide, à chaud, par rupture de la liaison intermonomérique [76]. Les tannins condensés sont des polymères de flavan-3-ols (ou flavanols). La condensation des flavanols est réalisée entre une unité flavanol électrophile (appelé unité terminale ou unité supérieure) et une unité flavanol nucléophile (unité d'extension ou unité inférieure) (figure 13C). La structure des PA varie suivant la nature de l'unité terminale et des extensions, la position et la stéréochimie de la liaison avec l'unité inférieure, et le nombre d'unités d'extension (degré de polymérisation). Généralement, la liaison interflavane entre les unités se fait entre la position 4 de l'unité supérieure et la position 8 de l'unité inférieure, mais des liaisons de type C_4-C_6 sont également possibles [76, 77]. Les PA peuvent résulter de la condensation de 1 à 30 unités monomériques. Les monomères diffèrent par la stéréochimie des carbones asymétriques C_2 et C_3 et par le patron d'hydroxylation du noyau B. Les unités terminales de la plupart des PA sont les flavan-3-ols (+)-catéchines (stéréochimie 2-3-*trans*) et les (-)-épicatéchines (stéréochimie 2-3-*cis*) [69]. De plus, les monomères peuvent être dihydroxylés (catéchine/épicatéchine) ou trihydroxylés (gallocatéchine/épigallocatéchine) (figure 13A). Assez couramment, le groupement hydroxyl en position C_3 des unités flavanols est estérifié, souvent avec de l'acide gallique, formant l'(-)-épicatéchine-3-*O*-gallate (figure 13B). L'(-)-épicatéchine-3-*O*-gallate libre est l'un des principaux composés phénoliques dans le thé [76]. Les monomères existent en tant que tels ou s'associent en dimères, en oligomères (constitués de deux à dix monomères) et en polymères. En fonction de la composition en monomères, on distingue les procyanidines (polymères de catéchine et épicatéchine) des prodelphinidines (polymères de gallocatéchine et d'épigallocatéchine) (figure 13C).

Les flavonols, sont présents dans la plupart des plantes supérieures. Ils interviennent dans la protection contre les rayonnements U.V. dans l'épiderme et comme co-pigments des anthocyanes dans les fleurs, les fruits et les graines [69]. Ils participent également aux interactions plantes-pathogènes [78]. Les principaux aglycones de flavonols libres sont la quercétine, le kaempférol, la myricétine et l'isorhamnétine (figure 14). Dans les plantes, les flavonols sont majoritairement présents sous des formes glycosylées. Généralement, les sites de glycosylation sont les positions C_3 et C_7, et les oses liés, le glucose et le rhamnose.

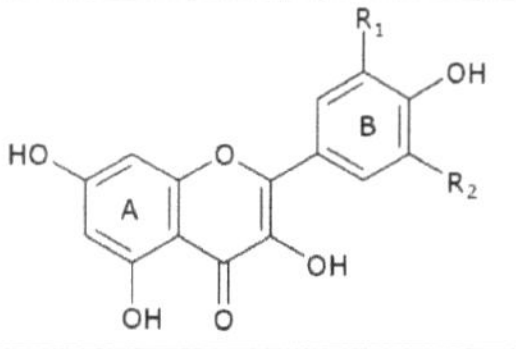

Flavonols	R_1	R_2
Kaempferol	H	H
Quercétine	OH	H
Myricétine	OH	OH
Isorhamétine	OCH_3	H

Figure 14. Structure chimique des principaux flavonols

2.2 Biosynthèse des flavonoïdes chez les végétaux
2.2.1 Voie commune de biosynthèse des flavonoïdes

L'étude de mutants a permis d'identifier les enzymes intervenant dans la synthèse des différentes classes de flavonoïdes (figure 15). Les mutations des enzymes de cette voie n'affectent pas la viabilité des plantes et sont facilement détectables de part les phénotypes pigmentaires qu'elles engendrent dans les fleurs, les fruits et les graines. Les mutations qui touchent les enzymes des étapes précoces entrainent l'apparition de phénotypes incolores. A l'inverse, celles se produisant dans les étapes tardives affectent le type d'anthocyanes produits. Ces études ont été menées initialement et principalement chez le Pétunia (*Petunia hybrida*), le Muflier (*Antirrhinum majus*) et le Maïs [79]. Récemment, des mutants *transparent testa* (*tt*) affectés dans la synthèse des flavonoïdes ont été identifiés chez *Arabidopsis thaliana* [69]. La complémentation de mutants *tt* par des gènes orthologues de maïs a montré qu'ils étaient largement conservés dans le règne végétal [80]. De nombreux gènes structuraux ont pu être clonés et identifiés ces dernières années dans les espèces modèles. Cependant, dans cette partie, nous détaillerons seulement les étapes enzymatiques qui mènent à la synthèse des anthocyanes et des proanthocyanidines.

La phénylalanine ammonia lyase (PAL) est la première enzyme impliquée dans la synthèse des flavonoïdes et fut la première enzyme isolée (figure 15) [81]. Elle relie le métabolisme primaire du shikimate, qui conduit aux acides aminés aromatiques, au métabolisme secondaire des phénylpropanoïdes. La PAL, la cinnamate 4-hydroxylase (C4H) et la p-coumarate CoA ligase (4CL) synthétisent, à partir de la phénylalanine, le précurseur commun à tous les flavonoïdes : le 4-coumaroyl-CoA. Le premier flavonoïde (chalcone) est synthétisé par la condensation du p-coumaroyl-CoA et de trois molécules de malonyl-CoA sous l'action de la chalcone synthase (CHS). Les chalcones synthétisées par la CHS, sont ensuite rapidement métabolisées sous l'action de la chalcone isomérase (CHI), en flavanones. L'hydroxylation des flavanones par la flavanone-3-hydroxylase (F3H) conduit à la formation des dihydroflavonols. Les flavanones ou les dihydroflavones peuvent subir des hydroxylations sur leur cycle B sous l'action de flavonoïde 3'-hydroxylases (F3'H) et de flavonoïde 3'5'-hydroxylases (F3'5'H). Ces enzymes déterminent ainsi le type d'anthocyanes produites.

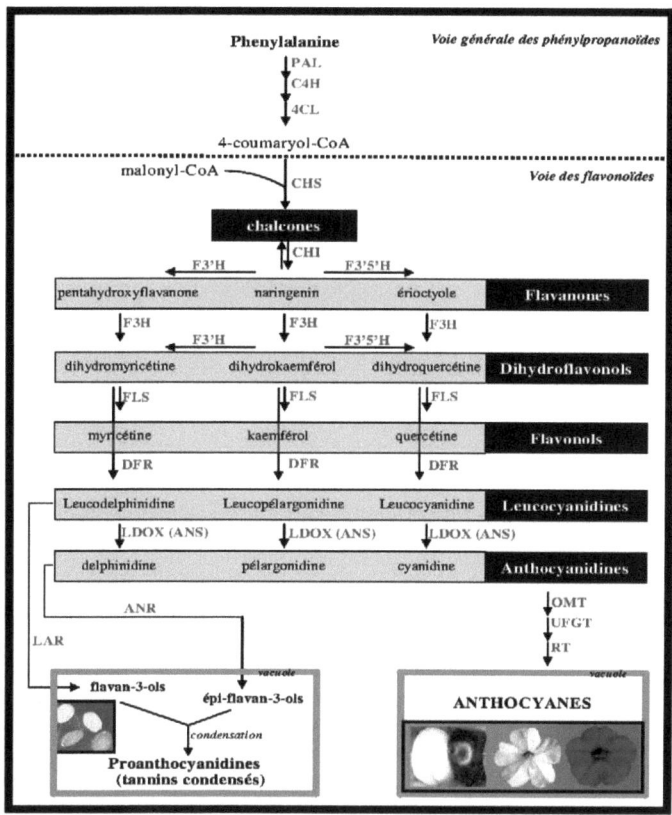

Figure 15 : Représentation schématique des voies de biosynthèse des principaux composés phénoliques présents chez les végétaux d'après [82]. La première étape de biosynthèse des flavonoïdes est catalysée par la chalcone synthase (CHS), qui condense le malonyl CoA et le 4-coumaroyl CoA. Les enzymes, PAL (phénylalanine ammonia lyase), C4H (cinnamate 4-hydroxylase) et la 4CL (4-coumarate CoA ligase), sont communes au métabolisme des phénylpropanoïdes. Les enzymes générales de la voie de biosynthèse des flavonoïdes sont la chalcone isomérase (CHI), la flavanone 3-hydroxylase (F3H), la flavonoïde 3' hydroxylase (F3'H), la flavonoïde 3'5' hydroxylase (F3'5'H), la dihydroflavonol (DFR) et l'anthocyanidine synthase (ANS) ou la leucoanthocyanidine dioxygénase (LDOX). La flavonol synthase (FLS) est spécifique des flavonols, l'anthocyanidine réductase (ANR) et la leucoanthocyanidine réductase (LAR) interviennent dans la synthèse des tannins condensés. Les O-méthyl transférases (OMT), la rhamnolyse transférase (RT) et l'UDP-glucose:flavonoïde 3-O-glucosyltransferase (UFGT) sont spécifiques de la synthèse des anthocyanes.

L'activité de la F3'H conduirait à l'accumulation d'anthocyanes de type cyanidine dans les plantes alors que celle de la F3'5'H conduirait aux anthocyanes de type delphinidine. La dihydroflavonol reductase (DFR) catalyse une étape clé dans le métabolisme des flavonoïdes. Elle convertit les dihydroflavonols en leucoanthocyanidines incolores (flavan-3,4-diol), précurseurs communs des anthocyanes et des proanthocyanidines [43].

2.2.2 Biosynthèse des anthocyanes

L'anthocyanidine synthase (ANS), aussi connue sous le nom de leucoanthocyanidine dioxygénase (LDOX) est une enzyme essentielle dans la formation des anthocyanes (figure 15). L'ANS, la F3H et la flavonol synthase (FLS) sont des membres de la famille des dioxygénases-2-oxoglutarate-dépendante, capable de catalyser l'oxydation des leucoanthocyanidines incolores en précurseurs d'anthocyanidines colorées [75]. La caractérisation fonctionnelle de l'ANS dans la synthèse des anthocyanes, a été réalisée pour la première fois chez le maïs. L'expression ectopique du gène *A2* dans un mutant déficient en activité ANS restaurait la synthèse d'anthocyanes [83].

Les anthocyanidines, dont la structure flavylium est labile aux pH physiologiques, sont ensuite stabilisées par des glycosylations en position 3 et 5. La stabilisation des anthocyanidines impliquant l'ajout d'un groupement glucose par l'UDP-glucose:flavonoïde 3-O-glucosyltransferase (UFGT ou 3GT) a été beaucoup étudiée [75]. Le gène *bronze-1* (*bz-1*) de maïs a été la première 3GT clonée [84]. Des anthocyanes contiennent des sucres autres que le glucose et mettent en jeu des enzymes de types 5GT, 7GT et RT (rhamnolyse transférase) [65]. A leur tour, les sucres peuvent être acylés par des acides organiques *via* des acétyltransférases (ACT) ou méthylées (cyanidine et delphinidine) *via* des O-méthyl transférases (OMT).

2.2.3 Biosynthèse des proanthocyanidines

Les sous-unités de base des PA sont fournies par deux voies métaboliques distinctes (figure 15). Deux enzymes, la leucoanthocyanidine réductase (LAR) et l'anthocyanidine réductase (ANR), catalysent la synthèse stéréosélective des monomères flavan-3-ols *trans* et *cis* respectivement [69].

Dans la première voie, la formation des flavan-3-ols *trans* (les catéchines) est consécutive à l'action de la DFR et de la LAR. L'activité LAR a pu être détectée dans des feuilles issues de légumes riches en tannins mais ce n'est qu'en 2003 que le premier gène *LAR* a été cloné chez *Desmonium uncinatum* [85]. La deuxième voie a été mise en évidence récemment chez *Arabidopsis thaliana* et *Medicago truncatula* [86, 87]. Les plantes d'*Arabidopsis* n'accumulent que des flavan-3-ols *cis* (épicatéchines) dans les téguments de leurs graines et ne possèdent pas d'activité LAR [85]. Une approche génétique a permis d'identifier le gène *BANYULS* (*BAN*) qui code pour une ANR, enzyme spécifique de la synthèse des épicatéchines [88]. Les travaux récents de *Xie* et *al.* ont pu démontrer que l'ANR utilise comme substrat les anthocyanidines formées par l'ANS/LDOX [87]. En effet, la mutation des deux allèles ANS/LDOX chez *Arabidopsis*, *tt18* et *tds4* (*tannin deficient seed 4*), bloque la biosynthèse des PA de type épicatéchine [89]. Les mutants *ban* ont des phénotypes *tt* caractérisés par l'absence de PA et l'accumulation précoce d'anthocyanes dans les téguments [66]. A l'inverse, l'expression ectopique de *BAN* dans des pétales de fleurs de tabac et des feuilles d'*Arabidopsis* entraine une perte d'anthocyanes et une accumulation de PA [87].

Les études menées ces dernières années chez *Arabidopsis* et *Medicago* ont permis d'identifier les enzymes responsables de la synthèse des unités terminales des PA. Mais plusieurs questions importantes sur le métabolisme des PA demeurent. À l'heure actuelle, les mécanismes à l'origine de la condensation et la polymérisation des unités monomériques dans la vacuole restent encore inconnus [76]. *TT10*, gène récemment cloné chez *Arabidopsis* code une polyphénol oxydase de type laccase et serait impliqué dans la polymérisation oxydative des flavonoïdes. Ce gène, impliqué dans la formation des pigments bruns polymères d'épicatéchine, pourrait catalyser le brunissement oxydatif des PA incolores. Mais la fonction enzymatique précise de TT10 reste encore inconnue [70].

2.2.4 Organisation subcellulaire du métabolisme des flavonoïdes

Les enzymes de la voie des flavonoïdes semblent être organisées en complexes multi-enzymatiques, associés à la face cytosolique du réticulum endoplasmique (RER), *via* l'ancrage dans la membrane des protéines cytochromes P450 de la voie (F3H, F3'H, C4H, IFS) (figure 16A) [90, 92-94].

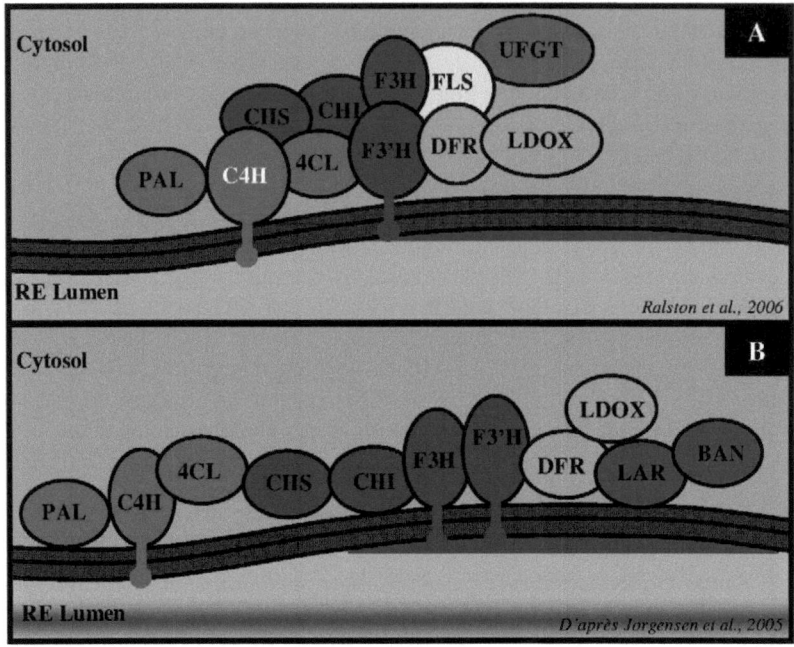

Figure 16. Modèles d'organisation des enzymes du métabolisme des flavonoïdes en canal métabolique.

Les enzymes communes à la voie des phénylpropanoïdes sont indiquées en rouge et celles communes à la voie des flavonoïdes en bleu. Les enzymes qui sont spécifiquement impliquées dans une voie de biosynthèse sont indiquées par d'autres couleurs. Les enzymes solubles s'associent autour des enzymes cytochromes P450 (C4H, F3H et F3'H) permettant ainsi l'ancrage sur la face cytosolique du réticulum endoplasmique du complexe multi-enzymatique ou métabolon. Le gène BAN code pour l'ANR. Le modèle A est proposé par Ralston et al. [90] et le modèle B par Lepiniec et al. et Jorgensen et al. [69, 91].

Les abréviations sont : PAL (phénylalanine ammonia lyase), C4H (cinnamate 4-hydroxylase), 4CL (4-coumarate CoA ligase)CHS (chalcone synthase) CHI (chalcone isomérase), F3H (flavanone 3-hydroaxylase), F3'H (flavonoïde 3' hydroxylase), DFR (dihydroflavonol) et LDOX (leucoanthocyanidine dioxygénase), FLS (flavonol synthase), ANR (anthocyanidine réductase), LAR (leucoanthocyanidine réductase), UFGT (UDP-glucose:flavonoïde 3-O-glucosyltransferase), RE (réticulum endoplasmique).

Ces canaux métaboliques permettraient non seulement de séquestrer les intermédiaires toxiques ou les produits instables, mais aussi de diriger le flux dans l'une des multiples branches de la voie qui coexistent simultanément dans la cellule [91, 95]. La CHS, CHI, F3H, la DFR et l'UFGT ont été colocalisées sur la face cytosolique du réticulum endoplasmique (RER) chez *Arabidopsis* et une interaction directe entre la CHS, la CHI, la F3H et la DFR a été démontrée [96-98]. Ces résultats signifieraient que l'agencement des enzymes dans le complexe ne serait pas linéaire mais plutôt sphérique. Dans ce canal, la CHS serait en contact non seulement avec l'enzyme suivante de la voie, la CHI, mais aussi avec la F3H et la DFR [68]. Concernant la biosynthèse des PA, Lepiniec et *al.* ont proposé que toutes les enzymes, y compris celles impliquées dans la biosynthèse des isomères flavanols seraient localisées sur le RE ou le tonoplaste (figure 16B). En effet, si aucune co-localisation de la LAR et de l'ANR n'a encore été déterminée, il a été démontré que la polymérisation des PA est tributaire de la présence de membranes vacuolaires intactes [69].

Même si la plupart des données convergent vers une synthèse des flavonoïdes strictement localisée dans le cytoplasme, des travaux récents pourraient remettre en question ce modèle. Plusieurs études ont montré la présence des flavonoïdes dans les noyaux de nombreuses espèces (*Arabidopsis*, *Brassica napus*, *Fleveria chloraefolia*, *Picea abies*, *Tsuga canadensis* et *Tuxus baccata*) [79]. En parallèle, des enzymes spécifiques de la voie des flavonoïdes ont pu être localisées dans des compartiments cellulaires autres que le cytoplasme. L'aureusidine synthase, une polyphénol oxydase qui catalyse la formation des aurones à partir des chalcones dans les fleurs d'*Antirhinum majus*, a été récemment localisée dans les vacuoles [98]. La CHS et la CHI ont également été détectées dans des noyaux de cellules d'*Arabidopsis* [99]. De fait, de nouvelles perspectives sur des activités nucléaires biosynthétiques ou régulatrices des flavonoïdes peuvent être envisageables [79]. Ils pourraient protéger l'ADN contre les dommages oxydatifs causés par les rayonnements U.V. ou intervenir dans le contrôle de la transcription des gènes nécessaires à la croissance et au développement comme par exemple le transport d'auxine [99-101]. Ces données ont également ouvert de nouvelles perspectives de recherche quant aux mécanismes qui seraient à l'origine de la distribution intracellulaire des enzymes de cette voie. La CHI, protéine de 27 kDa, est de loin la plus petite des enzymes des flavonoïdes et pourrait se déplacer à travers les pores nucléaires par diffusion passive. Cependant seule la CHS, protéine de 47 kDa, possède un signal d'adressage au noyau (NLS: Nuclear Localisation Site). Ce signal étant situé dans une région topologiquement opposé au domaine de dimérisation de la CHS, il pourrait s'associer à d'autres enzymes de la voie de biosynthèse des flavonoïdes et ainsi permettre leur transport dans le noyau [99].

2.2.5 Transport et compartimentation des flavonoïdes

Une fois synthétisés, les flavonoïdes sont adressés vers leurs compartiments d'activité d'une part pour remplir leurs fonctions biologiques et, d'autre part, en raison de leur toxicité intrinsèque. Les flavonols glycosylés, les anthocyanes et les PA sont surtout accumulés dans la vacuole, alors que les phlobaphènes et les flavonols méthylés sont retrouvés majoritairement dans la paroi cellulaire [69]. Plusieurs types de transporteurs de la membrane vacuolaire ou plasmique ont été identifiés [102].

Des membres de la famille des glutathione S-transferase (GST) se sont avérés nécessaires à la séquestration des anthocyanes et des PA dans la vacuole chez le maïs (BZ2), le Pétunia (AN9) et *Arabidopsis* (TT19) [103-106]. Les GST sont des enzymes de détoxication cellulaire [107]. Chez les plantes, la détoxication de composés xénobiotiques implique trois phases : **1)** activation des composés phytotoxiques par oxydation ou hydrolyse, **2)** conjugaison avec des molécules hydrophiles (glucose, malonate ou glutathion) et **3)** séquestration des conjugués par des transporteurs membranaires de type ABC (*ATP-binding cassette*) [79]. De manière analogue, les GST peuvent participer au transport cytoplasmique des flavonoïdes avant qu'ils soient transportés à l'intérieur de la vacuole, *via* une protéine du tonoplaste qui nécessite une activité H^+-ATPase. Cependant, à ce jour, aucun conjugué anthocyane-glutathione n'a été observé *in vivo* et le transport vacuolaire des anthocyanes ne nécessite pas leur glutathionyllation par l'enzyme AN9. Ainsi, les GST seraient impliquées dans la liaison et la stabilisation intracellulaire des flavonoïdes plutôt que dans la catalyse de leur glutathionyllation [108]. Chez *Arabidopsis*, *AHA10* (*Autoinhibited H1-ATPase isoform 10*) code une pompe H^+-ATPase qui est impliqué dans le métabolisme des flavonoïdes. Le phénotype des cellules endothéliales du tégument des graines *aha10* révèle une perturbation spécifique dans le stockage des flavonoïdes dans la vacuole et notamment dans l'accumulation des PA [109]. Un autre type de transporteur impliqué dans la translocation des flavonoïdes dans la vacuole a pu être identifié. Il s'agit des transporteurs MRP (Multidrug Resistance associated Protein), une sous-classe de protéines ABC. Chez *Arabidopsis*, deux MRP ont été clonés (*AtMRP1* et *AtMRP2*) et caractérisés chez la levure [110, 111]. Chez le Maïs, les mutants antisens *ZmMRP3* présente des teneurs en anthocyanes plus faibles que dans le type sauvage [112].

Des approches génétiques ont révélé un autre système de transport des flavonoïdes. Chez *Arabidopsis*, les protéines TT12 appartiennent à la famille des transporteurs de type MATE (Multidrug And Toxic compound Extrusion) et sont localisées sur la membrane tonoplastique. Les mutants *tt12* présentent dans les cellules endothéliales une structure vacuolaire aberrante et le transport des PA dans la vacuole est affecté [113]. De même, les mutations *ZmMPR4* (Maïs) et *MTP77* (Tomate) suggèrent que les transporteurs MATE peuvent également intervenir dans le transport des anthocyanes [112, 114].

Un troisième type de transport impliquerait des structures similaires à des vésicules appelées AVI (Anthocyanic Vacuolar Inclusion). Des analyses microscopiques semblent indiquer que les cellules accumulant des fortes quantités d'anthocyanes utiliseraient des composants de la voie sécrétoire pour un transport direct des anthocyanes dans la vacuole. Après synthèse dans le RE, les anthocyanes seraient séquestrées dans des AVI dérivées du RE qui seraient directement adressées à la vacuole sans passer par le Golgi [115, 116].

2.3 Composés phénoliques identifiés dans la baie de raisin

En viticulture, les composés phénoliques sont considérés comme des marqueurs essentiels de la qualité organoleptique des vins. Outre leur rôle dans la coloration des baies, ils sont responsables de la structure tannique des vins rouges, particularité gustative très originale qui confère aux grands vins leurs caractéristiques spécifiques.

2.3.1 Les anthocyanes

La présence ou l'absence d'anthocyanes dans la baie différencie les raisins rouges des raisins blancs.

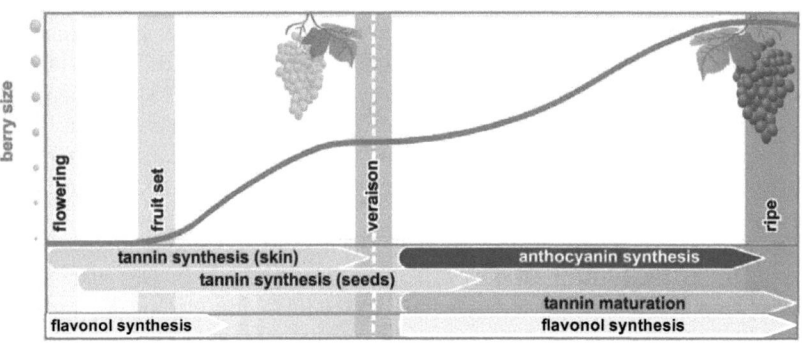

Figure 17. Cinétique d'accumulation des composés phénoliques pendant le développement de la baie de raisin (d'après [118]).

L'évolution de la taille des baies est illustrée par la sinusoïde verte. L'évolution de la couleur des baies est également indiquée. La synthèse des tannins débute dès les premiers stades de développement et se poursuit jusqu'à la véraison dans la pellicule et jusqu'à une à deux semaines après véraison dans les pépins. La maturation des tannins a lieu pendant la phase de maturation de la baie. Après véraison dans les cépages rouges, quand la synthèse des tannins est terminée, les anthocyanes sont spécifiquement accumulées dans la pellicule des baies. Les flavonols sont accumulés avant et après floraison

Dans les cépages blancs, les baies deviennent translucides au cours de la maturation, tandis que les baies des cépages rouges se nuancent du rose ou rouge. Ces pigments sont localisés dans les vacuoles des trois ou quatre premières assises cellulaires de l'hypoderme, et exceptionnellement dans la pulpe des cépages dits teinturiers [117]. La teneur en anthocyanes des raisins augmente durant la maturation, cette accumulation débutant à la véraison (figure 17). Leur synthèse entraine une augmentation rapide de leur concentration suivie par une phase de stabilisation avant une diminution de la teneur en anthocyanes en fin de maturation et/ou durant la sur-maturité [119].

En dehors de leur rôle pigmentaire dans les baies, les anthocyanes contribuent aux qualités organoleptiques et chimiques des vins. En effet, en interagissant avec d'autres composés du vin (flavonoïdes, protéines et polysaccharides) mais aussi à cause de leur autocondensation, elles jouent un rôle dans l'intensité et la stabilité de la couleur [120, 121]. Cinq anthocyanidines ont été identifiées chez la vigne : la delphinidine, la cyanidine, la péonidine, la pétunidine et la malvidine [71]. Les dérivés de malvidine sont généralement les principales formes présentes et déterminent la couleur des raisins rouges. La quantité totale en anthocyanes et la composition relative des différentes formes sont donc des facteurs importants pour la vinification. Chaque cultivar présente un profil typique d'anthocyanes qui peut être utilisé pour une classification taxonomique [78]. Les variétés rouges de *Vitis vinifera* produisent généralement des dérivés 3-monoglucosides, 3-acétylglucosides et 3-p-coumaroylglucosides [119]. La quantité et la composition des anthocyanes présentes dans les raisins rouges varient en fonction du cultivar, du degré de maturité, des conditions climatiques, de la région de production et des pratiques culturales [122].

2.3.2 Les proanthocyanidines

Les tannins, localisés dans la pellicule et les pépins, contribuent à la stabilisation, à la tenue, à l'amertume et à l'astringence des vins [123]. Pellicules et pépins sont caractérisés par des types de tannins différents. Dans les pellicules, les tannins sont localisés dans les couches externes de l'hypoderme. Ils sont accumulés soit sous forme libre dans le suc vacuolaire soit sous forme liée à des protéines et des polysaccharides dans les membranes vacuolaires ou à des polysaccharides pariétaux dans les parois [124]. Dans les pépins, ils sont présents dans les enveloppes externe et interne du tégument [18]. Les pépins contiennent des quantités de tannins plus élevées que les pellicules. La proportion des unités galloylées y est également nettement supérieure : 30 % des tannins, contre moins de 5 % en moyenne dans la pellicule. Les tannins des pépins sont moins polymérisés que ceux des pellicules, et le degré de polymérisation moyen évolue différemment suivant le compartiment cellulaire (vacuole ou paroi) au cours du développement de la baie [125]. Les polymères des pellicules contiennent en moyenne 20 à 30 monomères à maturité tandis que ceux des pépins ne contiennent que quatre à six unités [118]. L'unité terminale dans les pépins est représentée par une catéchine, épicatéchine ou épicatéchine-3-O-gallate, alors que dans la pellicule, c'est principalement une catéchine. Les unités d'extension détectées dans les baies sont constituées de catéchine, épicatéchine et épicatéchine-3-O-gallate. Jusqu'à présent, l'unité épigallocatéchine a été détecté uniquement dans les pellicules [119].

La synthèse des PA débute pendant la formation de la fleur (figure 17). Au début du développement de la baie, l'activité de la voie de biosynthèse des flavonoïdes est dirigée essentiellement vers la synthèse des PA au détriment de la synthèse des flavonols. Puis, les teneurs en PA augmentent de manière synchrone à la formation et la maturation des pépins en développement [126]. L'accumulation des tannins dans la pellicule et les graines est quelque peu différente. Dans la pellicule, les teneurs en tannins, qui augmentent après la mise à fruit, sont maximales une à deux semaines avant véraison. Dans les pépins, la concentration en tannins augmente aussi après la mise à fruit, et devient maximale deux à quatre semaines après la véraison, date à laquelle les pépins sont mûrs et le tégument est brun [123]. Puis, durant la maturation de la baie, les teneurs en tannins déclinent, vraisemblablement du fait de l'oxydation et de la complexation des PA [123, 127]. De fait, le niveau des PA détectés dans le raisin est peut-être dû à un équilibre entre l'accumulation des PA et la diminution de leur extractabilité, et ne serait pas simplement le reflet de leur biosynthèse dans le fruit [126].

2.3.3 Les flavonols

Les flavonols sont des pigments jaunes, synthétisés uniquement dans la pellicule des raisins, aussi bien rouges que blancs. Quatre flavonols sont majoritairement présents dans les baies de raisin: le kaempférol, la quercétine, la myricétine et l'isorhamnéthine. Les dérivés de la quercétine prédominent, quelque soit le cépage. Absente des cépages blancs, la myricétine semble être spécifique des variétés de raisins rouges [78]. Bien que les teneurs en flavonols soient inférieures à celles des anthocyanes et PA, ces composés jouent un rôle important dans la qualité organoleptique des baies et *in fine*, des vins. Ils participent à l'amertume des vins et interviennent dans la coloration des baies et des vins. En effet, les phénomènes de co-pigmentation entre anthocyanes et flavonols stabilisent ou augmentent la couleur du vin rouge [128]. Deux phases d'accumulation des flavonols ont été observées au cours du développement de la baie (figure 17). Ils sont d'abord fortement accumulés à la floraison, puis leur teneur diminue au fur et à mesure que la taille des baies augmente. Après véraison, ils sont à nouveau accumulés et atteignent des concentrations très élevées [128, 129].

2.4 Biosynthèse des flavonoïdes dans la baie de raisin

L'analyse de l'expression des gènes structuraux biosynthétiques des flavonoïdes a révélé que leur régulation différait selon les espèces. Chez le maïs, tous les gènes structuraux sont activés de manière coordonnée, alors que chez les dicotylédones, on distingue deux groupes de gènes co-régulés : l'induction des gènes de biosynthèse dits précoces précède celle des gènes dits tardifs [130-132]. Dans la baie de raisin, la biosynthèse des flavonoïdes consiste en deux phases séparées. La première, autour de la floraison, coïncide avec la synthèse des flavonols et des tannins, et la seconde, autour de la véraison, concorde avec la biosynthèse des anthocyanes. La synthèse des PA et des anthocyanes est temporellement séparée et la synthèse des anthocyanes a lieu après l'accumulation des PA [126].

Les gènes codant pour les enzymes spécifiques de la biosynthèse des tannins (*ANR* et *LAR*) et des flavonols (*FLS*) n'ont été clonés que récemment chez la vigne [126]. Cinq gènes codant pour des FLS putatives (*FLS1* à *FLS5*) ont été clonés chez le Cabernet sauvignon [128, 129]. Les transcrits des gènes *FLS1*, *FLS2*, *FLS4* et *FLS5* sont accumulés dans les pellicules des baies pendant la croissance herbacée. Autour de la véraison, ces gènes ne sont plus exprimés et les teneurs en flavonols diminuent. Enfin au cours de la maturation, *FLS1*, *FLS4* et *FLS5* sont à nouveau activés et leur expression coïncide avec l'accumulation des flavonols dans les pellicules [128, 129].

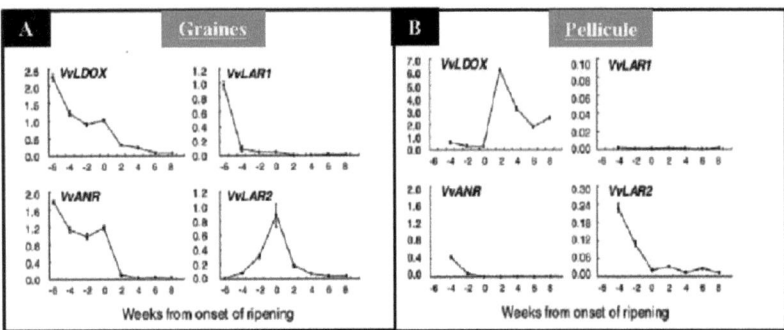

Figure 18. Profil d'expression des gènes *VvLDOX*, *VvANR*, *VvLAR1* et *VvLAR2* au cours du développement de la baie dans les pépins (A) et la pellicule (B) [126].

Les analyses ont été réalisées par PCR quantitative et les expressions relatives par rapport à *VvUbiquitin1* sont indiquées. Les niveaux d'expression représentent la moyenne des valeurs obtenues pour trois répétitions. La véraison est indiquée par le chiffre zéro. Les abréviations utilisées sont identiques à celles de la figure 15.

Concernant la biosynthèse des PA, deux gènes *LAR* (*VvLAR1* et *VvLAR2*) et un gène *VvANR* ont été identifiés et présentent une régulation tissu-temporelle spécifique. *VvANR* et *LDOX* sont exprimés avant la floraison et leur expression augmente après fécondation (figure 18). Deux semaines après la floraison, l'expression de *VvLAR1*, *VvLDOX* et *VvANR* augmentent fortement, privilégiant ainsi la synthèse des tannins dans la baie. L'expression de *VvLAR2* augmente également mais dans une moindre mesure [117, 126]. Dans les pépins, les transcrits *VvLAR1* s'accumulent fortement jusqu'à six semaines avant véraison, puis plus faiblement tandis que *VvLAR2* présente un pic d'expression à la véraison. Ce pic a lieu juste avant le pic d'accumulation des flavan-3-ols suggérant que les monomères de PA sont encore synthétisés dans les derniers stades de développement des pépins [126]. Dans la pellicule, *VvANR* et *VvLAR1* sont exprimés respectivement jusqu'à 2 et 4 semaines avant véraison, puis aucun transcrit n'est accumulé. A l'inverse, *VvLAR2* est exprimé jusqu'à la véraison puis son niveau d'expression reste très faible pendant la maturation. A la véraison, la baisse d'accumulation des PA dans les pellicules est synchrone à la diminution d'expression des gènes *ANR*, *LAR* et *LDOX* [126].

Un des bouleversements biochimiques majeurs faisant suite à la véraison, est la coloration de la baie. La différence entre des baies blanches et rouges/noires tient en l'absence ou présence d'anthocyanes dans les couches cellulaires de la pellicule. Boss *et al.* (2000) ont montré que seule l'expression de l'isoforme 1 du gène *UFGT* était systématiquement associée à la couleur des baies. L'*UFGT* n'est exprimé que dans les pellicules des baies rouges/noires, mais jamais dans celles des cépages blancs (figure 19) [117, 133, 134]. A l'inverse, les gènes codant la *PAL*, la *CHS*, la *CHI*, la *F3H*, la *DFR* et la *LDOX* n'ont pas d'expression tissu-spécifique puisque les transcrits correspondant ont été détectés dans la plupart des tissus de la baie [133]. L'activation des gènes de biosynthèse des anthocyanes comprend deux phases (figure 17). Durant la croissance herbacée, tous les gènes de la voie de synthèse des anthocyanes, à l'exception de l'*UFGT*, sont exprimés puis, réprimés pendant la phase de latence. Suite à la véraison, l'accumulation d'anthocyanes dans la pellicule coïncide avec l'activation coordonnée de tous les gènes de la voie de biosynthèse y compris l'*UFGT* [133].

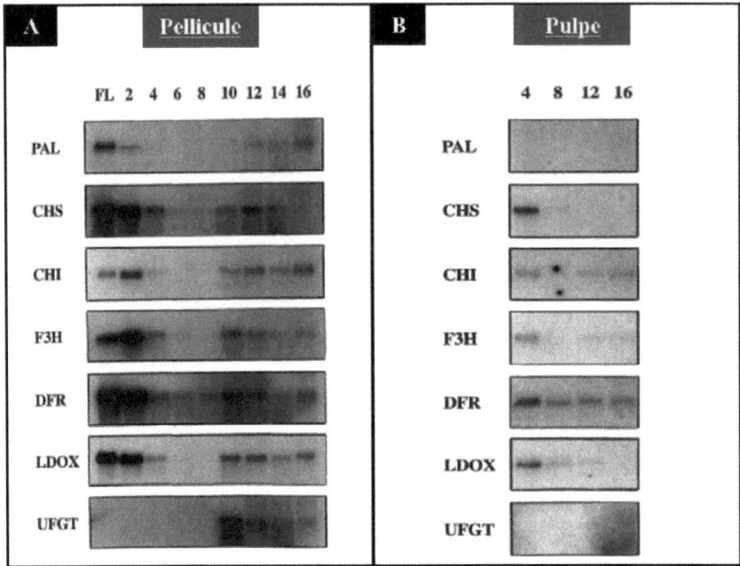

Figure 19. Profil d'expression des gènes de biosynthèse des anthocyanes au cours du développement de la baie dans la pellicule (A) et la pulpe (B) [126].

Les analyses ont été conduites par RNA blot. Les ARN totaux (4 µg) ont été extraits de fleurs, pellicule et pulpe de baie à différents stades de développement après la floraison. Les chiffres indiquent les semaines après floraison. La véraison a lieu entre la 8ème et la 10ème semaine après floraison. Les abréviations utilisées sont identiques à celles de la figure 15.

Une fois synthétisés, les composés phénoliques sont majoritairement stockés dans la vacuole. Les mécanismes moléculaires à l'origine de la compartimentation cellulaire des flavonoïdes dans la baie de raisin n'ont pas encore été identifiés. A l'heure actuelle, un seul transporteur homologue au transporteur de type BLT (bilitranslocase) chez le mammifère a été caractérisé dans la baie de raisin [135]. Néanmoins, plusieurs GST putatives ont été identifiées par des approches classiques de clonage ou par des approches globales transcriptomiques [136, 137]. Ainsi, plusieurs analyses microarrays ont montré que l'isogène *TC69505* serait impliqué dans la séquestration des anthocyanes. En effet, son expression est plus forte dans les cépages rouges que dans les cépages blancs (60 fois) durant la maturation, et spécifiquement dans les pellicules [37, 137-139]. De plus, cet isogène présente des homologies de séquence avec le gène de Pétunia *AN9* impliqué dans la séquestration des anthocyanes [104]. Cinq autres GST (GST1 à GST5) ont été purifiées à partir de suspension cellulaire de raisins pigmentés. *GST1* et *GST2* complémente les mutants *bz2* et leur expression dans le Syrah augmente après véraison parallèlement à l'accumulation des anthocyanes [136].

3 Régulation transcriptionnelle du métabolisme des flavonoïdes

L'expression des gènes dépend du niveau de la transcription, de la maturation, de la stabilité et du transport des ARNm, de la traduction, et des modifications post-traductionnelles des protéines. Durant de nombreuses années, les phytogénéticiens et les généticiens ont sélectionnés un grand nombre de mutants affectés dans la pigmentation des fleurs et des graines [68]. Les études moléculaires menées ces 20 dernières années ont permis de distinguer deux groupes de mutants. Le premier résulte de mutations dans les gènes structuraux de la voie de biosynthèse des anthocyanes. Le second groupe est caractérisé par une modification de l'expression de plus d'un gène structural, attestant généralement d'une mutation dans un gène régulateur. L'étude de ces mutants au sein de nombreuses espèces permet aujourd'hui de tirer quelques conclusions générales sur la régulation de cette voie [140].

Le contrôle de la transcription semble être l'étape majeure de la régulation parmi les étapes menant à la production des métabolites. Cette régulation est réalisée sur des groupes de gènes structuraux de la biosynthèse des flavonoïdes. Ainsi, dans les pétales de plusieurs fleurs dicotylédones, les premiers gènes structuraux (*EBG* pour "Early Biosynthetic Genes") sont régulés différemment des gènes structuraux de la partie basse de la voie (*LBG* pour "Late Biosynthetic Gene") [140]. Ces groupes de gènes sont variables selon les espèces. *EBG* et *LBG* se séparent au niveau de la F3H si la co-production prédominante est celle des anthocyanes/flavones, ou de la DFR si elle est plus orientée vers les anthocyanes/flavonols. Dans les graines et les tissus végétatifs du maïs et les feuilles de *Perilla frutescens*, ce sont des facteurs de transcription (FT) communs qui régulent les gènes de biosynthèse des anthocyanes de la *CHS* jusqu'à la GST *Bronze2* [141-143]. Dans les baies de raisin, l'UFGT est régulée séparément des autres gènes et son activation est l'étape clé dans la production d'anthocyanes au cours de la maturation [117, 144]. Enfin, de façon générale, les régulateurs de la voie des anthocyanes ne semblent pas agir sur la synthèse des autres métabolites phénoliques [140].

3.1 Mécanisme général de la régulation des gènes chez les eucaryotes

3.1.1 Les promoteurs et leurs éléments de régulation

Juste en amont du gène se situe le promoteur basal : séquence d'ADN minimale suffisante pour induire la transcription [145]. Cette région permet le recrutement de la machinerie de la transcription *via* des séquences spécifiques. En effet, leur présence est nécessaire à l'assemblage de l'ARN polymérase II avec des facteurs d'amorçage, pour former le complexe de pré-initiation. La plupart des promoteurs des gènes eucaryotes contiennent une séquence consensus riche en A/T, située à 25-30 nucléotides en amont du site d'initiation de la transcription (TSS). La boîte TATA est le site de fixation de la "TATA binding protein" (TBP), protéine qui assure la liaison à l'ADN du complexe de pré-initiation de la transcription [146]. Pour certains gènes, le site d'initiation de la transcription fait partie d'un élément initiateur (Inr) et le promoteur basal peut alors contenir soit une boîte TATA et un initiateur, soit un seul de ces éléments, soit aucun [147].

Dans la région promotrice des gènes, qui s'étend de quelques centaines à quelques milliers de nucléotides en amont du site d'initiation de la transcription, se trouvent d'autres séquences d'ADN appelées éléments *cis*-régulateurs [147]. Ces éléments, généralement constitués de quelques nucléotides, sont situés en amont du promoteur basal.

Entre -200 et -50 pb par rapport au TSS, ils appartiennent au promoteur distal. Des éléments *cis* peuvent même se retrouver dans la séquence codante ou dans les introns d'un gène [148]. Ces éléments de régulation augmentent ou répriment la transcription d'un gène indépendamment de leur orientation et de leur distance par rapport au site d'initiation de la transcription. Ainsi, situés à des milliers de paires de bases du promoteur basal, ils peuvent agir sur la transcription ou perdre leur pouvoir dès qu'ils sont plus distants de plus de 15 à 20 pb. Chaque promoteur contient plusieurs éléments de régulation qui peuvent être regroupés physiquement pour former des modules et réguler de manière cumulative l'expression du gène correspondant [149].

3.1.2 Les facteurs de transcription

La régulation de la transcription s'effectue par la présence de protéines appelées FT, capables de reconnaître et de se lier spécifiquement aux séquences *cis*-régulatrices.

Les FT sont des protéines nucléaires dont l'abondance, la disponibilité et l'accessibilité à leurs séquences cibles vont réguler le niveau de transcription. Ils présentent des caractéristiques structurales communes, avec au minimum deux domaines : un domaine de fixation à l'ADN et un domaine effecteur de la transcription. Ainsi, ils reconnaissent leurs sites spécifiques et coopèrent avec d'autres protéines pour stimuler ou réprimer la transcription [150]. Les domaines de liaison se replient de façon à présenter une protubérance ou une structure flexible qui entrera en contact avec l'ADN. Ces contacts se font dans le grand sillon de l'ADN, souvent par l'intermédiaire d'une hélice α, avec des liaisons hydrogène et des interactions de Van der Waals.

Les facteurs de transcription sont souvent classés en fonction de la structure de leur domaine de liaison. Il existe 4 types de structures susceptibles d'interagir avec l'ADN (figure 20) [151] :

- structure hélice-tour-hélice (HTH pour Helix-Turn-Helix) présente dans les membres de la famille MYB. Les hélices α se fixent dans le sillon majeur de l'ADN pour former un angle.

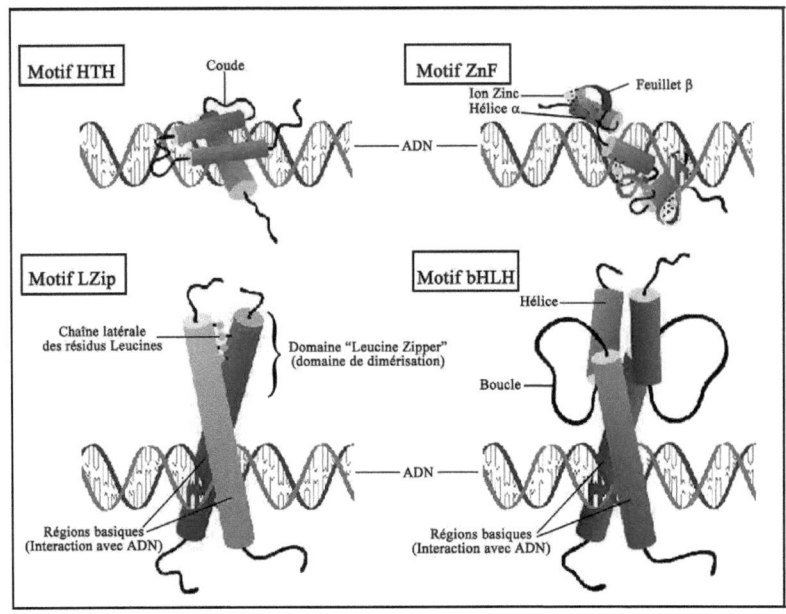

Figure 20. Principaux domaines de liaison à l'ADN des facteurs de transcription.

Représentation schématique de la structure des différentes familles de domaine de liaison à l'ADN des facteurs de transcription et de leur agencement par rapport à l'ADN lors de leur liaison.

HTH : motif de hélice-coude (tour)- hélice
ZnF : motif en doigts de zinc
LZip : motif de fermeture à éclair à leucines
bHLH : motif hélice-boucle-hélice basique (représentation d'un dimère)

- structure en doigt de gant retrouvée dans les protéines zinc finger (pour doigt de zinc). Le pouvoir de lier des atomes de zinc confère à ces protéines une conformation permettant la liaison à l'ADN.

- structure en fermeture éclair par liaison leucine-leucine caractéristique des protéines leucine zippers (bZip). La structure de ces protéines est constituée d'une série de leucines positionnées tous les sept aa autorisant les protéines à se dimériser. Adjacents à ces structures se trouvent plusieurs aa chargés positivement qui sont impliqués dans la fixation à l'ADN.

- structure hélice-boucle-hélice (HLH pour Helix-Loop-Helix) identifiée dans les protéines bHLH (basic Helix-Loop-Helix). Les hélices présentent une face avec des aa hydrophobes et l'autre face avec des aa chargés. Ce motif moléculaire permet la dimérisation entre protéines identiques et la région basique proche de ce motif est en contact avec l'ADN.

3.2 Aspects généraux sur la régulation de la voie de biosynthèse des flavonoïdes

3.2.1 Les éléments *cis*-régulateurs de la voie des flavonoïdes

Les enzymes du métabolisme des phénylpropanoïdes répondent à de nombreux stimuli environnementaux et développementaux. Lors de divers stress de nature biotique (agents pathogènes, blessure, symbiose) ou abiotique (lumière, rayonnements U.V., faible température, carences), les plantes mettent en place un certain nombre de réponses conduisant notamment à l'induction de métabolismes secondaires dont celui des phénylpropanoïdes.

L'induction de la *PAL*, *C4H*, *4CL* et *CHS* au cours des réactions de défense, et suite à d'autre stress biotiques et abiotiques, a été plus particulièrement étudiée. Les enzymes de la voie des flavonoïdes peuvent être induites lors d'une infection par un agent pathogène ou lors d'une surexposition à une source lumineuse [152]. Des études réalisées sur *Arabidopsis* ont montré une augmentation de l'accumulation de flavonoïdes (kaempférol) en réponse aux rayonnements U.V [140]. Des plantes mutées et affectées dans l'expression de la *CHS* et de la *CHI* sont plus sensibles aux rayonnements U.V., ce qui confirme le rôle de ces deux enzymes dans la synthèse de composés intervenant dans la protection des tissus foliaires. Ces voies métaboliques secondaires sont également soumises à une régulation dépendante de l'intensité lumineuse tout au long de la journée. L'expression de la majorité des gènes du métabolisme des phénylpropanoïdes est orchestrée par le cycle circadien. Une étude récente sur l'horloge biologique d'*Arabidopsis*, a montré que la transcription de 6% des gènes étudiés (8000 au total) répond au cycle circadien, et 23 de ces gènes codent pour des enzymes du métabolisme des phénylpropanoïdes [153].

Pour répondre à de nombreux stimuli, plusieurs éléments *cis*-régulateurs activent la transcription des gènes spécifiques de ces signaux. Ces dernières années, les promoteurs des gènes intervenant dans les premières étapes du métabolisme des phénylpropanoïdes ont été plus particulièrement étudiés [140]. Plusieurs séquences *cis*-régulatrices conservées ont été identifiées dans les promoteurs de la *PAL*, *C4H*, *4CL* et *CHS* [81, 154-157]. Trois boîtes très conservées (P, L et A) ont été identifiées dans le promoteur du gène *PAL1* de blé et deux boîtes (H et G) dans le promoteur de la *CHS* du Haricot [158]. Les séquences nucléotidiques des boîtes P, A et L constituent des sites d'interaction avec des protéines en réponse à des éliciteurs fongiques, mais aussi à la lumière blanche et aux rayonnements U.V. [154, 158, 159]. Les séquences des boîtes H et G sont conservées dans les promoteurs de la *PAL* et de la *CHS*. Ces boîtes sont généralement associées à la réponse aux pathogènes et la spécificité tissulaire [160, 161].

En plus des boîtes conservées (P, A, L), d'autres éléments *cis*-régulateurs interviennent dans le signal lumineux. La CHS étant impliquée dans la réponse aux rayonnements U.V., son promoteur a été le plus étudié. Chez *Arabidopsis*, la réponse à la lumière implique une région régulatrice appelée LRU (Light Responsive Unit). Deux boîtes sont suffisantes et nécessaires pour induire une activité lumière-dépendante à la *CHS* [162]. Cette unité régulatrice LRU comprend un site de reconnaissance des FT MYB (boîtes MRE^{CHS}) et une boîte contenant une séquence " ACGT " (boîte ACE^{CHS}). Les boîtes ACE sont présentes dans un grand nombre de promoteurs et sont reconnues par des protéines de type bZIP [140]. Des analyses fonctionnelles menées sur les promoteurs de la *CHS*, *CHI*, *F3H* et *FLS* suggèrent l'implication coordonnée de sites de liaison aux facteurs MYB et aux protéines bZIP dans la régulation de ces gènes par la lumière.

De plus, un site de liaison aux facteurs bHLH confèrerait une spécificité tissulaire [162].

D'autres éléments *cis* ont pu être identifiés *via* l'étude des facteurs de transcription qu'ils impliquaient. Chez le maïs, les gènes des deux familles de FT, MYB et bHLH, spécifiques de la synthèse des anthocyanes activent fortement l'expression des promoteurs qui possèdent une boîte haPBS (high affinity P1-binding sites). Sans fixation de ces FT, cette boîte n'est pas active [163]. Chez *Arabidopsis*, un fragment de 86 pb dans le promoteur *BAN* agit comme un stimulateur spécifique des PA dans les cellules qui accumulent les tannins [164]. Cette boîte PA contient deux sites de liaison putatifs pour des MYB et des bHLH dont les séquences sont proches des boîtes haPBS. Des structures similaires ont aussi été identifiées dans le promoteur de la *DFR*.

3.2.2 Les facteurs de transcription régulateurs de la voie des flavonoïdes

Deux familles de FT sont impliquées dans le contrôle de la synthèse des anthocyanes et des PA : les protéines MYB et bHLH. La production des phlobaphènes n'est sous le contrôle que d'un FT de type MYB [165, 166]. A l'inverse, la production d'anthocyanes et de PA implique que les protéines MYB interagissent avec un ou plusieurs partenaires protéiques pour assurer la régulation transcriptionnelle des gènes cibles [140]. De nombreux complexes MYB/bHLH identifiés chez le maïs, le pétunia et le muflier sont des régulateurs de la synthèse d'anthocyanes [167]. Des études de sur- et sous-expression de gènes chez *Arabidopsis*, couplées à des analyses d'interactions protéine-protéine ont également montré qu'un complexe composé de protéines MYB, bHLH et WD40 (MBW) était à l'origine du contrôle de la transcription des gènes menant à la synthèse des anthocyanes et surtout des PA [162, 168-170].

3.2.2.1 Facteur de transcription MYB

Identité des MYB

" MYB " est un acronyme dérivé du mot MYeloBlastome, décrivant un virus responsable de la leucémie chez le poulet.

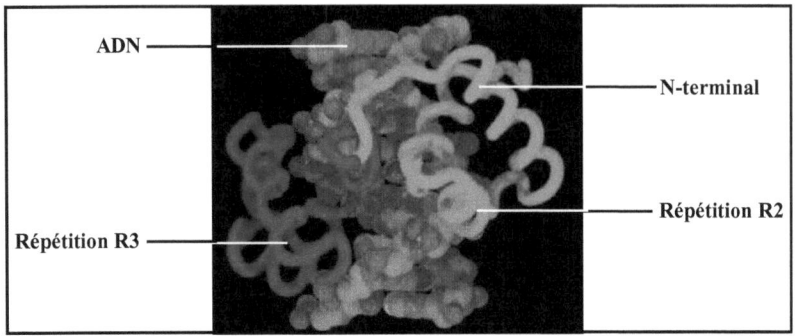

Figure 21. Structure tridimensionnelle d'une protéine MYB R_2R_3 interagissant avec la molécule d'ADN [126].

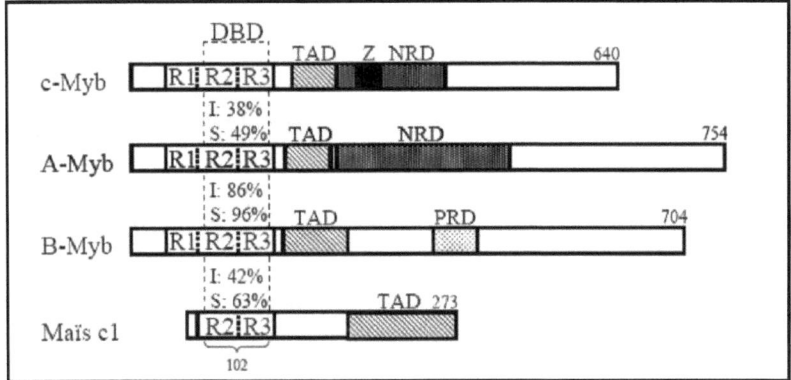

Figure 22. Représentation des domaines fonctionnels des protéines de type MYB typiques chez les animaux et chez les végétaux [174].

Les différentes répétitions (R) du domaine MYB sont indiquées. DBD: DNA-binding domain, TAD: transcriptional activation domain, NRD: negative regulatory domain, PRD: positive regulatory domain, Z: structure leucine zipper. Les chiffres indiquent le nombre d'acides aminés constituant chaque protéine MYB. Les pourcentages d'identité (I) et de similarité (S) entre les DBD de deux protéines sont calculés avec Bioedit (matrice Blosum62). C-MYB de l'Homme (P10242), A-MYB de *Mus Musculus* (X82327), B-MYB de *Mus Musculus* (X70472) et c1 (colourless 1) de maïs (M37153).

Le premier gène *MYB* identifié était l'oncogène *v-myb* issu du virus du MyeloBlastome aviaire (AMV) intégré dans le génome du poulet [171, 172]. Introna et *al*. (1994) ont montré que la protéine virale v-MYB était impliquée dans la transformation cancéreuse des cellules hématopoïétiques en dérégulant des gènes importants pour le développement cellulaire [173]. Les FT de type MYB reconnaissent de façon spécifique les séquences " YAAC(G/T)G " *via* un motif protéique de type hélice-tour-hélice (HTH) [175]. Les protéines MYB se caractérisent par la présence d'un domaine MYB constitué d'environ 50 aa contenant trois tryptophanes conservés et régulièrement espacés de 18 ou 19 aa qui sont à l'origine de la formation d'un cœur hydrophobe nécessaire à la fixation de l'ADN (figure 21) [176]. Plusieurs copies de ce domaine MYB peuvent être répétées dans une seule protéine et permettre l'attachement à l'ADN [177]. Dans les cas de répétitions imparfaites, les tryptophanes peuvent être remplacés par des résidus phénylalanine ou tyrosine et des aa supplémentaires peuvent être observés [178, 179]. La répétition R_1 ne semble pas avoir d'interaction spécifique avec l'ADN, mais elle augmenterait l'affinité de la protéine pour sa séquence cible et la stabilité du complexe protéine-ADN [180-182]. En revanche, les répétitions R_2 et R_3 sont suffisantes pour que la protéine MYB se lie dans le grand sillon de l'ADN de manière séquence-spécifique [183]. Chez les animaux, il n'existe que des protéines MYB à trois répétitions (MYB $R_1R_2R_3$), alors que chez les plantes et les levures, le nombre de répétitions est variable. De fait, les protéines MYB ont été classées en trois sous-familles suivant le nombre de répétitions : une répétition (MYB R_1), deux répétitions (MYB R_2R_3) ou trois répétitions (MYB $R_1R_2R_3$) [184].

Chez les animaux, les protéines de type MYB se présentent sous trois formes et on distingue uniquement trois membres chez l'Homme: A-MYB, B-MYB et c-MYB, impliqués dans la division, la différenciation et la mort cellulaire programmée [185]. Elles agissent souvent de concert avec d'autres protéines se liant à l'ADN et des comparaisons de séquences ont permis d'identifier d'autres domaines fonctionnels (figure 22). Parmi ces domaines, ont été identifiés en C-terminal du domaine de liaison à l'ADN, un domaine de transactivation d'une cinquantaine de résidus (hydrophobes et légèrement acides) et un domaine de régulation capable d'inhiber l'activité transcriptionnelle de la protéine. Ce domaine est situé en C-terminal du domaine de transactivation et se compose de deux sous-domaines indépendants (1 et 2) séparés par une structure en forme de leucine zipper (LZ) [180-[186]. Le domaine de fixation des protéines MYB présent en N-terminal est conservé chez la drosophile (D-Myb), la levure (BAS1) ainsi que chez l'homme (A-Myb et B-Myb) les plantes et les levures [187-189]. En revanche, les domaines de transactivation et de régulation négative en C-terminal, capables de moduler l'expression génique, ne sont pas retrouvés dans toutes les protéines MYB [190]. De plus, le domaine de liaison à l'ADN peut se trouver dans la partie C-terminale des protéines comme, c'est le cas dans la protéine de levure REB 1 [191].

Les MYB chez les végétaux

Le premier gène *MYB* de plante a été identifié chez le maïs et code la protéine C1 (*colourless1*) [192]. *C1* est impliqué dans la synthèse d'anthocyanes dans les aleurones des grains de maïs. Depuis l'identification et la caractérisation de cette protéine MYB à deux répétitions, il apparaît que les FT de type MYB chez les plantes représentent une superfamille de gènes de par la diversité et le nombre élevé de membres. Des études comparatives menées chez *Arabidopsis* et le maïs rapportent respectivement l'identification de 198 et 183 gènes *MYB* [193]. L'analyse complète du génome d'*Arabidopsis* révèle que 126 gènes codent des MYB R_2R_3, 5 des MYB $R_1R_2R_3$, 64 des "MYB-related" et 3 sont des gènes *MYB* atypiques. Chez *Arabidopsis,* la superfamille des gènes *MYB* est une des classes de FT qui possède le plus grand nombre de membres [194]. Les MYB à deux répétitions sont les plus représentés et ont été classés en 24 sous-groupes [195]. D'autres membres de la famille des gènes *MYB* ont également été identifiés et caractérisés dans d'autres espèces végétales et leur dénombrement n'est pas encore fini (environ 30 membres chez le pétunia, environ 200 chez le cotonnier et 85 chez le riz [196-198]). Par rapport aux gènes MYB de mammifères, ceux de plantes sont plus complexes et diverses, et seulement un petit nombre d'entre eux présentent une expression constitutive et ubiquitaire chez *Arabidopsis*. Ils interviennent dans de nombreux processus physiologiques chez les plantes et peuvent être induits d'une part par des signaux développementaux et, d'autre part, par des stimuli environnementaux [199].

Les fonctions de la plupart des gènes *MYB* de plantes ne sont pas connues. Cependant, les protéines MYB n'ayant qu'une seule répétition (R_1 ou R_3) semblent être impliquées dans le contrôle transcriptionnel des gènes liés aux rythmes circadiens et des gènes impliqués dans le développement de l'endosperme et dans la différenciation des cellules épidermiques [200-205].

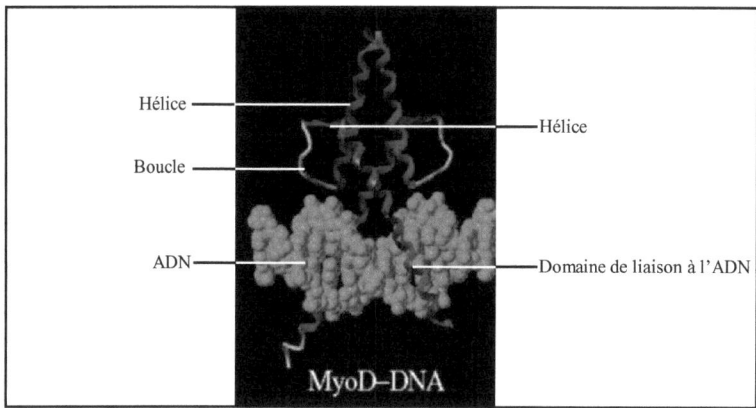

Figure 23. Structure tridimensionnelle d'une protéine bHLH MyoD interagissant avec la molécule d'ADN.

La photographie est tirée du site web http://gibk26.bse.kyutech.ac.jp/jouhou/image/dna-protein/hlh/hlh.html.

Les membres de la famille des MYB R_2R_3 ont révélé que ces protéines participaient au contrôle du métabolisme secondaire, à la régulation de la morphogénèse cellulaire, au développement des organes et à la transduction des signaux en réponses à des stress abiotiques ou à l'attaque de pathogène [206, 207]. Et enfin, les membres du groupe des MYB $R_1R_2R_3$ sont impliqués dans la régulation du cycle cellulaire [207, 208]. Certaines protéines MYB $R_1R_2R_3$ interviendraient également dans la tolérance au stress chez le maïs [209].

3.2.2.2 Facteur de transcription bHLH

Identité des bHLH

Les facteurs bHLH se caractérisent par la présence d'un domaine de liaison à l'ADN bipartite d'environ 60 aa [130]. Ce domaine comprend une région composée d'aa basiques et d'une région HLH. Le domaine basique est formé d'environ 15 aa situés en N-terminal, capable de se lier à l'ADN au niveau de séquences hexanucléotidiques de type "CANNTG", appelées boîtes E (E-boxes) [210]. Parmi ces boîtes E, la plus commune correspond à la séquence consensus "CACGTG" (boîte G) [211]. Concernant la région HLH, elle contient deux hélices α amphiphatiques séparées par une boucle de longueur variable (figure 23). Les hélices α permettent la dimérisation pour former soit des homodimères avec un autre facteur bHLH soit des hétérodimères avec d'autres familles de FT [131, 212, 213]. La présence d'une variété de boîte E et les possibilités de dimérisation grâce aux régions HLH permettent à ces FT de réguler au niveau transcriptionnel des processus biologiques variés.

Chez les animaux, les protéines bHLH sont impliquées dans la régulation de divers processus développementaux : la neurogenèse, la myogenèse, la détermination du sexe, la prolifération et la différenciation cellulaire [213]. Elles ont été classées *via* des analyses phylogénétiques basées sur les motifs de liaison à l'ADN des bHLH et leurs propriétés fonctionnelles. La famille des bHLH est divisée en 6 groupes répertoriés du groupe A à F [214] :

- les protéines du groupe A peuvent se lier à l'hexanucléotide "CAGCTG" de la boîte E (exemples: Atonal, D, Delilah, dHand, E12, Hen, Lyl, MyoD et Twist),

- les protéines du groupe B ont des fonctions variées et se lient aux séquences " CACGTG " de la boîte G (exemples: protéines Max, Myc, MITF, SREBP et USF),
- les protéines du groupe D possèdent un autre domaine d'interaction protéine-protéine (le domaine PAS) et se lient aux séquences (" NACGTG " ou " NGCGTG "),
- les protéines du groupe E possèdent des résidus proline ou glycine dans la région basique et se lient préférentiellement à la séquence " CACGNG " (exemples: E(sp1), Gridlock, Hairy et Hey),
- les protéines du groupe F possèdent un domaine supplémentaire impliqué dans la dimérisation et la liaison à l'ADN.

Les bHLH chez les végétaux

Très peu de protéines bHLH ont été caractérisées au niveau fonctionnel chez les plantes. Néanmoins, elles sont impliquées dans la régulation transcriptionnelle de plusieurs processus comme la biosynthèse des anthocyanes, la signalisation liées aux phytochromes, l'expression des globulines, la déhiscence du fruit et le développement des carpelles et de l'épiderme [215]. La première protéine de type bHLH identifiée chez les plantes fût la protéine Lc (Leaf color), produit du gène *R* (*Red*) qui régule la biosynthèse des anthocyanes chez le maïs (tableau I) [216]. Comme la famille des MYB R_2R_3, la famille des bHLH est une superfamille qui compte plus de 162 membres divisés en 21 sous-familles [211, 214, 215, 217, 218]. La comparaison à la classification animale révèle que la plupart des protéines bHLH de plantes appartiennent au groupe B [214].

Certaines protéines, intervenant dans la régulation du métabolisme des anthocyanes chez le maïs, ont été plus particulièrement étudiées. Ces bHLH, proches des protéines Myc animales, possèdent communément un domaine d'interaction et un domaine d'activation. En position N-terminal, elles possèdent un domaine d'interaction appelé MIR (Myb Interacting Domain). Ce domaine confère aux protéines bHLH la possibilité d'interagir avec les domaines R_2R_3 des protéines MYB [163]. Récemment, il a également été suggéré que le domaine d'interaction coopère avec le domaine d'activation pour permettre une *trans*-activation de la protéine bHLH [219]. Le domaine d'activation, riche en aa acides, forme une plateforme permettant le recrutement de la machinerie de l'ARN polymérase II et l'initiation de la transcription.

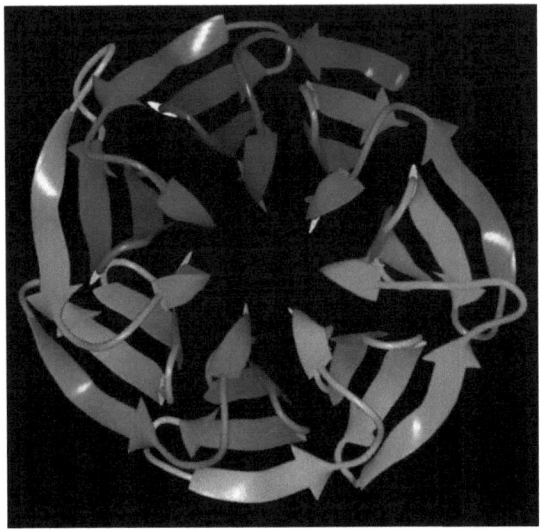

Figure 24. Structure tridimensionnelle du domaine WD40 de la sous-unité beta de la protéine G hétérotrimérique.

La structure est composée de feuillets beta formant une hélice de bateau avec 7 pales constituées par les 7 motifs WD40. Chaque pale est représentée par des couleurs différentes. Chaque motif WD40 est constitué de 4 brins.

La photographie est tirée du site web http://gibk26.bse.kyutech.ac.jp/jouhou/image/dna-protein/hlh/hlh.html.

Un autre domaine d'activation (domaine ACT) a été identifié récemment dans une protéine bHLH impliquée dans le contrôle transcriptionnel de la synthèse d'anthocyanes. Localisé en C-terminal, ce domaine ACT serait une plateforme pour des interactions protéine-protéine. En effet, à la différence des Myc animaux qui ne peuvent pas former d'homodimères, ces bHLH de plantes peuvent s'homodimériser pour réguler plus finement la biosynthèse des anthocyanes chez le maïs [220].

3.2.3 Les WD40, une autre famille de régulateur de la voie des flavonoïdes

La caractéristique commune qui définit ces protéines est le motif WD (aussi appelé Trp-Asp ou WD40) (figure 24). Ce motif consiste en une région d'environ 40 aa peu conservés mais définie par un dipeptide glycine-histidine (GH) et un dipeptide tryptophane-aspartate (WD) [221]. Ce motif est répété en tandem de 4 à 10 fois dans la même protéine. La protéine WD40 la plus étudiée est la sous-unité β de la protéine hétérotrimérique G participant entre autres à la signalisation cellulaire.

Les protéines à répétitions WD40 sont des acteurs majeurs participant à des mécanismes variés comme la transduction des signaux, la dynamique du cytosquelette, le trafic des protéines, l'export nucléaire ou la maturation des ARN. Elles interviennent également dans les modifications de la chromatine et les mécanismes transcriptionnels. Ces protéines sont également intimement impliquées dans la division cellulaire, la cytokinèse, l'apoptose, la vision et la mobilité cellulaire. Au niveau cellulaire, les protéines WD40 sont des composants du cytoplasme ou du nucléoplasme, reliées au cytosquelette ou associées à la membrane *via* leur interaction avec des protéines membranaires ou avec des domaines auxiliaires d'interaction. Les protéines WD40 connues sont de tailles variables pouvant être supérieure à 400 KDa [222].

Les domaines WD40 facilitent les interactions protéine-protéine et n'ont pas de fonctions enzymatiques intrinsèques. Ce sont des plateformes d'interaction protéique. Ces interactions sont essentielles à l'activité de ces protéines. D'abord, les motifs WD40 fournissent les sites de liaison pour une ou plusieurs protéines et facilitent ainsi des interactions transitoires entre les protéines.

Espèce	Famille de proteine	Protéine		Référence
Maïs	MYB	P	Pericarp color	[224, 225]
	MYB	C1	Colorless1	[192, 226]
	MYB	Pl	Purple plant	[227]
	bHLH	B	Booster	[228]
	bHLH	R	Red	[229, 230]
	bHLH	Lc	Leaf color	[216, 229]
	WD40	PAC1	Pale aleurone color	[231]
Muflier	MYB	ROSEA1	-	[232]
	MYB	ROSEA2	-	[232]
	MYB	VENOSA	-	[232]
	bHLH	DEL	Delila	[233]
	bHLH	MUT	Mutabilis	[233]
Pétunia	MYB	AN2	Anthocyanin 2	[234, 235]
	MYB	AN4	Anthocyanin 4	[234, 235]
	bHLH	AN1	Anthocyanin 1	[234, 236]
	bHLH	JAF13	-	[234]
	WD40	AN11	Anthocyanin 11	[237]
Arabidopsis	MYB	PAP1	Production of anthocyanin pigment 1	[238]
	MYB	PAP2	Production of anthocyanin pigment 2	[238]
	MYB	AtMyb60	-	[239]
	bHLH	GL3	Glabra3	[240-243]
	bHLH	EGL3	Enhancer of Glabra3	[240, 242, 243]
	bHLH	TT8	Transparent testa 8	[131, 242]
	WD40	TTG1	Transparent testa Glabra3	[244-246]
Vigne	MYB	VvMybA1	-	[247]
	MYB	VvMybA2	-	[248]
	MYB	VvMybA3	-	[248]
	MYB	VvMybA4	-	[248]
	MYB	VvMyb5a	-	[249]
	MYB	VvMyb5b	-	[250]

Tableau I. Protéines MYB, bHLH et WD40 impliquées dans le contrôle de la synthèse des anthocyanes chez les espèces modèles et dans la baie de raisin.

L'activité de ces protéines dans la régulation du métabolisme des anthocyanes a été confirmée par la caractérisation de mutants génétiques ou de plantes transgéniques.

C'est le cas des protéines hétérodimériques GTPases où la sous-unité β participe fonctionnellement à l'activité intrinsèque de la protéine du fait de son association avec plusieurs récepteurs membranaires. Les protéines WD40 peuvent également être un membre actif d'un complexe protéique comme par exemple le facteur de transcription général TFIID. Enfin, les WD40 se comportent comme des domaines d'interactions modulaires dans les protéines les plus grosses. Dans ce dernier cas, les protéines WD40 permettent d'adresser les protéines associées aux domaines auxiliaires vers leur cible. Ce mode d'action a été détaillé dans les protéines intervenant dans la signalisation lumineuse comme COP1 [223].

Chez *Arabidopsis*, 237 protéines contenant 4 copies du motif WD40 ou plus, ont été identifiées. Une classification fondée sur leur structure et leur fonction a permis de distinguer 143 familles WD40, dont 49 contiennent plus d'une répétition WD. Approximativement 113 familles présentent une homologie avec les protéines WD40 identifiées chez les autres eucaryotes. La caractérisation fonctionnelle chez *Arabidopsis* des protéines WD40 conservées a révélé qu'elles interviennent dans les mécanismes fondamentaux des processus spécifiques des plantes. En effet, des membres de la famille WD40 sont impliqués dans la floraison, le développement floral, l'organisation méristématique et la signalisation lumineuse [222].

3.3 Gènes impliqués dans la régulation des gènes de biosynthèse des anthocyanes

Le tableau I présente les gènes *MYB*, *bHLH* et *WD40*, identifiés ces dernières années chez différentes espèces végétales, en tant que régulateur de la voie de biosynthèse des anthocyanes.

3.3.1 Régulation de la biosynthèse des anthocyanes chez les espèces modèles

3.3.1.1 Activateurs de la biosynthèse des anthocyanes

Chez le maïs, les protéines R (Red, bHLH) et C1 (Colourless 1, MYB), induisent de façon coordonnée les gènes structuraux menant à la synthèse d'anthocyanes dans les couches d'aleurones des grains. L'expression ectopique de R et C1 dans des cultures cellulaires non-pigmentées de maïs entraîne l'activation de la plupart des gènes de biosynthèse et l'accumulation des anthocyanes [165, 166]. Dans les autres parties de la graine, ce sont d'autres membres des deux familles (Pl, Purple plant et B, Booster) qui assurent le contrôle transcriptionnel [142, 216]. Ainsi, la régulation fine des gènes de cette voie par différents complexes MYB-bHLH permet une accumulation tissu-spécifique des anthocyanes.

Chez le muflier, les mutants *del* (Delila, bHLH) sont caractérisés par une perte de pigmentation dans les tubes floraux [233]. Cette perte de fonction diminue faiblement l'expression des *EBG* (*CHS* et *CHI*) mais inhibe fortement les gènes *F3H*, *DFR*, *LDOX* et *UFGT* [179]. D'autres gènes *MYB* et *bHLH* ont été identifiés et leurs actions combinées assurent le contrôle complexe de la production spatiale et temporelle des anthocyanes dans les pétales de muflier [251, 252]. Cependant à ce jour, aucune interaction entre ces MYB et ces bHLH n'a pu être démontrée [79].

Chez le Pétunia, le système de régulation semble plus complexe. Les gènes *AN1* (Anthocyanin 1) et *JAF13* (bHLH), *AN2* (Anthocyanin 2, MYB) et *AN4* (Anthocyanin 4, MYB), et *AN11* (WD40) sont tous nécessaires pour activer l'expression des *LBG* [234, 236, 253, 254]. En dehors du fait que JAF13 et AN1 présentent des séquences amino-acides différentes, ces protéines possèdent des fonctions divergentes dans la cascade de régulation. JAF13 ne peut compenser la perte d'expression d'*AN1* dans les pétales des mutants *an1*. De plus, à l'inverse de JAF13, AN1 doit interagir physiquement avec AN2 pour activer les gènes de biosynthèse des anthocyanes. Pourtant des expériences d'expression transitoire ont montré que AN1 et JAF13 (bHLH) peuvent former un complexe avec AN2 et induire l'activité du promoteur *DFR* [253]. De plus, en système double hybride chez la levure, AN1 et JAF13 peuvent former aussi bien des homodimères que des hétérodimères. Afin de mieux comprendre la fonction de JAF13, un mutant contenant un transposon en amont du gène *JAF13* a été isolé par criblage de mutants d'insertion. Le mutant homozygote présente une réduction des transcrits *DFR*, de la teneur en anthocyanes dans les pétales d'environ 50% et des tâches " révertantes ". Le phénotype de ce mutant a permis d'émettre deux hypothèses: soit la fonction de JAF13 est partiellement redondante, soit sa présence dans le complexe protéique n'est pas nécessaire mais amplifierait l'activité du complexe MYB-bHLH [255]. AN11 fut la première protéine de type WD40 à avoir été identifiée en tant que partenaire protéique dans le complexe MYB-bHLH [237]. Des mutations dans le gène *AN11* entraînent une perte de pigmentation des fleurs mais n'affectent pas l'expression des gènes régulateurs de la voie. De plus, ces mutants ne peuvent être que partiellement complémentés par la surexpression des gènes *AN2* et *AN1*. De vetten et *al.* ont alors suggéré que AN11 modulerait l'activité des facteurs MYB et bHLH spécifiques de cette voie, par des modifications post-transcriptionnelles. Depuis, des orthologues d'*AN11* ont été identifiés chez le maïs (*PAC1*), *Arabidopsis* (*TTG1*) et *Perilla frutescens* (*PFWD*), mais la fonction de ces protéines semble être plus pléiotropique que celle d'AN11, qui est restreinte à la pigmentation des fleurs [231, 244, 256].

Chez *Arabidopsis*, les protéines MYB (PAP1, PAP2, Myb113 et Myb114), bHLH (EGL3 et GL3) et WD40 (TTG1) régulent la synthèse des anthocyanes [195, 238, 257, 258]. L'action des facteurs MYB est strictement TTG1- et bHLH-dépendante [170]. Des simple et double mutants montrent qu'EGL3 jouerait un rôle plus important que GL3 dans le contrôle des anthocyanes [242]. La surexpression indépendante de chacun des MYB stimule l'accumulation d'anthocyanes suite à l'activation par ces FT des gènes *LBG*. De plus, les plantes transformées avec une construction RNAi pour les gènes *PAP1*, *PAP2*, *Myb113* et *Myb114* présentent une diminution de l'expression des gènes *LBG* et consécutivement, une diminution de l'accumulation des anthocyanes mais pas des PA. D'ailleurs, les gènes structuraux *LBG* affectés dans ces plantes RNAi sont les mêmes que ceux qui ont été identifiés dans les mutants *ttg1*, *egl3* et *gl3*.

3.3.1.2 Répresseurs de la biosynthèse des anthocyanes

Quelques protéines MYB ont été caractérisées comme des répresseurs de certaines branches du métabolisme des phénylpropanoïdes [259]. Seulement deux répresseurs du métabolisme des anthocyanes ont été identifiés : FaMYB1 chez la fraise et AtMyb60 chez *Arabidopsis*. Les tabacs qui surexpriment *FaMYB1* présentent une diminution significative de la teneur en anthocyanes dans les fleurs et les étamines ainsi qu'une réduction de la teneur en flavonoïdes. Ce phénotype est la conséquence d'une diminution de l'expression de deux gènes de la partie basse de la voie : l'*ANS* et la *GT*. FaMYB, comme les répresseurs des phénylpropanoïdes, présente dans sa région C-terminale le motif conservé LNL[E/D]L [260]. Récemment chez *Arabidopsis*, des travaux ont montré que l'expression ectopique de la protéine AtMYB60 inhibe l'accumulation d'anthocyanes chez la laitue en réprimant l'expression des gènes codant la DFR [239].

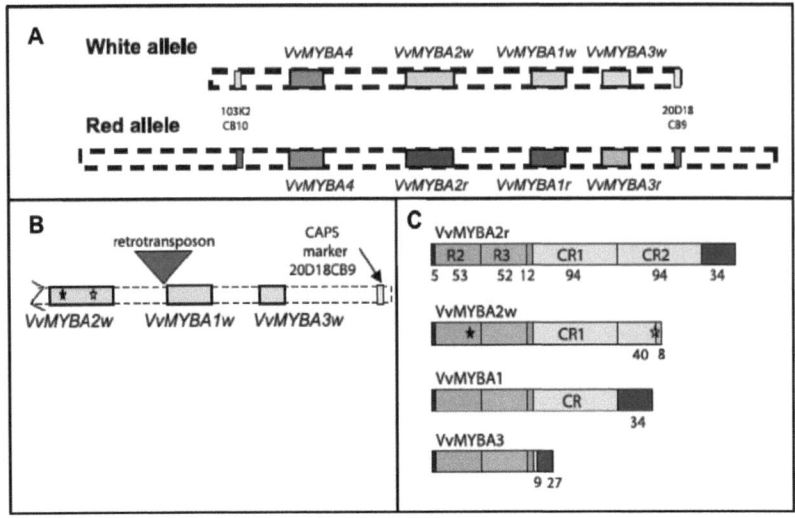

Figure 25. Représentation schématique du locus qui détermine la couleur des baies de Cabernet sauvignon [248].

A- Séquences des allèles blancs et rouges obtenues par des banques BAC. Les séquences des gènes *VvMybA* sont représentées le long du chromosome par des boîtes de couleurs différentes disposées dans l'ordre. Les boîtes vertes et jaunes représentent l'allèle blanc, les boites rouges et pourpres indiquent les allèles rouges polymorphes et les boîtes bleues identifient les séquences identiques entre les deux allèles.

B- Région de 140 Kb du BAC 20D18 qui contient 3 gènes très similaires, *VvMybA2w*, *VvMybA1w* et *VvMybA3w*. L'ordre des gènes sur le chromosome est conservé. Les étoiles représentent des changements de séquences non-conservés identifiés dans *VvMybA2W* par rapport à *VvMybA2r*.

C- Différences dans les séquences protéiques prédites des VvMybA. Le nombre d'acides aminés dans chaque domaine est indiqué. Les régions identiques sont présentées par les mêmes couleurs. VvMybA2 existe sous deux formes: VvMybA2r est la protéine fonctionnelle identifiée dans les raisins rouges et VvMybA2w (codé par l'allèle blanc) est altéré par une délétion indiquée par l'étoile. Les répétitions MYB sont identiques pour les 4 protéines à l'exception d'un changement dans VvMybA2w indiqué par une étoile. Le domaine C-terminal est répété dans VvMybA2r (CR1 et CR2).

3.3.2 Régulation de la biosynthèse des anthocyanes dans la baie de raisin

Au niveau biochimique, les raisins rouges diffèrent des raisins blancs par l'accumulation d'anthocyanes après véraison dans les pellicules. Au niveau moléculaire, cela se traduit par l'expression de l'*UFGT* après la véraison, dans les pellicules des baies des cépages rouges mais pas dans celles des cépages blancs [133]. Au niveau génétique, ce phénotype rouge/blanc est contrôlé par un seul locus [261]. Une cartographie génétique a permis de localiser quatre gènes MYB (*VvMYBA1*, *VvMYBA2*, *VvMYBA3* et *VvMYBA4*) (figures 25A et 26)[144, 248]. Deux gènes, *VvMYBA1* et *VvMYBA2*, peuvent réguler la couleur dans la baie de raisin (figure 25B). En effet, *VvMYBA1* et *VvMYBA2*, sont systématiquement mutés dans les raisins blancs [247, 248]. Le gène *VvMYBA1* présente deux allèles : le muté *VvMYBA1a* et le non muté *VvMYBA1b*. *VvMYBA1a* n'est pas transcrit dans les cépages blancs du fait de l'insertion d'un rétrotransposon *Gret1* dans son promoteur (figure 25C) [247]. De même, le gène *VvMYBA2* possède deux allèles : l'allèle blanc *VvMYBA2w* et l'allèle rouge *VvMYBA2r* (figures 25C et 26) [248]. L'allèle blanc *VvMYBA2w* dans les raisins blancs est inactivé par deux mutations non conservées dans sa séquence codante. La première mutation mène à la substitution d'un résidu arginine en résidu leucine ($R^{44}L$) et l'autre entraîne un changement de cadre de lecture à l'origine d'une protéine tronquée à cause de la délétion des deux nucléotides CA en position 258. Chacune des mutations rendent inefficace le régulateur VvMYBA2 et de fait, empêche l'accumulation d'anthocyanes. Tous les cépages blancs sont donc homozygotes pour *VvMybA1a* et pour *VvMYBA2w*. A l'inverse, les cépages rouges sont hétérozygotes et possèdent un allèle blanc (*VvMybA1a* et *VvMYBA2w*) et un allèle rouge non muté (*VvMybA1b* et *VvMYBA2r*) (figure 26).

3.3.3 Régulation de la biosynthèse des anthocyanes dans la baie de raisin

Au niveau biochimique, les raisins rouges diffèrent des raisins blancs par l'accumulation d'anthocyanes après véraison dans les pellicules. Au niveau moléculaire, cela se traduit par l'expression de l'*UFGT* après la véraison, dans les pellicules des baies des cépages rouges mais pas dans celles des cépages blancs [133]. Au niveau génétique, ce phénotype rouge/blanc est contrôlé par un seul locus [261].

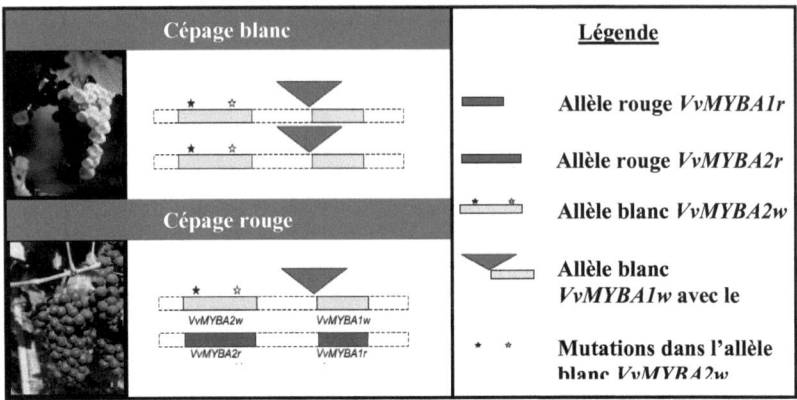

Figure 26. Différences génétiques à l'origine des cépages rouges et blancs (d'après [248]).

Les cépages blancs sont tous homozygotes pour les allèles blancs *VvMybA1w* et *VvMybA2w*. Les cépages rouges sont hétérozygotes et possèdent les allèles rouges *VvMybA1r* et *VvMybA2r* et les allèles blancs. Les protéines VvMybA1r et VvMybA2r activent transcriptionnellement l'expression de l'*UFGT* à la véraison, enzyme clé de la synthèse des anthocyanes.

Espèce	Famille de proteine	Protéine		Référence
Maïs	bHLH	Lc	Leaf color	[216, 229]
	WD40	PAC1	Pale aleurone color	[231]
Arabidopsis	MYB	TT2	Transparent testa 8	[263]
	MYB	PAP1	Production of anthocyanin pigment 1	[238]
	MYB	PAP2	Production of anthocyanin pigment 2	[238]
	bHLH	TT8	Transparent testa 8	[131, 242]
	WD40	TTG1	Transparent testa Glabra3	[244-246]
Vigne	MYB	VvMybA1	-	[262]

Tableau II. Protéines MYB, bHLH et WD40 impliquées dans le contrôle de la biosynthèse des proanthocyanidines chez les espèces modèles et dans la baie de raisin.

L'activité de ces protéines dans la régulation du métabolisme des anthocyanes a été confirmée par la caractérisation de mutants génétiques ou de plantes transgéniques.

Une cartographie génétique a permis de localiser quatre gènes MYB (*VvMYBA1*, *VvMYBA2*, *VvMYBA3* et *VvMYBA4*) (figures 25A et 26) [144, 248]. Deux gènes, *VvMYBA1* et *VvMYBA2*, peuvent réguler la couleur dans la baie de raisin (figure 25B). En effet, *VvMYBA1* et *VvMYBA2*, sont systématiquement mutés dans les raisins blancs [247, 248]. Le gène *VvMYBA1* présente deux allèles : le muté *VvMYBA1a* et le non muté *VvMYBA1b*. *VvMYBA1a* n'est pas transcrit dans les cépages blancs du fait de l'insertion d'un rétrotransposon *Gret1* dans son promoteur (figure 25C) [247]. De même, le gène *VvMYBA2* possède deux allèles : l'allèle blanc *VvMYBA2w* et l'allèle rouge *VvMYBA2r* (figures 25C et 26) [248]. L'allèle blanc *VvMYBA2w* dans les raisins blancs est inactivé par deux mutations non conservées dans sa séquence codante. La première mutation mène à la substitution d'un résidu arginine en résidu leucine ($R^{44}L$) et l'autre entraîne un changement de cadre de lecture à l'origine d'une protéine tronquée à cause de la délétion des deux nucléotides CA en position 258. Chacune des mutations rendent inefficace le régulateur VvMYBA2 et de fait, empêche l'accumulation d'anthocyanes. Tous les cépages blancs sont donc homozygotes pour *VvMybA1a* et pour *VvMYBA2w*. A l'inverse, les cépages rouges sont hétérozygotes et possèdent un allèle blanc (*VvMybA1a* et *VvMYBA2w*) et un allèle rouge non muté (*VvMybA1b* et *VvMYBA2r*) (figure 26).

Deux autres gènes *MYB*, *VvMyb5a* et *VvMyb5b*, régulent également la synthèse des anthocyanes, mais de manière moins spécifique que *VvMYBA1* et *VvMYBA2* [249, 250]. La surexpression de *VvMyb5a* et *VvMYB5b* dans le tabac affecte le métabolisme des anthocyanes, des flavonols, des lignines et des PA. Ceci suggère que ces gènes régulerait les différentes branches de la voie des phénylpropanoïdes et ne serait pas spécifique d'une voie en particulier.

3.4 Gènes impliqués dans la régulation des gènes de biosynthèse des PA

Le tableau II présente les gènes *MYB*, *bHLH* et *WD40*, identifiés ces dernières années dans les différentes espèces végétales, en tant que régulateur de la voie de biosynthèse des PA.

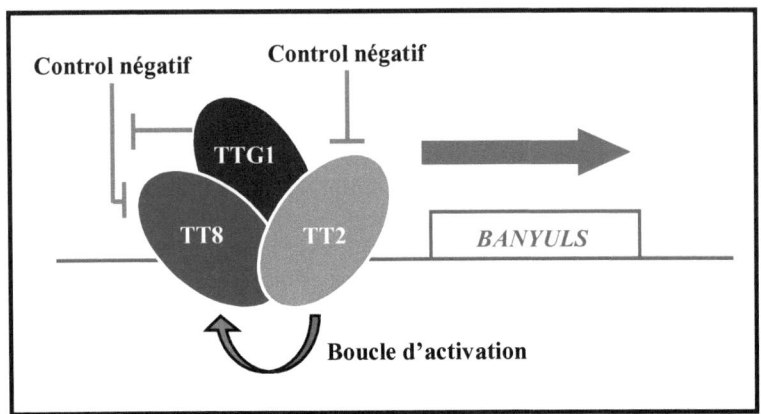

Figure 27. Représentation schématique de l'activité du complexe MYB-bHLH-WD40 impliqué dans la biosynthèse des proanthocyanidines dans les graines d'*Arabidopsis* d'après [69].

TT2 (MYB), TT8 (bHLH) et TTG1 (WD40) forme un complexe transcriptionnel capable d'activer directement le promoteur *BAN*. TT2 est responsable de la reconnaissance spécifique du promoteur *BAN*, en combinaison avec TT8. TTG1 régule l'activité de ces protéines *in planta*, en agissant sur la stabilité de TT8. La spécificité et les niveaux d'expression de *BAN* résulteraient d'un équilibre entre un contrôle développemental de l'expression de *TT2*, *TT8* et *TTG1* et d'un régulateur post-transcriptionnel négatif.

3.4.1 Régulation de la biosynthèse des PA chez *Arabidopsis*

Chez *Arabidopsis*, le gène *BANYULS* (*BAN*) qui code une ANR est directement impliqué dans la biosynthèse des tannins. L'analyse fonctionnelle de son promoteur a permis de démontrer que la spécificité d'expression de ce gène dans les cellules productrices de tannins situées au niveau des téguments est contrôlée principalement au niveau transcriptionnel par le complexe MBW, composé des protéines régulatrices TT2 (Transparent testa 2, MYB), TT8 (bHLH) et TTG1 (Transparent testa Glabra3, WD40) [131, 168, 244, 263]. Le mécanisme de contrôle est similaire à celui décrit pour la régulation de la synthèse des anthocyanes chez le pétunia [163] (figure 27).

TT2 reconnaît spécifiquement l'ADN cible et permet la fixation du complexe TT2/TT8 sur le promoteur de *BAN* [69]. TT8 peut être remplacée par EGL3 et GL3 pour activer la transcription de *BAN*, mais l'activation transcriptionnelle sera moins forte. L'interaction de TTG1 avec le complexe TT2/TT8 permettrait alors d'augmenter son activité transcriptionnelle. De plus, TTG1 serait également impliqué dans la régulation de l'activité de TT8 par un mécanisme post-transcriptionnel, *via* une interaction directe avec cette dernière [168]. Enfin, des analyses récentes ont montré que le gène *TT8* est régulé par ce complexe protéique MBW *via* une boucle de rétroaction [264]. Cette boucle d'autoactivation serait initialement contrôlée par deux FT MYB (TT2 et PAP1) et par TTG1. Ce contrôle transcriptionnel permettrait de synchroniser l'expression de *TT8* avec celle de ces partenaires pour réguler plus finement l'accumulation des PA dans les graines d'*Arabidopsis*.

3.4.2 Régulation de la biosynthèse des PA dans la baie de raisin

Dans la baie de raisin, la synthèse des PA implique deux enzymes, l'ANR et la LAR [126]. Un seul facteur de transcription MYB, *VvMYBPA1*, a été caractérisé et régulerait le métabolisme des PA [262]. L'expression de *VvMYBPA1* est corrélée à l'accumulation des PA au cours du développement de la baie. En expression transitoire, VvMYBPA1 active les promoteurs de la *LAR* et *ANR* ainsi que ceux de la *CHI*, la *F3'5'H* et la *LDOX*. En revanche, VvMYBPA1 n'est pas capable d'activer le promoteur de l'*UFGT*. De plus, *VvMYBPA1* complémente le mutant *tt2* d'*Arabidopsis* et restaure l'accumulation des PA dans les cotylédons, les méristèmes végétatifs, les poils racinaires et les racines.

3.5 Gènes impliqués dans la régulation des gènes de biosynthèse des flavonols

Chez *Arabidopsis*, les protéines MYB appartenant au sous-groupe 7 sont impliquées dans le contrôle transcriptionnel du métabolisme des flavonols [195, 265, 266]. Ces trois protéines présentent des homologies de séquence avec le facteur de transcription MYB (P) qui régule la biosynthèse des phlobaphènes chez le maïs sans interagir avec un partenaire bHLH [163]. MYB11, MYB12 et MYB111 activent les gènes structuraux menant à la synthèse des flavonols, à savoir la *CHS*, la *CHI*, la *F3H* et la *FLS*. Les plantules des triples mutants *myb11*, *myb12* et *myb111* n'accumulent pas de flavonols et la synthèse des anthocyanes n'est pas affectée. Ces protéines agiraient de manière synergique pour réguler la synthèse spatio-temporelle des flavonols chez *Arabidopsis*. En effet, elles présentent des activités spatiales différentes. MYB12 contrôle principalement la biosynthèse des flavonols dans les racines alors que MYB111 plutôt au niveau des cotylédons [265].

CHAPITRE 1

Caractérisation des mécanismes régulateurs de l'expression du gène *VvMyb5a* et de l'activité de la protéine correspondante

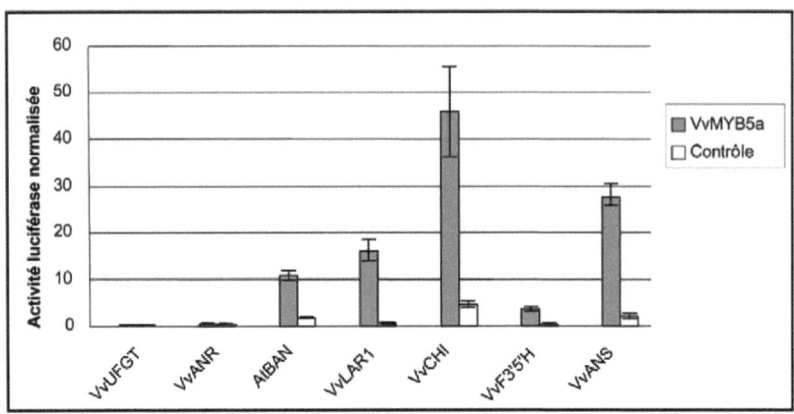

Figure 28. Activation des promoteurs des gènes codant les enzymes de la voie de biosynthèse des flavonoïdes chez la vigne par *VvMyb5a* [250].

Le contrôle indique l'activité de chaque promoteur en l'absence de VvMyb5a. Chaque transfection est réalisée avec une construction *35S::EGL3* codant la protéine bHLH EGL3 d'*Arabidopsis thaliana* (numéro d'accession Genbank : NM20235) et un contrôle interne, le plasmide de la luciférase *Renilla* (pRLuc). L'activité normalisée de la luciférase correspond au rapport entre l'activité luciférase de la luciole et de Renilla. Chaque colonne représente la valeur moyenne de trois répétitions indépendantes. Les abréviations sont les suivantes : *VvUFGT* (*Vitis vinifera* UDP-glucose : flavonoid 3-O-glucosyltransferase), *VvANR* (*Vitis vinifera* Anthocyanidin reductase), *AtBAN* (*Arabidopsis thaliana* Banyuls), *VvLAR1* (*Vitis vinifera* Leucoanthocyanidin reductase 1), *VvCHI* (*Vitis vinifera* Chalcone isomerase), *VvF3'5'H* (*Vitis vinifera* Flavonoid 3'5' hydroxylase) et *VvANS* (*Vitis vinifera* Anthocyanidin synthase).

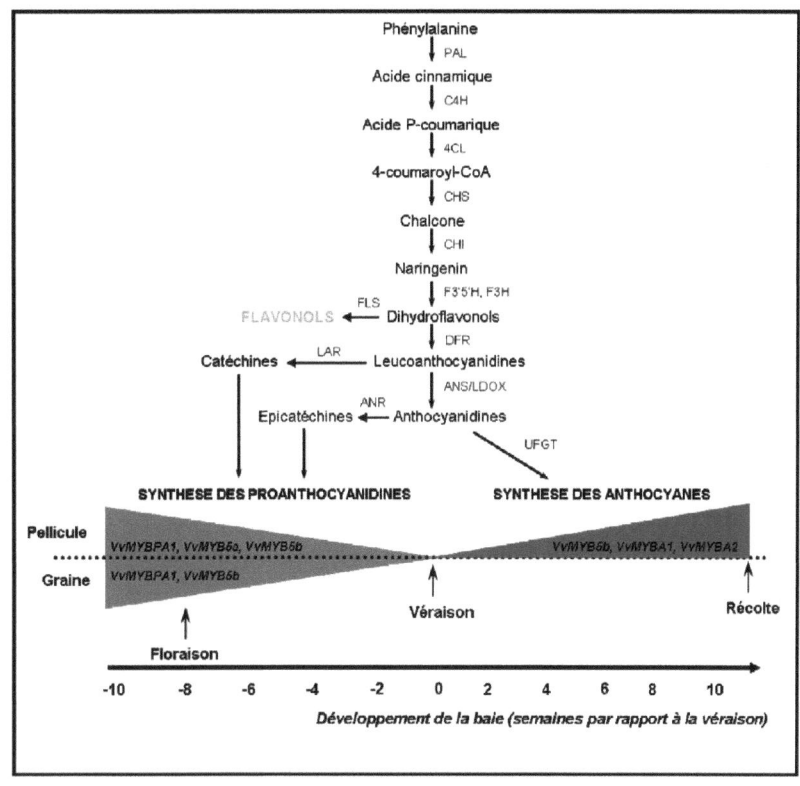

Figure 29. Implication des facteurs de transcriptions MYB R_2R_3 dans les mécanismes régulateurs de la biosynthèse des flavonoïdes au cours du développement de la baie de raisin [250].

Les abréviations sont les suivantes : PAL (phénylalanine ammonia lyase), C4H (cinnamate 4-hydroxylase), 4CL (4-coumarate CoA ligase), CHS (chalcone synthase), CHI (chalcone isomérase), F3H (flavanone 3-hydroxylase), F3'H (3' hydroxylase), F3'5'H (flavonoïde 3'5' hydroxylase), DFR (dihydroflavonol), ANS (anthocyanidine synthase), LDOX (leucoanthocyanidine dioxygénase), ANR (anthocyanidine réductase), LAR (leucoanthocyanidine réductase) et UDP (UDP-glucose:flavonoïde 3-O-glucosyltransferase).

1 Introduction : Etat de l'art sur *VvMyb5a*

Lors de mon arrivée au laboratoire, des travaux antérieurs avaient permis d'identifier et de caractériser le gène *VvMyb5a,* qui code pour un facteur de transcription MYB de type R_2R_3 [249]. Dans les baies, *VvMyb5a* est fortement exprimé dans les phases précoces du développement. À partir de la véraison, la quantité de transcrits *VvMyb5a* diminue fortement dans les différents tissus de la baie. Pour identifier les gènes cibles de VvMyb5a, la capacité de ce facteur de transcription à activer les promoteurs des gènes codant les enzymes de la voie de biosynthèse des flavonoïdes a été étudiée par des expériences d'expression transitoire dans des cellules de vigne [250]. Les résultats obtenus sont présentés dans la figure 28. En présence d'une protéine bHLH, VvMyb5a est capable d'activer les promoteurs des gènes *VvLAR1* (27 fois), *VvANS* (12,5 fois), *VvF3'5'H* (12 fois) et *VvCHI* (7 fois). En revanche, aucune activation du promoteur *VvUFGT* n'a été mise en évidence. Ainsi, ces données indiquent que VvMyb5a est capable d'activer non seulement l'expression des gènes codant les enzymes de la voie générale de biosynthèse des flavonoïdes mais également celle du gène *VvLAR1*, spécifiquement impliqué dans la synthèse des tannins. Dans leur ensemble, ces résultats confirment ceux obtenus chez le tabac ou la surexpression de *VvMyb5a* s'accompagne d'une accumulation d'anthocyanes et de tannins condensés dans les organes reproducteurs [249]. Ainsi, en tenant compte de son profil d'expression dans les différents tissus de la baie et des résultats de caractérisation fonctionnelle, VvMyb5a serait particulièrement impliqué dans la régulation de la biosynthèse des PA et plus spécifiquement dans le contrôle de la synthèse des catéchines dans la pellicule. Ces travaux ont donc permis d'attribuer une fonction précise à *VvMyb5a* et d'intégrer son action au schéma général de régulation du métabolisme des flavonoïdes dans la baie par les facteurs MYB (figure 29). Toutefois, les résultats obtenus chez plusieurs espèces modèles indiquent que l'activité biologique des facteurs MYB apparaît fortement dépendante des interactions avec d'autres protéines de types bHLH, WD40 ou EMSY. À l'heure actuelle, ces protéines n'ont pas encore été identifiées et caractérisées chez la vigne.

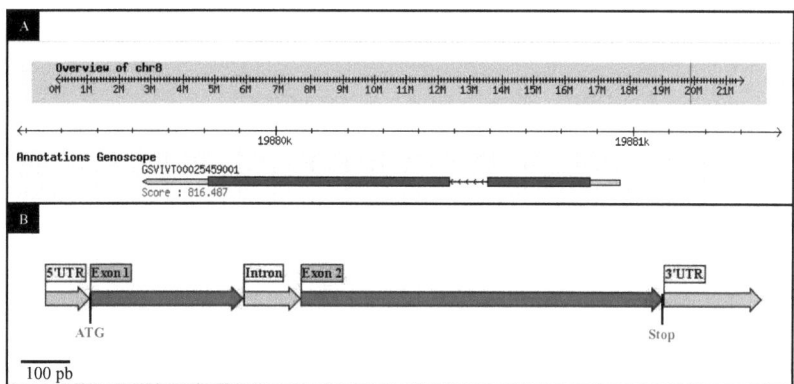

Figure 30. Analyse bioinformatique du locus *VvMyb5a*.

A- Localisation du transcrit *VvMyb5a* sur le chromosome 8.

B- Représentation schématique de la structure intron/exon du gène *VvMyb5a*. Le gène *VvMyb5a* est constitué de deux exons (rouge) et un intron (gris). Les régions non-codantes en 3' et 5' sont également indiquées en gris. Les codons d'initiation (ATG) et de terminaison (Stop) de la traduction sont représentés par des traits noirs. Cette représentation schématique a été réalisée à partir des données disponibles de la base du Génoscope. Echelle, 100 paires de bases (pb).

Dans ce premier chapitre, nous rendons compte des travaux engagés pour approfondir les connaissances relatives à l'implication de *VvMyb5a* dans la biosynthèse des flavonoïdes dans la baie de raisin. Ce chapitre fait la synthèse de deux approches menées en parallèle : l'étude de la régulation de l'expression du gène *VvMyb5a* et celle de l'activité de la protéine correspondante.

2 Recherche de partenaires protéiques de la protéine VvMyb5a

2.1 Analyse in silico de la séquence *VvMyb5a*

Suite à une collaboration entre la France (Inra, Génoscope) et l'Italie (Universités de Milan, Udine et Padoue), le séquençage du génome de la vigne a été achevé et rendu public le 27 août 2007. L'alignement de la séquence de *VvMyb5a* sur l'ensemble des séquences génomiques de vigne montre que ce gène est porté par le chromosome 8 entre les positions 19879628 et 19880963 (figure 30A). *VvMyb5a* est répertorié sous la référence *GSVIVT00025459001* dans la banque de données Génoscope. L'analyse de la séquence nucléique a montré que le gène *VvMyb5a* est composé de deux exons (287 pb et 676 pb) et d'un intron (106 pb) (figure 30B). Elle a également confirmé que *VvMyb5a* présente une région 5' non codante de 84 pb et une région 3' non codante de 186 pb. La partie codante révèle un cadre de lecture ouvert de 963 pb qui code une protéine de 321 aa. Le logiciel ProtParam[1] prédit une masse moléculaire de 35,8 kDa et un point isoélectrique de 6,90.

La recherche de motifs et de domaines signatures dans VvMyb5a a été effectuée grâce à deux logiciels InterProscan[2] et ScanProsite[3]. Ces deux programmes ont mis en évidence deux motifs hélice-tour-hélice qui définissent le domaine MYB (InterProScan001005, PFOO249), un domaine de liaison à l'ATP et au GTP (Prosite00017) et un domaine riche en glutamine (Prosite50322). VvMyb5a, comme la majorité des facteurs MYB de plante, contient seulement deux répétitions imparfaites R_2R_3 proches de l'extrémité N-terminale et correspondant au domaine DBD (DNA Binding Domain). Le DBD permet la liaison du facteur MYB aux séquences d'ADN cibles.

---

[1] ProtParam: http://expasy.org/tools/protparam.html
[2] InterProscan: http://www.ebi.ac.uk/InterProScan
[3] ScanProsite : http://www.expasy.org/tools/scanprosite/

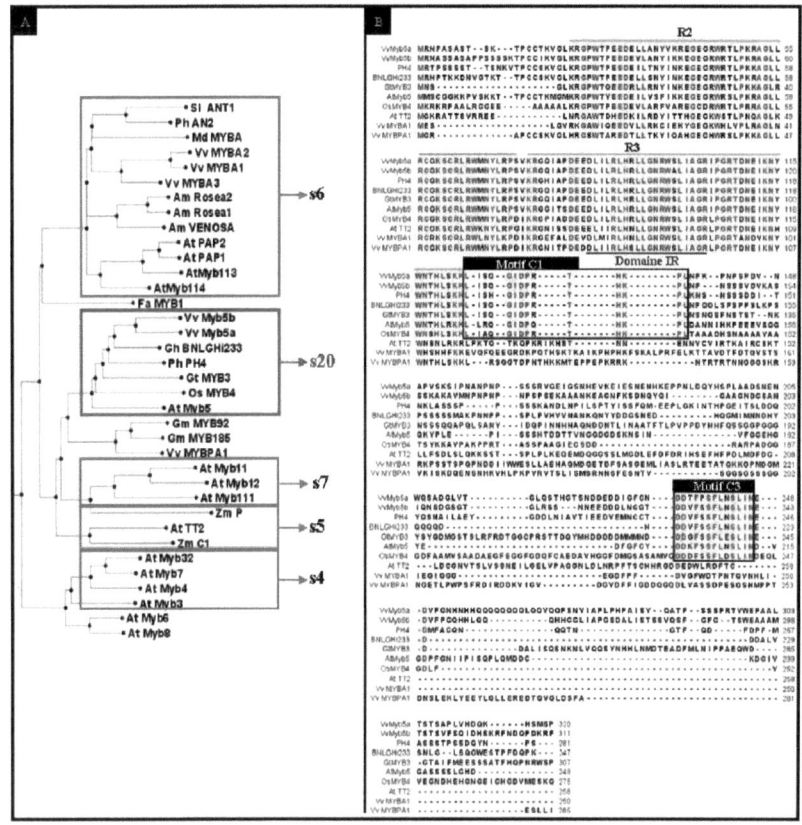

Figure 31. Analyse des similarités observées entre VvMyb5a et d'autres protéines MYB de plantes.

A- Arbre phylogénétique des séquences protéiques des protéines MYB de *Vitis vinifera* et d'autres espèces végétales. Les séquences protéiques complètes ont été alignées selon un algorithme de type ClustalW et l'arbre phylogénétique a été construit grâce au logiciel Vector NTI. Les cadres gris indiquent les sous-groupes " s " de protéines MYB R_2R_3 définis selon la classification de Stracke [195]. Le cadre rouge indique le nouveau sous-groupe (s20) identifié par Quattrocchio [267]. Les numéros d'accession dans les banques de données sont SlANT1 (AAQ55181), PhAN2 (AAF66727), MdMYBA (BAF80582), VvMYBA1 (BAD18977), VvMYBA3 (BAD18979), VvMYBA2 (BAD18978), AmRosea2 (ABB83827), AmRosea1 (ABB83826), AmVENOSA (ABB83828), AtPAP2 (AAG42002), AtPAP1 (AAG42001), AtMyb113 (NP_176811), AtMyb114 (NP_176812), FaMYB1

(AAK84064), VvMyb5b (AAX51291), VvMyb5a (AAS68190), GhBNLGHi233 (AAK19611), GtMYB3 (BAF96933), OsMYB4 (BAA23340), AtMyb5 (AAC49311), GmMYB92 (ABH02844), GmMyb185 (ABH02844), VvMybPA1 (CAJ90831), AtMyb11 (NP_191820), AtMyb12 (NP_182268), AtMyb111 (NP_199744), ZmP (AAB67720), AtTT2 (CAC40021), ZmC1 (AAA33482), AtMyb32 (NP_195225), AtMyb7 (NP_179263), AtMyb4 (NP_850879), AtMyb3 (NP_564176), AtMyb6 (NP_192684), AtMyb8 (NP_849749).

B- Alignement des protéines du sous-groupe s20. Les acides aminés identiques sont indiqués en rouge. Les régions conservées correspondant aux motifs C1 et C3 sont encadrées. Le domaine IR indiqué en bleu correspond aux acides aminés homologues aux résidus de la protéine C1 de maïs et nécessaires pour une interaction physique avec les protéines bHLH. Les deux répétitions R2 et R3 qui forment le domaine MYB sont indiquées respectivement par les traits vert et bleu.

....

Cette analyse a également révélé différents sites potentiels de modifications post-traductionnelles: trois signatures de myristoylation (débutant en position aa 53, 212, 216), sept sites de phosphorylation par la protéine kinase C (débutant en position aa 9, 60, 72, 122, 134, 165, 294), six sites de phosphorylation par la caséine kinase II (débutant en position aa 26, 109, 173, 223, 224, 297) et un site de phosphorylation par la tyrosine kinase (débutant en position aa 108).

Des séquences protéiques correspondantes à des MYB homologues de VvMyb5a ont été recherchées chez d'autres plantes, dans les banques de données du TAIR[4] (The Arabidopsis Information Resource) et du NCBI5 (National Center for Biotechnology Information). Généralement, les protéines MYB présentent de fortes homologies de séquence en N-terminal dans le domaine MYB. Cependant, l'identification de motifs conservés en dehors du domaine MYB ont permis de classer les MYB R_2R_3 en 19 sous-groupes [195, 198]. Ces sous-groupes pouvant donner une indication quant à la fonction d'un gène, les séquences protéiques homologues à VvMyb5a et l'ensemble des protéines MYB R_2R_3 d'*Arabidopsis* ont été utilisées pour établir un arbre phylogénétique. Seule une partie de l'analyse de phylogénie a été représentée dans la figure 31A, mais le " clustering " des MYB R_2R_3 identifié par des études antérieures, a été retrouvé. Cette analyse montre que VvMyb5a appartient à un nouveau sous-groupe proche du groupe des protéines caractérisées comme des régulateurs de la voie de

---

[4] TAIR: http://www.arabidopsis.org/index.jsp
[5] NCBI: http://www.ncbi.nlm.nih.gov/

biosynthèse des anthocyanes ou des PA. Les sept protéines MYB homologues du sous-groupe présentant les similarités les plus fortes avec VvMyb5a sont impliquées dans divers processus physiologiques et développementaux. La protéine de riz OSMYB4 confère une résistance au froid [268], AtMyb5 serait impliquée dans la détermination cellulaire et le développement des trichomes chez *Arabidopsis* [269], PH4 intervient dans l'acidification vacuolaire chez le pétunia [267], VvMyb5a et VvMyb5b sont des régulateurs de la synthèse des phénylpropanoïdes chez la vigne [249, 250]. Les deux derniers membres de ce groupe, les protéines BNLGHi233 chez le coton (*Gossypium hirsutum*) et GtMyb3 chez la gentiane (*Gentiana triflora*), n'ont pas encore été caractérisées. L'analyse détaillée de l'alignement de l'ensemble de ces protéines montre qu'elles présentent des motifs peptidiques communs (figure 31B). En dehors du domaine DBD très conservé chez les MYB, trois motifs distincts ont été identifiés dans les séquences analysées. Le premier " ☐D/E☐Lx2☐R/K☐x3Lx6Lx3R " présent dans la majorité des protéines MYB R_2R_3, correspond au domaine ID (Interacting Domain) etpermet l'interaction spécifique avec les protéines bHLH [195, 270]. Les deux autres motifs sont caractéristiques du sous-groupe 20 récemment identifié (figure 31A)[267]. Le premier motif appelé C1 est situé à proximité du domaine MYB et correspond à la signature protéique " Lx3GIDPxTHKPL ". Le motif C1, initialement décrit par Kranz et *al.* (1998) dans les protéines MYB du sous-groupe 4, est présent dans les 7 protéines appartenant au même groupe que VvMyb5a [271]. Le deuxième motif C3 localisé en C-terminal est caractérisé par les aa " DDxF☐S/P☐SFL☐N/D☐SLIN☐E/D☐". Contrairement au motif C1 retrouvé dans d'autres sous-groupes de protéines MYB, C3 est spécifique du sous-groupe 20 mais sa fonction reste inconnue.

L'analyse *in silico* a permis l'identification des homologues les plus proches de VvMyb5a et la classification de ce dernier dans un nouveau groupe de protéines MYB R_2R_3, sur la base de la présence des motifs conservés C1 et C3. Cependant, VvMyb5a est la seule protéine de ce groupe à posséder un domaine riche en glutamine QQQQQQQQLQQVQQ (domaine GRD, Glutamin Rich Domain). Des séquences riches en glutamine de taille plus ou moins variables ont été identifiées dans plusieurs protéines eucaryotes activatrices ou inhibitrices de la transcription [272, 273]. Au début du travail de recherche qui m'avait été confié, aucune fonction biologique n'avait pu être assignée à ce type de motif. Néanmoins, plusieurs travaux suggéraient que ces motifs étaient d'une part des domaines d'activation de la transcription et, d'autre part, des plateformes potentielles pour des interactions protéines-protéines [274, 275]. De fait, comme VvMyb5a se distingue des autres protéines du sous-groupe 20 par son domaine GRD et qu'aucun motif riche en glutamine n'avait encore été étudié chez les protéines MYB, nous avons engagé sa caractérisation par une approche double hybride chez la levure.

2.2 Recherche d'interacteurs protéiques du domaine GRD de VvMyb5a

Afin d'identifier des protéines pouvant interagir avec le domaine GRD, la technique de double hybride en levure a été utilisée. Ce système, développé depuis 1989, est l'une des méthodes les plus utilisées pour détecter des interactions physiques entre deux partenaires protéiques ou entre un domaine protéique et une protéine [276].

2.2.1 Principe de la technique du double hybride chez la levure

La méthode de double hybride repose sur deux propriétés intrinsèques aux facteurs de transcription. Premièrement, les facteurs de transcription eucaryotes ont typiquement une structure modulaire constituée de deux domaines distincts: un domaine de liaison à l'ADN noté DB (DNA-Binding) et un domaine d'activation de la transcription AD (Activation Domain). De fait, il est possible de créer un FT hybride en combinant le domaine DB d'une protéine et le domaine AD d'une autre [277]. Deuxièmement, ces domaines fonctionnent indépendamment et ne doivent pas nécessairement co-exister au sein de la même chaîne polypeptidique pour entraîner la transcription d'un gène. En effet, quand les domaines sont exprimés séparément puis rapprochés les uns des autres par des interactions non-covalentes, ils peuvent fonctionner collectivement et recréer la fonction transcriptionnelle de la protéine intacte [278, 279].

Le principe du double hybride chez la levure est illustré dans la figure 32.

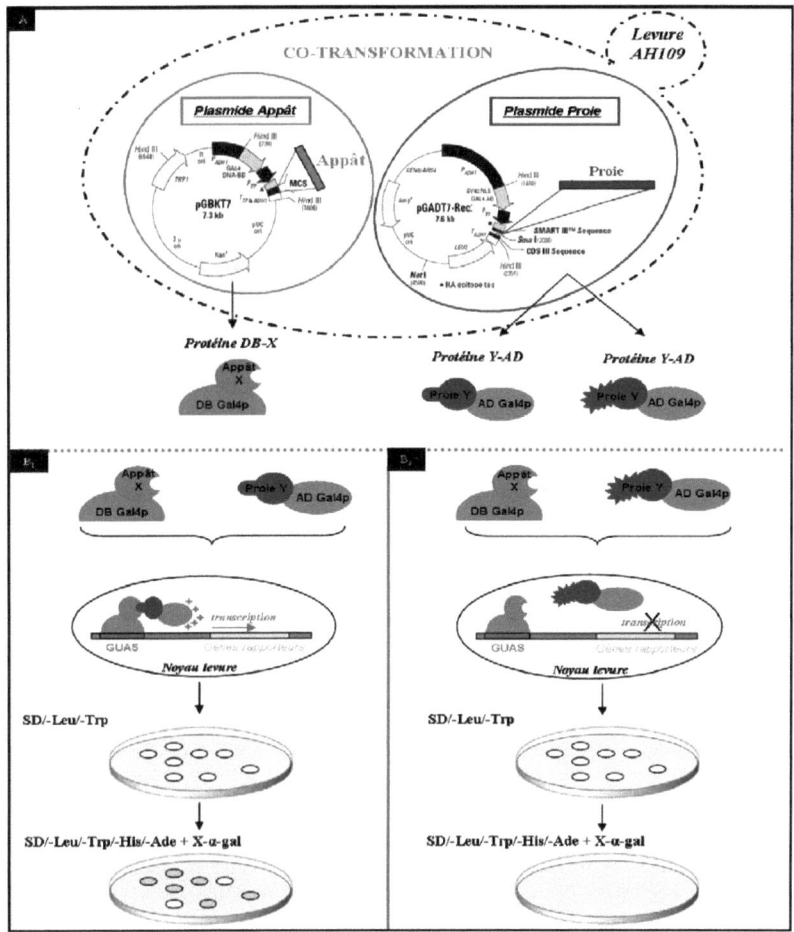

Figure 32. Principe de la technique du double hybride chez la levure.

A- Une cellule hôte est co-transformée avec les plasmides appât et proie. Le vecteur proie pGADT7-Rec, dans lequel ont été insérés les ADNc de la banque à cribler, présente les séquences supplémentaires suivantes: la séquence codant le domaine d'activation transcriptionnel Gal4p (AD) précédée d'un signal de localisation nucléaire (NLS) et le gène *trp1* permettant la croissance sur milieu carencé en tryptophane. Le vecteur appât pGBKT7, dans lequel a été insérée la protéine ou le domaine protéique d'intérêt, présente les caractéristiques suivantes: une séquence codant le domaine de liaison à l'ADN Gal4p (DB) et le gène *Leu2* permettant la croissance sur milieu carencé en leucine. Les protéines appât (X-AD) et proie (Y-AD) sont chimériques car elles sont fusionnées aux domaines DB ou AD de Gal4, respectivement.

B- L'interaction entre la protéine appât et une cible de la banque d'ADNc reconstitue la protéine Gal4 fonctionnelle qui peut alors activer la transcription des gènes rapporteurs (*His3*, *Ade2*, *LacZ* et *Mel1* dans le système Matchmaker, Clontech). Les gènes *His3* et *Ade2* permettent une sélection sur milieux carencés en histidine et adénine. Les gènes *LacZ* et *Mel1* permettent une sélection chromogénique par détection de l'activité β-galactosidase et α-galactosidase, respectivement. Les levures, dans lesquelles X et Y interagissent physiquement, se développent sur milieu carencé en histidine, adénine, leucine et tryptophane et deviennent bleues (B1). Sans interaction, les levures se développent sur milieux sans tryptophane et leucine (B2).

....

Il s'agit d'un essai *in vivo* d'interaction qui repose sur l'utilisation d'un facteur de transcription issu de la levure *Saccharomyces cerevisiae*, la protéine Gal4p. Dans les levures sauvages en présence de galactose, cette protéine est produite et active la transcription du gène *Gal1*, responsable de la digestion du galactose. Le domaine DB de Gal4p se fixe sur une séquence *cis*-régulatrice, GUAS (*Gal1* upstream activating sequence) pour activer la transcription du gène *Gal1*. Il a été démontré que dans la levure, la partie intermédiaire de la protéine Gal4p ne modifie pas son action. *Gal1*, ainsi que tout gène comportant la séquence GUAS en amont de son promoteur, sera activé par la présence de DB et AD maintenus à proximité l'un de l'autre. Ainsi, si X et Y sont deux protéines qui interagissent, il est possible de reconstituer un facteur de transcription fonctionnel équivalent à Gal4p en exprimant dans la cellule les deux protéines hybrides DB-X et Y-AD. Dans ces conditions, la levure pourra dégrader le galactose si et seulement si X et Y interagissent. Comme la capacité de dégradation du galactose est difficile à observer car la levure dispose de plusieurs mécanismes métaboliques, les souches de levure utilisées dans les systèmes double hybride ont été modifiées par ingénierie génétique. Les cellules de ces levures ne produisent plus la protéine Gal4p et des gènes rapporteurs sélectifs ont été placés sous contrôle de séquences GUAS.

Expérimentalement, les levures sont transformées simultanément par deux plasmides permettant la production de protéines recombinantes (figure 32). La protéine ou le domaine protéique appât (dont on veut identifier les interacteurs) est fusionné(e) au domaine DB de Gal4p (aa 1 à 147). Les protéines proies (candidats potentiels) sont fusionnées au domaine AD de Gal4p (aa 768 à 788). Les plasmides appât (pGBKT7) et proie (pGAD-

Rec) portent respectivement les gènes *trp1* et *leu2* permettant ainsi aux levures co-transformées de se développer en milieu de croissance carencé en tryptophane et leucine (SD/-Leu/-Trp). La protéine proie peut se fixer sur les séquences GUAS, mais elle ne peut pas activer la transcription. L'activation des gènes rapporteurs n'a lieu que lorsque le complexe proie-appât se fixe sur une séquence GUAS. Dans le système Matchmaker (Clontech), les séquences GUAS ont été clonées en amont de quatre gènes rapporteurs: *HIS3*, *ADE2*, *MEL1* et *lacZ*.

L'interaction entre l'appât et un partenaire protéique potentiel active l'expression des gènes permettant ainsi aux levures co-transformées de se développer également en milieu de croissance dépourvu d'histidine et d'adénine (SD/-Leu/-Trp/-His/-Ade ou QDO pour Quadruple dropout medium). Deux autres gènes rapporteurs sont activés en cas d'interaction: le gène codant la β-galactosidase (*lacZ*) et le gène codant l'α-galactosidase (*MEL1*). Le gène *lacZ* permet d'effectuer des expériences contrôles de coloration lacZ sur levures issues de milieux de cultures solides ou liquides. L'α-galactosidase est une enzyme sécrétée dont l'activité peut facilement être détectée par l'ajout de son substrat (X-α-Gal) dans les milieux de cultures solides. Si *Mel1* est exprimé et X-α-Gal présent, les colonies de levures se colorent en bleu (figure 32).

2.2.2 Clonage du domaine GRD dans le plasmide proie et tests préliminaires

Dans le système Matchmaker (Clontech), la souche de levure utilisée est AH109. Cette souche est Ade-, His-, Leu- et Trp- et ne peut se développer sur un milieu dépourvu de ces aa. Les levures qui co-expriment les deux protéines proie et appât sont sélectionnées sur milieu carencé en tryptophane et leucine. Les levures co-transformées où les protéines appât et proie interagissent sont sélectionnées sur milieu QDO. Enfin, les levures AH109 modifiées, offrent la possibilité d'augmenter la stringence du milieu par une sélection chromogénique *via* les gènes *lacZ* et *Mel1*. De fait, le milieu le plus sélectif est QDO + X-α-gal.

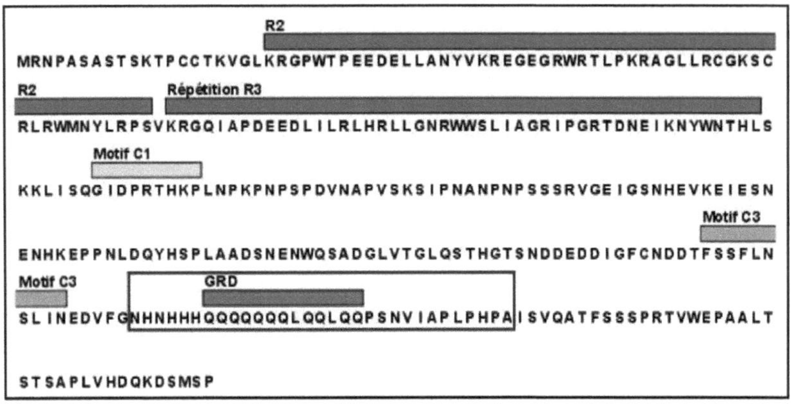

```
                                    R2
MRNPASASTSKTPCCTKVGLKRGPWTPEEDELLANYVKREGEGRWRTLPKRAGLLRCGKSC
 R2              Répétition R3
RLRWMNYLRPSVKRGQIAPDEEDLILRLHRLLGNRWWSLIAGRIPGRTDNEIKNYWNTHLS
    Motif C1
KKLISQGIDPRTHKPLNPKPNPSPDVNAPVSKSIPNANPNPSSSRVGEIGSNHEVKEIESN
                                                          Motif C3
ENHKEPPNLDQYHSPLAADSNENWQSADGLVTGLQSTHGTSNDDEDDIGFCNDDTFSSFLN
 Motif C3        GRD
SLINEDVFGNHNHHHQQQQQQQLQQLQQPSNVIAPLPHPAISVQATFSSSPRTVWEPAALT

STSAPLVHDQKDSMSP
```

Figure 33. Représentation schématique des domaines protéiques conservés dans la protéine VvMyb5a et du peptide cible utilisé pour l'approche double hybride.

Les répétitions R2 et R3 du domaine MYB sont colorées en rouge, le motif C1 en jaune, le motif C3 en vert et le domaine GRD (domaine riche en glutamine) en bleu. Le rectangle bleu qui encadre le domaine GRD correspond au peptide appât de 31 aa utilisé pour le double hybride.

2.2.2.1 Clonage du domaine GRD

Afin de cibler les interacteurs spécifiques du domaine GRD de VvMyb5a, nous avons choisi d'étendre le domaine appât à six aa situés en amont du domaine GRD et à douze aa situés en aval. La recherche de partenaires a donc été réalisée en utilisant un peptide de 32 aa (figure 33). Pour cloner l'ADNc correspondant à ce peptide, des sites de restrictions ont été ajoutés aux extrémités de chaque amorce. L'amorce sens utilisée comporte le site EcoRI (GRDsens) et l'amorce antisens le site BamHI (GRDAS) (annexe 1). L'ADNc amplifié à partir du vecteur pGEMT®-easy-*VvMyb5a* a été purifié, cloné dans le vecteur pGEMT®-easy (annexe 5), multiplié dans des bactéries DH5α et séquencé. Après vérification, le produit digéré a été cloné en phase avec l'extrémité 3' du domaine DB de Gal4, entre les sites EcoRI et BamHI du site multiple de clonage (MCS) du vecteur pGBKT7 (annexe 6). La protéine chimère est exprimée sous le contrôle du promoteur constitutif ADH1 (P_{ADH1}). Le plasmide pGBKT7-*GRD* constitue l'appât.

2.2.2.2 Test préliminaires : toxicité et auto-actvation

Avant de commencer le crible double hybride, des tests préliminaires ont été effectués pour s'assurer que cette technique était adaptée pour notre type d'appât, le domaine GRD de VvMyb5a.

Le peptide GRD est-il toxique pour les levures transformées ?

Dans certains cas, des interactions entre proie et appât ne sont pas identifiées lorsque l'un ou l'autre des partenaires présentent des problèmes de toxicité. Il a fallu écarter la possibilité que la protéine appât (le domaine GRD) produite soit toxique pour la levure. Pour se faire, une comparaison des vitesses de croissance de levures transformées avec le vecteur pGBKT7 vide ou le vecteur pGBKT7-*GRD* a été effectuée par dosage spectrophotométrique à une longueur d'onde de 600 nm. Après 20 h de culture, l'absorbance était identique (1,520 pour pGBKT7 vide et 1,595 pour pGBKT7-*GRD*) et supérieur à 0,8. Donc, nous avons pu conclure que la protéine proie n'était pas toxique pour les levures AH109.

Le peptide GRD est-il un auto-activateur ?

Certains appâts sont des auto-activateurs, c'est-à-dire qu'ils peuvent activer la transcription en l'absence d'interacteur. De ce fait, la capacité du domaine GRD à *trans*-activer les gènes rapporteurs a également été testée.

Construction Milieu sélectif	pGBKT7	pGBKT7-VvMyb5b	pGBKT7-GRD
SD/-Trp/+X-α-gal	+/-	+/+	+/-
SD/-His/-Trp/+X-α-gal	-	+/+	-
SD/-Ade/-Trp/+X-α-gal	-	+/+	-

Tableau III. Représentation schématique des résultats des tests d'autoactivation.

Les différentes constructions utilisées et les résultats de croissance des levures transformées sur différents milieux de sélection sont indiqués dans le tableau. Les contrôles positif et négatif sont respectivement les constructions pGBKT7-*VvMyb5b* et pGBKT7 vide. La construction appât testée pour une autoactivation est pGBKT7-GRD. Le milieu SD/-Trp sélectionne les levures transformées avec le vecteur pGBKT7 ou la construction appât. Les milieux sans histidine ou sans adénine sélectionnent les constructions auto-activatrices. Le X-α-gal permet de sélectionner visuellement les levures où le gène rapporteur *Mel1* est activé car celles-ci se colorent en bleu. Les symboles utilisés sont les suivants : **+/-** (présence de levure blanche), **-** (absence de levure), **+/+** (présence de levure bleues). Les abréviations utilisées sont : SD pour Synthetic Dropout, Trp pour tryptophane, His pour histidine, Ade pour adénine, X-α-Gal pour 5-Bromo-4chloro-3-indolyl-α-D-galactopyranoside et GRD pour glutamin rich domain.

Si ce peptide est un auto-activateur, il activera alors l'expression des gènes rapporteurs *ade2*, *his3*, *mel1* et *lacZ*. Les levures exprimant le domaine GRD ont été étalées sur SD/-Trp+X-α-gal, SD/-His/-Trp+X-α-gal et SD/-Ade/-Trp+X-α-gal. Le vecteur vide pGBKT7 a été utilisé comme contrôle négatif et la construction pGBKT7-*VvMyb5b*, agissant comme un FT MYB auto-activateur (Hichri I., communication personnelle) a été utilisée comme contrôle positif. Une représentation schématique des résultats est présentée dans le tableau III. Les levures transformées avec la construction GRD se développent sur un milieu SD/-Trp+X-α-gal mais pas sur les milieux SD/-His/-Trp+X-α-gal et SD/-Ade/-Trp+X-α-gal. De plus, les colonies qui se développent ne se colorent pas en bleu, indiquant que le gène rapporteur *Mel1* n'est pas activé. Le contrôle négatif, à savoir les levures transformées avec le vecteur vide pGBKT7, ne se développe pas sur les milieux SD/-His/-Trp+X-α-gal et SD/-Ade/-Trp+X-α-gal alors que le contrôle positif (levures transformées avec la construction pGBKT7-*VvMyb5b*) se développent et sont bleues. Ces résultats indiquent que le domaine GRD n'est pas capable d'activer les gènes rapporteurs. Un criblage contre une banque d'ADNc a donc été réalisé afin d'identifier les partenaires protéiques.

2.2.3 Criblage de la banque

La procédure de criblage choisie a été la co-transformation des levures AH109 avec la construction appât et les plasmides proies (pGADT7-Rec-*ADNc*, annexe 7) dans lesquels ont été insérés les ADNc représentatifs de la banque par recombinaison homologue. Pour le criblage de partenaires protéiques, nous avons utilisé une banque d'ADNc produite à partir d'ARNm extraits de baies de raisin récoltées au stade véraison et épépinées. Les levures co-transformées ont été étalées directement sur le milieu sélectif QDO. Le nombre de colonies sur ces boîtes après 7 j d'incubation à 30°C s'élevait à 286. Afin d'éliminer les faux positifs, plusieurs cribles ont été effectués et les résultats obtenus sont indiqués dans la figure 34. Les 286 clones ont d'abord été étalés successivement deux fois sur un milieu QDO puis une fois sur un milieu QDO+X-α-gal. Après quatre jours d'incubation à 30°C, les clones qui n'étaient pas colorés en bleu ont été considérés comme des faux positifs. Vingt sept clones ont ainsi pu être éliminés. Sur les 259 clones restants, un criblage PCR a été réalisé afin d'éliminer ceux qui contenaient plus d'un plasmide proie.

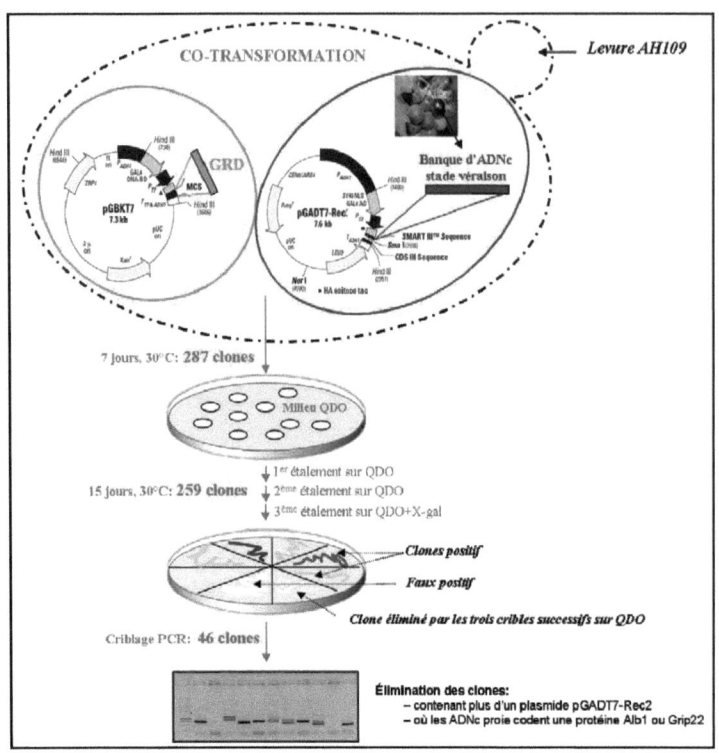

Figure 34. Représentation schématique du crible effectué pour identifier les clones positifs en double hybride contre le domaine GRD de VvMyb5a.

Les levures AH109 sont co-transformées avec les plasmides appât (pGBKT7-GRD) et proies (pGADT7-Rec2-*ADNc* de la banque). L'appât est le domaine GRD (glutamin rich domain) de la protéine VvMyb5a. La banque utilisée pour ce crible a été amplifiée à partir d'ARNm extraits de baies du cépage Cabernet sauvignon récoltées au stade véraison et épépinées. Les levures co-transformées dans lesquelles il y a interaction entre l'appât GRD et une protéine de la banque sont sélectionnées sur milieu QDO (SD/-His/-Trp/-Ade/-Leu). Au bout de 7 jours, les levures qui s'étaient développées ont été ré-étalées 2 fois sur milieu QDO puis une fois sur QDO + X-α-gal pour augmenter la stringence du crible. Après le crible nutritionnel, un criblage par PCR a été effectué afin d'éliminer les clones ayant intégré plus d'un plasmide proie et d'identifier les clones récurrents qui exprimaient les protéines Alb1 et Grip22. En parallèle, les contrôles positifs et négatifs du kit Matchmaker ont été utilisés.

Les ADNc de la banque codant des protéines potentiellement interactrices du domaine GRD ont été amplifiés par des amorces spécifiques du vecteur pGADT7-Rec (T7DH et 3AD, annexe 3) et les produits d'amplification ont été analysés par électrophorèse en gel d'agarose (1,2%). Les clones contenant plus d'un plasmide pGADT7-Rec et ceux pour lesquels la taille du produit d'amplification était d'environ 250 pb (indiquant que le vecteur était vide) ont également été éliminés. Sur 259 clones, 114 ont pu ainsi être éliminés. Les produits d'amplification obtenus pour 20 clones ont été ligaturés dans le vecteur pGEMT®-easy, multipliés dans des bactéries DH5α, puis séquencés. Deux séquences codant pour des protéines connues sont apparues fortement représentées parmi ces 20 clones : il s'agit de séquences codant la protéine Alb1 (2S albumine precursor) et la protéine Grip22 (ripening related induced protein 22). Afin d'éliminer ces clones récurrents, un deuxième crible PCR a été réalisé en utilisant des amorces spécifiques des ADNc codant les gènes *Alb1* (2Ssens et 2SAS) et *Grip22* (Grip22sens et Grip22AS) (annexe 3). Ce crible a permis d'éliminer 51 clones représentatifs de l'ADNc *Alb1* et 45 de l'ADNc *Grip22*. Ainsi, aux termes de ces différents cribles, 46 clones positifs ont été sélectionnés.

Pour identifier les ADNc présents dans chaque clone détecté, les plasmides ont été isolés et séquencés. Cette ultime étape nécessite l'extraction des plasmides proies des clones de levures et la multiplication de ces plasmides dans des bactéries.

2.2.4 Résultats du séquençage des clones positifs

Sur les 46 clones positifs sélectionnés, seuls 31 plasmides ont pu être extraits des levures. Pour les 15 clones récalcitrants, les ADNc ont été amplifiés et les produits de réactions PCR purifiés puis directement séquencés. Cependant, les résultats du séquençage se sont avérés de qualité très moyenne et n'ont pu être exploités à ce jour. Le tableau IV présente les résultats de l'analyse des séquences des 31 clones par le programme informatique BLAT[6] disponible sur le site web du Génoscope. Après cette analyse, certains clones ont pu être directement éliminés. Les clones 86 et 96 contenaient des fragments ADNc hors phase avec la séquence codant le domaine d'activation de Gal4p et aucun cadre de lecture ouvert (ORF, " Open Reading Frame ") n'a pu être identifié.

---

[6] BLAT Génoscope : http://www.Génoscope.cns.fr/blat-server/cgi-bin/vitis/webBlat

N° Clone	Taille du fragment PCR	En phase avec AD Gal4?	Taille ORF proie	Références Génoscope	Taille de la protéine Génoscope	Positionnement du peptide proie sur la protéine du Génoscope	Identité putative du gène
3 28	948	Oui	175	GSVIVP00034774001	317	40-314	late embryogenesis abundant family protein
21, 255	844	Oui	194	GSVIVP00036641001	266	104-266	Cyclase family protein
22	984	Oui	187	GSVIVP00019194001	273	86-273	Beta-expansine
30	891	Oui	25	GSVIVP00010914001	455	Pas d'alignement	putative 41 kD chloroplast nucleoid DNA binding protein
33	966	Oui	26	GSVIVP00010880001	149	Pas d'alignement	Grip 68
36	947	Oui	34	GSVIVP00000605001	251	220-251	tonoplast intrinsic protein
37	720	Oui	122	GSVIVP00032598001	122	1-122	ubiquinol-cytochrome C reductase complex 14 kDa protein
48	1009	Oui	228	GSVIVP00003204001	458	230-458	protein kinase
49	886	Oui	157	GSVIVP00011103001	222	97-222	VVTL1 (thaumatin-like protein)
58	892	Oui	68	GSVIVP00036563001	735	Pas d'alignement	CXE carboxylesterase
61	1131	Oui	142	GSVIVP00032600001	241	31-241	small soluble GTP-binding protein
66	964	Oui	144	GSVIVP00014370001	359	248-359	family II extracellular lipase 3
68	758	Oui	136	GSVIVP00006205001	272	167-272	ubiquinol-cytochrome C reductase iron-sulfur subunit
72	1119	Oui	248	GSVIVP00034664001	264	49-264	class IV chitinase [Vitis vinifera]
81	943	Oui	159	GSVIVP00018199001	348	220-348	chorismate synthase
83	874	Oui	227	GSVIVP00011932001	393	197-393	chloroplast enzyme sedoheptulose-1,7-bisphosphatase (SBPase)
86	694	Non	/	/	/	/	/
96	480	Non	/	/	/	/	/
97	996	Oui	142	GSVIVP00003202001	600	392-600	dehydration-responsive protein
165	346	Oui	17	GSVIVP00026043001	384	Pas d'alignement	isocitrate lyase
167, 230	1055	Non	136	GSVIVP00014875001	262	126-262	cysteine proteinase
177	911	Oui	251	GSVIVP00015566001	350	130-350	WD-40 repeat family protein
183	560	Oui	163	GSVIVP00033399001	650	560-617	unknown protein
205	1019	Oui	104	GSVIVP00029445001	252	179-252	Expansin Gene Family
209	1199	Oui	326	GSVIVP00001079001	727	435-727	copper-containing amine oxidase
249	1161	Oui	146	GSVIVP00034064001	771	656-771	subtilase family protein
257	1043	Non	40	GSVIVP00028751001	368	332-368	unknown protein
283	1300	Oui	96	GSVIVP00022551001	673	610-673	unknown protein

Tableau IV: Interacteurs protéiques possibles du domaine GRD de la protéine VvMyb5a identifiés par la technique du double hybride en levure

Ce tableau présente les protéines de vigne identifiées par la technique de double hybride pouvant potentiellement interagir avec le domaine GRD de VvMyb5a. Le numéro du clone, la taille (en pb) du fragment PCR amplifiés par les amorces T7DH et 3AD et la taille (en aa) des peptides proies en phase avec le domaine d'activation de Gal4p sont indiqués. Les références ont été obtenues par un blastn réalisé dans la base de données de Vitis vinifera (Génoscope). Un alignement a été réalisé entre les peptides proies et les protéines du Génoscope correspondantes pour s'assurer que les ADNc étaient clonés dans le bon cadre de lecture. Quand elles n'étaient pas annotées dans le Génoscope, les fonctions hypothétiques des protéines proies ont été identifiées par le logiciel Blast dans NCBI.

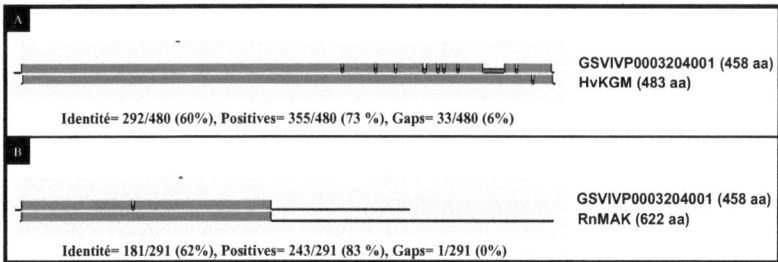

Figure 35. Comparaison des séquences protéiques de GSVIVP0003204001 avec deux membres de la famille des protéines Mak kinase.

Cette figure a été obtenue avec le programme BLAST 2 SEQUENCES qui permet un alignement des séquences protéiques deux à deux. Le nombre d'acides aminés est indiqué entre parenthèse. Les cadres bleus représentent les zones homologues. Les décalages sont représentés en rouge. L'identité représente le nombre d'acides aminés en commun entre les deux séquences sur le nombre total d'acides aminés de la zone en question. " Positives " représente le nombre d'acides aminés du même groupe. " Gaps " représente le nombre de décalage d'acides aminés dans la séquence pour un meilleur alignement. Ces différentes valeurs sont aussi exprimées en pourcentage. La double lettre préfixe indique l'origine de la protéine Hv pour orge (*Hordeum vulgare*) et Rn pour rat (*Rattus norvegicus*). Les numéros d'accession sont AY167561 pour HvKGM et NP_037268 pour RnMAK.

Les clones 30, 33, 58 et 165 contenaient des fragments ADNc en phase avec le domaine d'activation de Gal4p et leurs séquences nucléotidiques correspondaient à celle d'un gène identifié dans le génome de la vigne. Cependant, les séquences aminoacides de la protéine partielle proie et de la protéine correspondante du Génoscope ne s'alignaient pas. En fait, la recombinaison de l'ADNc dans le vecteur proie avait modifié le cadre de lecture et aucun ORF non fusionné au domaine d'activation n'a pu être identifié dans le reste de la séquence. Parmi les clones restants, les autres protéines identifiées sont indiquées dans le tableau IV. Parmi ces protéines, deux ont particulièrement retenu notre attention : une protéine kinase et une WD40.

Le clone 48 contenait un fragment d'ADNc correspondant à 873 pb de la séquence du gène annoté *GSVIVT00003204001* dans la base de données du Génoscope (693 pb de la séquence codante en C-terminale et 183 pb de l'extrémité 3' non codante). Le gène *GSVIVT00003204001* complet code une protéine de 458 aa présentant une forte homologie de séquence avec la protéine kinase KGM (Kinase associated with GAMYB) de blé [280]. Cette protéine appartient à un sous-groupe de sérine/thréonine kinase, les Mak kinases (Male germ cell Associated Kinase) dont le premier gène nommé *mak* a été cloné chez le rat [281]. Isolée également par un crible double hybride, la protéine KGM interagit physiquement avec la protéine GAMYB et régule négativement son activité [280]. Les deux séquences protéiques, correspondant aux protéines KGM de blé et KGM hypothétique de vigne, ont été comparées deux à deux par le programme "blast 2 sequences" (figure 35). Les deux protéines présentent une homologie de séquence sur toute leur longueur. L'identité globale est de 60 % et la similarité de 73 %. A l'inverse, la comparaison avec la protéine mak de rat montre une homologie de séquence seulement dans la région correspondant aux sous-domaines catalytiques avec 62 % d'identité et 83% de similarité (figure 35).

Enfin, le clone 177 présente un cadre de lecture ouvert codant pour une protéine de type WD40. L'ADNc inséré correspondait à une séquence de 828 pb du gène *GSVIVT00015566001* (666 pb de la séquence codante C-terminale et 162 pb de la région 3'non-codante). Certaines protéines de type WD40 ont déjà été caractérisées comme des régulateurs de la voie de biosynthèse des flavonoïdes (p64). Cependant, la recherche d'homologues dans la banque de données NCBI n'a pas montré de similarités significatives avec des protéines WD40 déjà identifiées et impliquées dans la régulation de la biosynthèse des composés phénoliques.

3 Etude fonctionnelle du promoteur de *VvMyb5a*

La compréhension du rôle de *VvMyb5a* dans la voie de biosynthèse des phénylpropanoïdes au cours du développement de la baie de raisin implique l'analyse de son expression. Le contrôle de l'expression des gènes se fait en partie au niveau de la transcription. Des signaux physiologiques, générés à l'extérieur de la cellule sont transmis jusqu'au noyau où les ARN polymérases, déclenchent la synthèse des molécules d'ARN. Ces signaux transmis peuvent amplifier ou atténuer l'expression des gènes en modifiant notamment les interactions des FT avec leurs cibles. Ainsi, l'analyse de la région promotrice de *VvMyb5a* était incontournable pour comprendre sa spécificité d'action au cours du développement de la baie de raisin. Durant le travail de recherche de L. Deluc, la séquence promotrice avait été obtenue par la technique de PCR inverse. Après avoir vérifié qu'il s'agissait de la séquence promotrice de *VvMyb5a*, nous avons réalisé une analyse *in silico*. Ces analyses bioinformatiques ont permis de rechercher les éléments de régulation présents dans la région promotrice de *VvMyb5a*. En parallèle, nous avons entrepris la dissection fonctionnelle de la région promotrice à l'aide de délétions progressives en 5'. Enfin, nous avons recherché les facteurs de transcription pouvant réguler en *trans* l'activité d'un fragment du promoteur *VvMyb5a* par une approche simple hybride chez la levure.

3.1 Définition biologique du promoteur reconnu par l'ARN polymérase II

Le promoteur, région située en amont d'un gène, contient les éléments permettant de réguler sa transcription et d'assurer un taux maximal d'expression pour autant que les conditions nécessaires soient réunies (présences de protéines adéquates) [284]. S'il est parfois difficile de s'accorder sur la limite 5' d'un promoteur, sa limite 3' en revanche est définie par la région initiatrice de la transcription (Inr). L'Inr recouvre le motif consensus TSS (Transcription Start Site) qui correspond au site +1 de la transcription, l'endroit ou débute la transcription (figure 36).

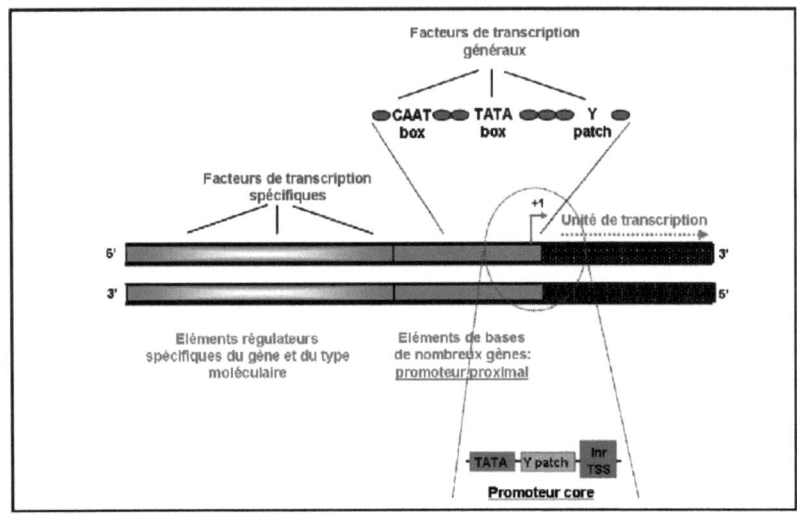

Figure 36. Représentation schématique de la structure des promoteurs de plantes.

Le promoteur est situé en amont de la séquence d'un gène. Le promoteur core et le promoteur proximal sont caractérisés par des motifs conservés et participent directement à l'initiation de la transcription. Cette région comprend le site initiateur (Inr) et le site d'initiation de la transcription (TSS), la TATA-box et une séquence riche en pryrimidine nommée Y patch. Dans la plupart des promoteurs de plantes, le motif Y patch est situé entre la TATA-box et le TSS/Inr [282, 283]. Le TSS est indiqué par une flèche rouge notée +1. Ces séquences sont reconnues spécifiquement par les facteurs de transcription généraux afin de guider l'ARN polymérase II. En dehors de ces motifs obligatoires, d'autres motifs *cis* spécifiques du gène sont présents, généralement en amont du promoteur proximal. Ces séquences permettent la régulation fine du gène en fonction de sa spécificité d'action *via* la reconnaissance spécifique par des facteurs de transcription.

Le promoteur eucaryote, long de plusieurs centaines de bases, est composé de courts motifs sur lesquels viennent se fixer les protéines impliquées dans la transcription. Un premier type de motifs regroupe les éléments non spécifiques, trouvés sur la plupart des promoteurs et utilisés de façon constitutive. Il s'agit de sites de fixation des facteurs généraux de la transcription, préférentiellement impliqués dans l'initiation même de la transcription. Un second type de motifs regroupe les éléments spécifiques à une classe de promoteurs, et dont l'utilisation est régulée. Ce sont eux qui régulent à proprement parler la transcription en fonction des tissus, des stades développementaux, des stimuli environnementaux...

Le premier type de motifs (motifs constitutifs) est localisé dans la région de contrôle située au voisinage immédiat du site d'initiation de la transcription. D'une longueur d'environ 100 pb (+ 40 à -60 par rapport au TSS), cette région correspond au promoteur core. Elle représente la région minimale capable d'initier la transcription basale d'un gène (figure 36). Plusieurs éléments fonctionnels du promoteur core ont été identifiés : TSS, TATA-box, Inr, DPE (Downstream Promoter Element), BRE (TFIIB Recognition Element) et îlots CpG. Ces séquences permettent la fixation du complexe d'initiation formé de l'ARN polymérase associée aux facteurs généraux de la transcription (TFII-A, TFII-B, TFII-D, TFII-E et TFII-F) [282]. Ces sites de fixation sont supposés être présents sur tous les promoteurs mais ils ne sont pas obligatoires [145]. D'ailleurs, l'architecture du promoteur core chez les mammifères et les plantes est différente [283]. Les promoteurs core de plantes sont caractérisés par la TATA-box, la région Inr et Y-Patch (patch pyrimidine). La TATA-box, motif fonctionnel conservé dans les promoteurs eucaryotes, est localisé entre 45 et 25 pb en 5' du TSS. Elle permet la fixation du facteur TFIID, qui est en fait un complexe entre la protéine TBF (TATA binding protein) et quatorze protéines liées à la TBF. Certains gènes sont appelées "TATA-less promoters" car ils sont dépourvus de TATA-box. C'est le cas par exemple de gènes de ménages (codant les protéines ribosomiques des plastes [285]) et de gènes liés à la photosynthèse (gènes nucléaires codant le photosystème I [286]). Concernant les motifs Y-patch, ces séquences ont été identifiées récemment suite à une comparaison des promoteurs de gènes de plantes (*Arabidopsis* et maïs) et de mammifères (homme et rat)[282, 283]. Ces motifs spécifiques des plantes et très conservés, sont composés de séquences riches en pyrimidines (C et T) et sont localisés entre 1 et 100 pb en 5' du TSS. Cependant, la fonction biochimique de ces motifs n'est pas encore connue. Un autre motif consensus, généralement retrouvé dans le promoteur proximal (jusqu'à 200 pb en 5' du TSS), est la CAAT-box. Cette boîte influencerait la fréquence d'initiation de la transcription.

Le deuxième type de motifs (motifs spécifiques) regroupe de courtes séquences (généralement 6 à 8 nucléotides mais parfois jusqu'à une vingtaine) dispersées le long de la région située en 5' du gène et appelées éléments *cis*-régulateurs ou CARE (*cis*-acting regulatory element) ou REG (Regulatory Element Group) (figure 37). Ces motifs constituent les séquences distales du promoteur et sont conservés entre les espèces. On les retrouve parfois en aval du TSS dans la région non traduite de l'ARN (5' UTR). Des facteurs dits *trans*-régulateurs vont se fixer sur ces séquences, modifiant brusquement le taux de transcription en l'augmentant (régulation positive) ou en le diminuant (régulation négative). Les séquences qui les séparent ne semblent pas importantes, mais la distance entre ces éléments peut l'être.

La complexité de la régulation des gènes ne s'arrête pas là. En effet, les régions intergéniques sont très longues (en fait, associées aux introns, elles couvrent la majeure partie du génome) et il existe des éléments régulateurs situés très en amont du site de la transcription. Ces éléments sont appelés " enhancer " (activateurs) et " silencer " (répresseurs)[147]. Ils agissent sur la transcription des gènes grâce à la superstructure que forme l'ADN en se repliant sur lui-même pour former des boucles, rapprochant ainsi deux régions très éloignées dans la séquence primaire de l'ADN. La mise en évidence de ces éléments de régulation lointains du TSS nécessite une dissection fonctionnelle de la région promotrice.

3.2 Clonage et analyse in silico du promoteur *VvMyb5a*
3.2.1 Clonage du promoteur *VvMyb5a*

La séquence clonée par la technique de PCR Inverse par L. Deluc présentait une queue polyA de 400 pb en aval de l'ATG de la séquence codante de *VvMyb5a*. Ainsi, afin de confirmer que cette séquence correspondait spécifiquement à la région promotrice de *VvMyb5a*, une réaction PCR a été réalisée sur de l'ADNg du cépage Cabernet sauvignon avec le couple d'amorce PromVvMyb5asens (complémentaire de l'extrémité 5' de la région promotrice de *VvMyb5a*) et 5'VvMyb5aAS (complémentaire du début de la séquence codante N-terminale de *VvMyb5a*) (annexe1). Le produit d'amplification de la réaction PCR d'environ 1400 pb, a été cloné dans le vecteur pGEMT®-easy puis envoyé à séquencer. La séquence inconnue correspondant à la région promotrice était bien flanquée en 5' de la séquence codante du gène *VvMyb5a*. Par la suite, la publication du génome de la vigne a permis de vérifier que la séquence que nous avions obtenue correspondait bien à la région promotrice du gène *VvMYB5a*.

3.2.2 Analyse *in silico* de la séquence promotrice de *VvMyb5a*

De nombreux outils bioinformatiques permettent d'identifier expérimentalement les différents éléments de contrôle, consensus et spécifiques, présents dans les régions promotrices. Pour étudier un promoteur, il faut sélectionner des banques de données spécialisées. Ces banques doivent être capables d'analyser et de comparer la séquence promotrice cible pour identifier les éléments *cis*-régulateurs les plus pertinents du point de vue biologique. De fait, pour comprendre la nature de la fonction du promoteur *VvMyb5a*, une analyse *in silico* détaillée a été réalisée sur la région promotrice située 1337 pb en amont du codon d'initiation. Une recherche des éléments *cis*-régulateurs potentiels et des FT susceptibles de s'y fixer a été effectuée dans la banque de motifs PLACE[7] (Plant Cis-Acting Regulatory DNA Elements) et par le programme MatInspector (logiciel Génomatix[8]) [287, 288] [289, 290].

PLACE est une base de donnée japonaise qui répertorie les motifs de séquences nucléotidiques *cis*-régulatrices, activateurs et, répresseurs de plantes. Cette base de données référence les motifs de bases présents dans des familles de promoteurs de plantes déjà identifiées dans des publications scientifiques. Pour modéliser un motif *cis*-régulateurs, PLACE se sert d'une représentation consensus dégénérée. Cette représentation utilise une nomenclature IUPAC (International Union of Pure and Applied Chemistry), qui permet de prendre en compte une certaine forme de variabilité dans les séquences en considérant qu'une position peut être décrite par un seul, deux, trois ou quatre nucléotides différents.

---

[7] **PLACE**: http://www.dna.affrc.go.jp/PLACE/signalscan.html
[8] **Genomatix** : http://www.genomatix.de/index.html

Outils de prédiction	Nb de motifs détectés	Nb de TATA-box	Nb de CAAT-box
PLACE	143	17	35
MatInspector	169	1	7

Tableau V. Analyse comparative des motifs *cis*-régulateurs identifiés dans le promoteur *VvMyb5a* par les outils de prédiction PLACE et MatInspector.

La taille du promoteur *VvMyb5a* soumis à ces outils de prédictions est de 1400 pb. Le nombre de motifs détectés correspond à l'ensemble des motifs *cis*-régulateurs (consensus et spécifiques) prédits par PLACE (http://www.dna.affrc.go.jp/PLACE/signalscan.html) et MatInpsector (logiciel, Génomatix http://www.genomatix.de/index.html). Le nombre de motif consensus TATA et CAAT-box est également indiqué.

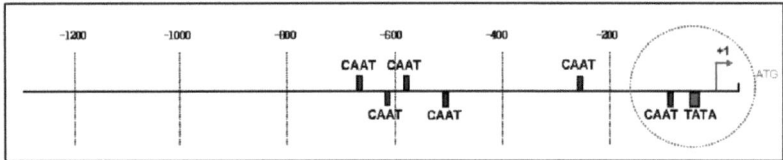

Figure 37. Représentation schématique de la position des motifs consensus du promoteur proximal *VvMyb5a*.

Le promoteur *VvMyb5a* est représenté par une ligne noire. La flèche notée +1 indique le TSS (site d'initiation de la transcription). La TATA-box et les CAAT-box sont représentées respectivement par des rectangles rouges et bleus,. Les boites situées sur le brin + du promoteur sont au dessus de la ligne et ceux sur le brin – en dessous de la ligne. Le cercle rouge indique la position du promoteur proximal hypothétique de *VvMyb5a*. Le +1 est situé 39 pb avant l'ATG de la séquence codante du gène *VvMyb5a*. La TATA-box et la CAAT-box sont respectivement localisées aux positions -29 et -79 pb. Les motifs ont été prédits par la base de données PLACE et le programme MatInspector (logiciel Genomatix).

Le programme MatInspector, lui, utilise une grande bibliothèque de descriptions matricielles de sites de liaisons de facteurs de transcription (TRANSFAC[9]) pour localiser les motifs d'ADN cibles. TRANSFAC est une base de données d'éléments eucaryotes *cis*- et *trans*- régulateurs. La plupart des données présentes dans TRANSFAC sont extraites d'une compilation bibliographique.

3.3 Recherche de motifs consensus du promoteur proximal de *VvMyb5a*

La plupart des analyses de promoteurs débutent avec la recherche des motifs consensus du promoteur core à savoir le TSS, la TATA-box et la CAAT-box. Pour amplifier l'ADNc pleine longueur correspondant à *VvMyb5a*, une banque d'ADNc orientée produite à partir de baies récoltées à différents stades de développement du cépage Cabernet sauvignon a été utilisée comme matrice [291]. L'extrémité 5' non-codante de *VvMyb5a* qui a été amplifiée était de 39 pb et la dernière base amplifiée a été considérée dans cette étude comme le +1 de la transcription du gène *VvMyb5a* (figure 37).

De nombreux éléments régulateurs hypothétiques du promoteur proximal de *VvMyb5a* ont été identifiés par les outils de détection PLACE et MatInspector (tableau V). Plusieurs TATA-box putatives ont été localisées mais une seule boîte consensus dans PLACE et Matinspector était située, entre 20 et 30 nucléotides en 5' du TSS (figure 37). De même, parmi toutes les boîtes CAAT putatives prédites, plusieurs motifs étaient consensus, mais une boîte CAAT était localisée 50 à 130 pb en amont du +1 de la transcription prédit (figure 38). Finalement, les recoupements entre les données issues des différents logiciels utilisés ont permis de localiser une TATA-box et une CAAT-box hypothétiques, respectivement à -29 pb et -79 pb du TSS. De plus, aucun des logiciels utilisés n'a prédit la présence de motif Y-patch.

---

[9] **TRANSFAC**: http://www.biobase-international.com/pages/index.php?id=transfac

Régulation d'expression	Eléments régulateurs PLACE	Eléments régulateurs MatInspector
Acide abscissique	ABREATCONSENSUS ABREATRD22 ABRELATERD1 **ABREATCAL** ACGTABREMOMFA2OSEM DPBFCOREDC3 MYB1AT * MYB2CONSENSUAT* MYBATRD22* MYCCONSENSUAT*	P$ABRE P$DPBF* P$MYCL* P$CE1F P$CE3S
Acide gibbérellique	WRKY71OS* **MYBGAHV*** **PYRIMIDINEBOXHVEPB1** **PYRIMIDINEBOXOSRAMY1A** GAREAT GADOWAT CARE TATCAOSAMY	P$WBXF **P$MYBL***
Aux/SA	ASF1MOTIFCAMV	P$OCSE
Ethylène	AGCBOXNPGLB	P$GCCF

Tableau VI. Liste des éléments *cis*- et *trans*-régulateurs de réponse aux hormones identifiés dans le promoteur de *VvMyb5a* par les outils de prédiction PLACE et MatInspector.

Ce tableau récapitule le nom des motifs attribués par chacun des outils de prédiction. Les motifs ayant des noms différents mais correspondant aux mêmes séquences consensus sont indiqués en gras. Les astérisques indiquent des sites de reconnaissance de facteurs de transcription.

3.3.1 Recherche des motifs spécifiques du promoteur *VvMyb5a*

Outre les éléments de régulation canonique, ces logiciels ont également prédit un certain nombre de séquences régulatrices hypothétiques déterminantes pour la nature du promoteur *VvMyb5a*. La plupart des FT se liant à des zones très courtes (5-25 bases) constituées de motifs dégénérés facilement retrouvés au hasard du génome, les sites identifiés ne restent que hypothétiques. Un des inconvénients de ces outils est donc l'abondance de faux négatifs et de faux positifs. Ainsi, seuls les types de motifs communs (lumières, sucres, ABA) identifiés par PLACE et MatInspector ont été considérés. Selon les motifs prédits par les outils utilisés, la régulation génique de *VvMyb5a* semble être majoritairement sous contrôle des hormones, des sucres et de la lumière.

3.3.2 Boîtes de réponses aux hormones

PLACE et MatIsnpector ont prédit des motifs *cis*- et *trans*-régulateurs communs susceptibles de réguler le promoteur *VvMyb5a* par des hormones: l'acide abscissique (ABA), l'acide gibbérellique (GA), l'éthylène, l'auxine et l'acide salicylique (SA) (tableau VI).

3.3.2.1 Motifs de régulation par l'ABA

Les motifs ABRE (ABA Responsive Element) identifiés par les logiciels sont regroupés dans trois régions promotrices de *VvMyb5a* bien distinctes (figure 38). Douze boîtes ABRE présentes dans le promoteur correspondent à des motifs de type G/ABRE. Les G/ABRE possèdent une séquence consensus " (C/T)ACGTGGC " proche de celle des G-box et ont été identifiés dans de nombreux promoteurs de gènes régulés par l'ABA et/ou par des stress biotiques (sécheresse, température, stress salin) [292]. La fonction des motifs ABRE peut être spécifiée car la base de données PLACE a identifié les motifs ABRELATERD1 et ABREATRD22. Ces deux motifs ABRE interviennent dans l'activation des gènes *erd1* (Early Responsive to Dehydratation) et *rd22* (Responsive to Dehydratation) suite à un stress hydrique [293]. Deux autres motifs différents des ABRE, intervenant dans la régulation par l'ABA des gènes *HVA1* et *HVA22* chez l'Orge sont également présents dans le promoteur *VvMyb5a*. Il s'agit des motifs CE1 (Coupling Element 1) et CE3 (Coupling Element 3) [294, 295].

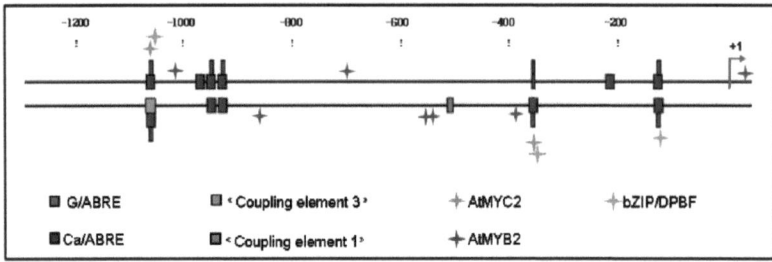

Figure 38. Représentation schématique de la position des éléments de réponse à l'acide abscissique identifiés dans le promoteur *VvMyb5a*.

Les motifs *cis*-régulateurs sont représentés par des rectangles et les sites reconnus par des facteurs de transcription par des étoiles. Pour plus de lisibilité, les deux brins du promoteur sont indiqués par une double ligne, la ligne supérieure représentant le brin +.

Ces motifs, associés à un motif ABRE, forment le complexe régulateur ABRC (ABA Response Complex) et sont nécessaires et suffisants pour activer les promoteurs des gènes *HVA1* et *HVA22* par l'ABA [292]. Des motifs ABRE (Ca/ABRE) pouvant être impliqués dans la signalisation calcique ont aussi été identifiés dans le promoteur *VvMyb5a* [296].

En dehors des motifs ABRE, des sites de liaisons pour des ABF (ABRE binding factors), des bZIP, des MYB et des MYC ont également été identifiés dans le promoteur de VvMyb5a [297]. Trois sites de liaisons pour une sous-famille de protéines bZIP (DPBF-1 et DPBF-2 pour Dc3 Promoter Binding Factor-1 et -2), deux sites de liaisons reconnus par le facteur AtMYC2 et sept sites de liaison pour le FT AtMyb2 ont été localisés. Les FT DPBF contrôlent l'expression du gène *Dc3* induite par l'ABA chez la carotte [298]. Les protéines AtMYC2 et AtMYB2 sont des activateurs transcriptionnels de l'expression des gènes inductibles par l'ABA en conditions de stress hydrique, comme le gène *rd22* chez *Arabidopsis* [299, 300] [301].

3.3.2.2 Coopération de motifs cis-régulateurs pour une signalisation par les gibbérellines

Chez le riz, les α-amylases (enzymes hydrolysant l'amidon quand la germination des graines débute) sont soumises à une régulation tissu-spécifique. Dans les embryons des graines en germination, leur expression est activée par une carence en sucres et inversement. Dans l'endosperme des graines en germination, l'expression des amylases est activée par les GA. Des motifs conservés dans les promoteurs des α-amylases (*α-AMY*) permettent cette expression tissu-spécifique. Il s'agit des complexes GARC (Gibberellic acid responsive complex) et SRC (Sugar Response Complex) et ces derniers coopèrent pour moduler l'expression des *α-AMY* par les sucres et les GA [302]. GARC est un complexe régulateur capable d'activer fortement les promoteurs des *α-AMY*. Cet élément est constitué par des boîtes de types O2S/W-box et pyrimidine-box ("C/TCTTTT"), par un motif GARE (Gibberellic Acid Responsive Element) et enfin par une boîte TA-box (" TATCCA ") [303]. Les FT pouvant interagir avec ces éléments *cis*-régulateurs ont été identifiés et leurs fonctions analysées : chez le blé, GaMYB se fixe sur les motifs GARE, les protéines DOF de riz se fixent sur les boîtes pyrimidines, les facteurs WRKY sur les W-box et les facteurs MYBS sur la TA-box [303].

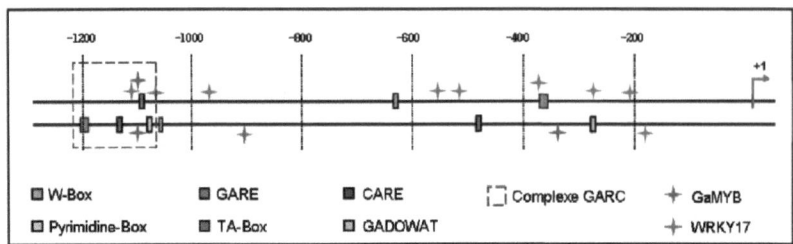

Figure 39. Représentation schématique de la position des éléments de réponse aux gibbérellines identifiés dans le promoteur *VvMyb5a*.

Les motifs *cis*-régulateurs sont représentés par des rectangles et les sites reconnus par des facteurs de transcription par des étoiles. Pour plus de lisibilité, les deux brins du promoteur sont indiqués par une double ligne, la ligne supérieure représentant le brin +.

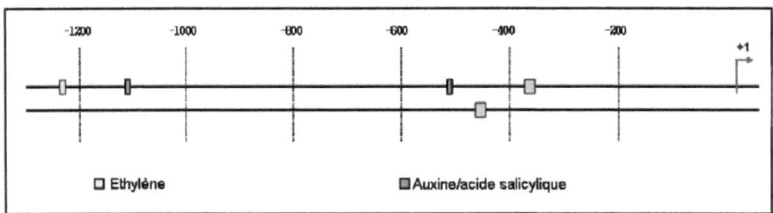

Figure 40. Représentation schématique de la position des éléments de réponse aux hormones éthylène, auxine et acide salicylique identifiés dans le promoteur *VvMyb5a*.

Les motifs *cis*-régulateurs sont représentés par des rectangles et les sites reconnus par des facteurs de transcription par des étoiles. Pour plus de lisibilité, les deux brins du promoteur sont indiqués par une double ligne, la ligne supérieure représentant le brin +.

GaMYB, FT régulé positivement par les GA active la transcription des gènes codant pour les α-amylases GA-dépendante [304]. A l'inverse, la fixation du facteur WRKY71 réprime l'expression des α-AMY GA-dépendante dans les cellules d'aleurones chez le riz [305].

Dans le promoteur du gène *VvMyb5a*, un élément GARC a été identifié (tableau VI, figure 39). Le promoteur *VvMyb5a* possède neuf sites de liaisons pour le facteur de transcription WRKY71 et deux W-box. Cependant, un seul motif *cis*-régulateur W-box correspond à un site de liaison du facteur *trans* WRKY71. Quatre motifs de liaisons reconnus par le facteur GaMYB ont également été identifiés par PLACE, mais un seul motif correspond à un élément GARE. Enfin, deux TA-box sont présentes, mais aucun site de reconnaissance par les MYBS n'a pu être identifié.

En dehors du complexe GARC, deux autres éléments régulateurs CARE (CAACTC regulatory elements) et GADOWAT ont été localisés. Le motif CARE est connu pour induire l'expression d'une protéinase par les GA dans les graines de riz [306]. Le motif GADOWAT a été identifié dans un ensemble de gènes régulés négativement par les GA.

3.3.2.3 Motif de régulation par d'autres hormones

Un motif correspondant à la séquence " TGAC " impliqué dans l'activation transcriptionnelle de plusieurs gènes par l'auxine et SA, a été identifié à 4 reprises dans le promoteur *VvMyb5a* (tableau VI, figure 40) [307].

Un seul élément de réponse à l'éthylène " AGCCGCC " ou GCC-box a été identifié dans le promoteur *VvMyb5a* par les outils PLACE et MatInspector (tableau VI et figure 40). Les facteurs de transcriptions EREBP (Ethylene-responsive element-binding protein), largement conservés chez les plantes, interagissent spécifiquement avec les GCC-box pour activer ou réprimer la transcription des gènes cibles [308]. Les GCC-box ont été identifiées dans de nombreux gènes de défense inductibles par l'éthylène et par l'acide jasmonique [309] [310].

Régulation d'expression	Eléments régulateurs PLACE	Eléments régulateurs MatInspector
Eléments *cis*-régulateurs	SORLIP1AT SORLIP2AT **TBOXGAPB** GATABOX LRENPCABE **IBOX** **IBOXCORE** **IBOXCORENT** CAGGTGMOTIF	**P$IBOX** **P$GAPB** P$LREM
Sites de reconnaissance d'éléments *trans*-régulateurs	GT1CONSENSUS GT1CORE	P$GBOX P$MYCL

Tableau VII. Liste des éléments *cis*- et *trans*-régulateurs impliqués dans le signal lumière identifiés par les outils de prédiction PLACE et MatInspector.

Ce tableau récapitule le nom des motifs attribués par chacun des outils de prédiction. Les motifs ayant des noms différents mais correspondant aux mêmes séquences consensus sont indiqués en gras.

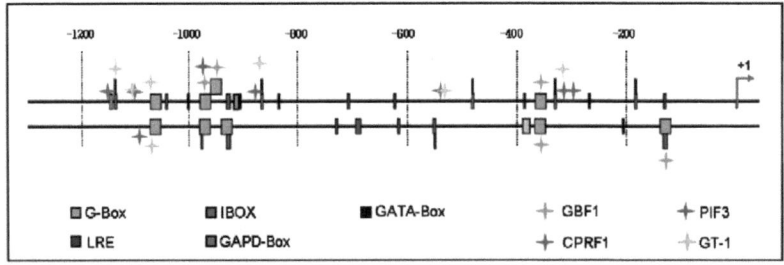

Figure 41. Représentation schématique de la position des éléments de réponse à la lumière identifiés dans le promoteur *VvMyb5a*.

Les motifs *cis*-régulateurs sont représentés par des rectangles et les sites reconnus par des facteurs de transcription par des étoiles. Pour plus de lisibilité, les deux brins du promoteur sont indiqués par une double ligne, la ligne supérieure représentant le brin +.

3.3.3 Boîtes de réponses aux stress environnementaux

3.3.3.1 Motifs impliqués dans le signal lumière

L'analyse par les outils de prédiction a montré que le promoteur *VvMyb5a* possédait de nombreux motifs LRE (Light Response *cis*-Element) (tableau VII). Les motifs LRE sont essentiels au contrôle de leur activité transcriptionnelle par la lumière [311, 312]. Ces motifs ont pu être identifiés grâce à des approches classiques (délétion, mutagénèse) menées sur des promoteurs de gènes connus pour être régulés par la lumière et, plus récemment grâce à des approches comparatives de promoteurs de gènes co-régulés ou différentiellement exprimés en fonction des conditions de lumière [313]. Malgré l'identification de nombreux motifs LRE et de facteurs de transcription associés, aucun élément simple commun à tous ces promoteurs n'a pu être mis en évidence. Ces observations ont conduit à l'hypothèse que c'est une combinaison de motifs LRE et non pas un seul de ces éléments qui seraient à l'origine de la régulation de l'expression de certains gènes par la lumière.

La figure 41 indique la position des différents motifs présents dans le promoteur *VvMyb5a*. Deux types d'éléments SORLIP (Sequences Over-Represented in Light-Induced Promoters), SORLIP1 et SORLIP2, ont été détectés. Les motifs SORLIP ont été identifiés par une analyse comparative des séquences promotrices de gènes régulés par le phytochrome A [313]. D'autres motifs (G-box, I-box et GATA-box) sont aussi présents dans le promoteur de *VvMyb5a*. La combinaison de ces différentes boîtes module la perception du signal lumineux. Il a été montré que les promoteurs qui ne contiennent que des éléments G-box ou GATA-box ne sont pas sensibles à la lumière rouge [314]. Cependant, les promoteurs qui possèdent la combinaison GATA-box et G-box peuvent répondre à un spectre lumineux plus large. De la même façon, la présence des G-box et des I-box est nécessaire et suffisante pour induire la transcription des gènes en réponse à la lumière [314]. Le promoteur de *VvMyb5a* possède un autre élément *cis*-régulateur, appelé CAGGTGMOTIF dans PLACE, qui fait partie d'un module de motifs conservés dans le gène *CHS* de Persil et qui est essentiel pour sa réponse à la lumière [315]. Un autre motif LRE appelé GAPD-box dans MatInspector ou TBOXATGGAPB dans PLACE a également été identifié. Cet élément *cis*-régulateur participe au contrôle transcriptionnel par la lumière des promoteurs des gènes *GAPDH* (glyceraldehyde-3-phosphate deshydrogenase) [316].

Régulation d'expression	Eléments régulateurs PLACE	Eléments régulateurs MatInspector
Stress hydrique et froid	**CBFHV*** **CRTDREHVCBF2***	DREB*
Toucher	AGMOTIFNTMYB2 WBOXNTERF3	AGP1

Tableau VIII. Liste des éléments *cis*- et *trans*-régulateurs impliqués dans différents stress abiotiques identifiés par les outils de prédiction PLACE et MatInspector.

Ce tableau récapitule le nom des éléments schématisés dans les figures 37. Certains motifs ayant des noms différents mais correspondant aux mêmes séquences consensus sont indiqués en gras. Les étoiles indiquent les sites de reconnaissance de facteurs de transcription.

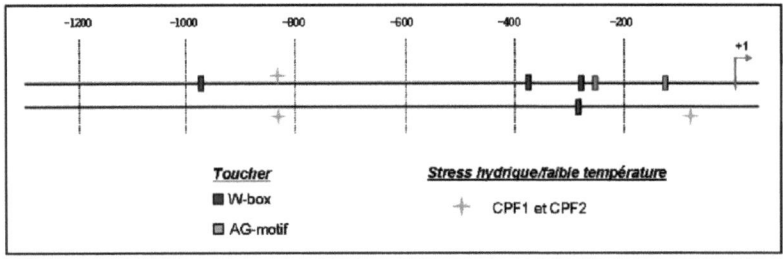

Figure 42. Représentation schématique de la position des éléments de réponse aux facteurs abiotiques dans le promoteur *VvMyb5a*.

Les motifs *cis*-régulateurs sont représentés par des rectangles et les sites reconnus par des facteurs de transcription par des étoiles. Pour plus de lisibilité, les deux brins du promoteur sont indiqués par une double ligne, la ligne supérieure représentant le brin +.

De nombreux FT reconnaissant les motifs LRE ont été identifiés. Ces facteurs peuvent être régulés par un type défini de lumière ou par un spectre plus large. Dans le promoteur *VvMyb5a*, des sites de fixation pour les facteurs GT-1, GBF1 (Golgi-Specific Brefeldin A resistance Factor 1) et CPRF1 (Common Plant Regulatory Factor 1) ont été identifiés (figure 41). Les sites de liaisons GT-1 présents dans de nombreux gènes régulés par la lumière interviennent aussi dans la stabilisation du complexe des facteurs généraux de la transcription TFIIA-TBP-DNA [317, 318]. La fixation de GBF1, facteur de transcription de type bZIP, sur des motifs G-box réprime ou active les gènes sensibles à la lumière bleue [313, 314]. CPRF1, dont l'expression est induite par la lumière, régule l'expression des gènes impliqués dans la photomorphogènese en se fixant sur les séquences G-box des promoteurs cibles [314, 319]. Enfin, un site de fixation pour un FT de type bHLH appelé PIF3 (Phytochrome Interacting Factor 3) a été identifié par MatInspector. Ce facteur serait un intermédiaire transmettant les signaux précoces du phytochrome vers les gènes cibles impliqués dans le processus d'étiolement [320]. Il serait également un régulateur négatif de la photomorphogènèse [314].

3.3.3.2 Autres motifs impliqués dans les facteurs abiotiques

En dehors des motifs impliqués dans le signal lumière, l'analyse du promoteur *VvMyb5a* a révélé une forte proportion de motifs intervenant dans le stress hydrique. De nombreux motifs de réponse à l'ABA ont été identifiés dans le promoteur *VvMyb5a* (tableau VIII, figure 42). Bien que le déficit hydrique s'accompagne généralement d'une augmentation de la teneur en ABA intracellulaire, certains gènes sensibles au stress hydrique sont régulés de façon ABA-indépendante. Ces gènes possèdent le plus souvent un ou plusieurs motifs de type DRE (Dehydratation Responsive Element) et DREB (Dehydratation responsive element binding factors) impliqué(s) dans la réponse au stress hydrique. Ainsi, chez *Arabidopsis* la coopération entre les motifs DRE et DREB régule l'expression du gène *rd29* en réponse à la sécheresse et un fort stress salin [321]. Sur le promoteur *VvMyb5a*, aucun motif DRE n'a été identifié, mais trois sites de fixation DREB ont été localisés par les logiciels MatInspector et PLACE (tableau VIII). Chez l'orge, ces motifs permettent la fixation des protéines CBF1 et CBF2 (C-repeat Binding Factor 1 et 2) impliquées dans la réponse au déficit hydrique et au froid [322]. De plus, les liaisons des protéines CBF2 sur les séquences d'ADN cible sont elle-même régulées par la température [323].

Régulation d'expression	Eléments régulateurs PLACE	Eléments régulateurs MatInspector
Eléments *cis*-régulateurs	SREATMSD	SUCROSE-Box Module P$GBOX-P$MYBS
Sites de reconnaissance d'éléments *trans*-régulateurs	WBOXHVISO1	

Tableau IX. Liste des éléments *cis*- et *trans*-régulateurs impliqués dans la réponse aux sucres identifiés par les outils de prédiction PLACE et MatInspector.

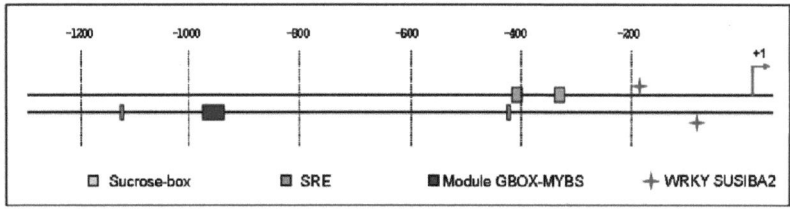

Figure 43. Représentation schématique de la position des éléments de réponse aux sucres dans le promoteur *VvMyb5a*.

Les motifs *cis*-régulateurs sont représentés par des rectangles et les sites reconnus par des facteurs de transcription par des étoiles. Pour plus de lisibilité, les deux brins du promoteur sont indiqués par une double ligne, la ligne supérieure représentant le brin +.

Le promoteur de *VvMyb5a* possède également des éléments *cis*-régulateur impliqués dans la réponse au toucher de types W-box et AG-motif (tableau VIII, figure 42). Le motif AG est un site de liaison pour le facteur de transcription à doigt de zinc de type GATA nommé AGP1 (AG-motif binding protein 1). Ce facteur active la transcription du gène de tabac *NtMYB2* inductible par le toucher [324]. Enfin, les boîtes W-box sont impliquées dans l'activation de la transcription du gène *ERF3* chez le tabac en réponse au toucher [325].

3.3.4 Boîtes de réponse aux sucres

Le programme MatInspector a localisé deux motifs SUCROSE-box identiques à ceux qui ont été localisées dans le promoteur du transporteur de monosaccharide de vigne *VvHT1*, un gène régulé par les sucres (tableau IX, figure 43) [326]. La base de données PLACE a également permis de localiser plusieurs motifs de régulation sensibles aux sucres. Il s'agit de deux motifs de régulation négatifs par les sucres SRE (Sugar Repressive Element), et de deux motifs de reconnaissance par un FT de type WRKY. Les motifs SRE ont été mis en évidence par une analyse comparative des promoteurs de gènes impliqués dans l'initiation de la formation du bourgeon auxiliaire chez *Arabidopsis*. Le motif WBOXHVISO1 est un site de liaison du facteur de transcription WRKY appelé SUSIBA2 et sa fixation sur des éléments de réponses au sucre SURE active l'expression du gène codant l'isoamylase1 (*iso1*) chez l'Orge [327].

Enfin, dans le but d'identifier des modules régulateurs connus dans le promoteur *VvMyb5a*, nous avons utilisé le programme ModelInspector (logiciel Génomatix[10]). La séquence promotrice de *VvMyb5a* a été comparée à l'ensemble des promoteurs végétaux présents dans leur base de données. Un module relatif à une régulation par les sucres a été identifié : GBOX-MYBS. La présence de ce module implique que l'expression de *VvMyb5a* pourrait être régulée par les sucres de la même manière que les α-amylase (tableau IX, figure 43).

---

[10] Génomatix: http://www.genomatix.de/index.html

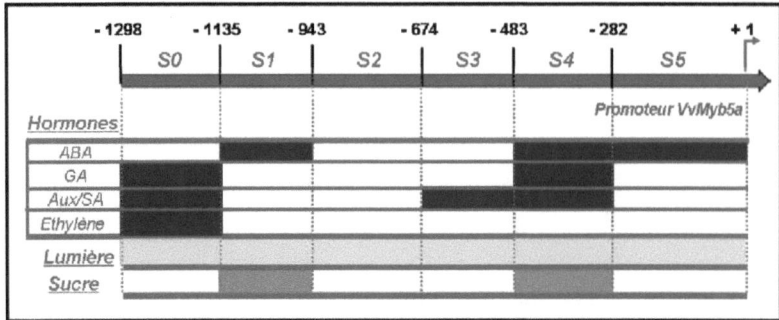

Figure 44. Représentation schématique des régions promotrices de *VvMyb5a* impliquées dans la réponse aux hormones, aux sucres et à la lumière.

Le promoteur *VvMyb5a* (brin positif et négatif) est représenté par la flèche rouge. Le site d'initiation de la transcription est indiqué (+1). Six secteurs de réponse, notés S_0 à S_5, ont pu être identifiés sur la base de l'analyse *in silico*. Les régions promotrices répondant aux hormones sont indiquées en bleues, celles répondant à la lumière en jaunes et celles répondant aux sucres en vert. Les abréviations utilisées sont ABA (acide abscissique), GA (acide gibbérellique), Aux (auxine) et SA (acide salicylique).

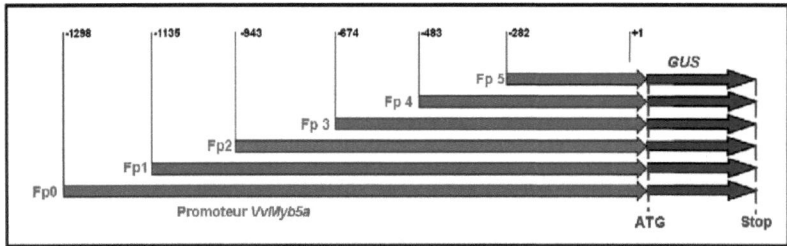

Figure 45. Fusions transcriptionnelles entre divers fragments du promoteur du gène *VvMyb5a* délété en 5' et le gène rapporteur de la β-glucuronidase (*GUS*).

Le fragment Fp0 correspond à la séquence entière du promoteur *VvMyb5a*. Le fragment Fp1 est délété de la séquence S0 (figure 44), Fp2 est délété de S0 et S1 et ainsi de suite. Chacun de ces fragments a été cloné en amont de l'ATG du gène rapporteur *GUS* dans le vecteur d'expression transitoire pAM35.

3.4 Dissection fonctionnelle du promoteur *VvMyb5a*

L'analyse par les outils PLACE et MatInspector a révélé un nombre très important d'éléments *cis*-régulateurs potentiels. Cependant, la présence des éléments *cis*- et *trans*-régulateurs prédits dans le promoteur *VvMyb5a* ne reste que supposée. En effet, certains motifs ne possèdent seulement que quatre bases, et donc la probabilité de les retrouver dans un promoteur donné est forte. Aussi, la validité des prédictions informatiques vis-à-vis des éléments *cis*-régulateurs ne peut être affirmée qu'après la réalisation d'analyses fonctionnelles. Deux approches sont envisageables pour réaliser l'analyse fonctionnelle des promoteurs: l'expression transitoire en protoplastes et l'expression stable *in planta*. Dans les deux cas, la première étape consiste à construire des gènes chimériques où le promoteur d'intérêt, modifié ou non, est fusionné à un gène rapporteur. Il s'agit ensuite d'analyser les conséquences des modifications apportées au promoteur sur son fonctionnement. Pour des raisons de commodité et d'espace disponible dans les serres, nous avons choisi l'expression transitoire dans des protoplastes d'*Arabidopsis thaliana*.

En se fondant sur la localisation des motifs hypothétiques identifiés, une sectorisation du promoteur *VvMyb5a* a pu être réalisée. En effet, nous avons pu constater, par l'analyse *in silico*, que les boîtes étaient généralement présentes de façon préférentielle dans certaines régions promotrices, à l'exception toutefois des motifs de réponses à la lumière dispersés sur toute la séquence promotrice. Six secteurs notés S_0 à S_5 ont pu être délimités dans le promoteur *VvMyb5a* selon leurs profils de réponses hypothétiques (figure 44). Tous les secteurs possèdent des motifs *cis*- et *trans* régulateurs impliqués dans la réponse à la lumière. Concernant la réponse aux hormones, le secteur S_0 présente des motifs de réponses aux hormones GA/Aux/SA/Ethylène, S_1 à l'ABA, S_3 à l'Aux/SA, S_4 à l'ABA/GA/SA et S_5 à l'ABA. S_2 ne possède pas de motif de réponse aux hormones. De plus, S_0, S_1 et S_4 peuvent intervenir dans la réponse aux sucres et plus particulièrement S_0 caractérisé par la présence du motif de réponse négative par les sucres SRE. Enfin le segment S_5 pourrait regrouper les motifs consensus nécessaires à l'activité basale du promoteur de *VvMyb5a*.

La définition de ces secteurs a permis la réalisation d'une dissection fonctionnelle à l'aide de délétion en 5' (figure 45). Afin de visualiser le profil d'activation du promoteur en expression transitoire dans des protoplastes d'*Arabidopsis*, nous avons voulu cloner les six régions promotrices de *VvMyb5a* en amont de la séquence codante du gène rapporteur *GUS* codant la β-glucuronidase. Les six constructions ont été nommées Fp0 à Fp5 (Fragment promoteur). Fp0 correspond à une séquence promotrice *VvMyb5a* native qui avait été clonée par PCR inverse. Dans Fp1, le secteur S_0 a été délété ; dans Fp2, les secteurs S_0 et S_1 ont été délétés, et ainsi de suite. Le fragment Fp5 pourrait correspondre au promoteur minimum. Ces constructions chimériques promoteur (modifié ou non) -*GUS* nous permettront d'une part de valider les analyses *in silico* et d'autre part, de mettre en évidence les zones fortement actives du promoteur.

3.4.1 Clonage des régions promotrices dans le vecteur d'expression transitoire pAM35

Pour cloner les différentes séquences promotrices dans le MCS du vecteur d'expression transitoire pAM35 (annexe 12), des sites de restriction HindIII et PstI ont été ajoutés aux extrémités des amorces utilisées pour la réaction PCR. L'amorce antisens est identique pour tous les fragments (PrgusPstIAS), mais les amorces sens sont différentes (PrgusHindS, PrgusHindS1, PrgusHindS2, PrgusHindS3, PrgusHindS4 et PrgusHindS5) (annexe 1). Les produits d'amplifications des réactions PCR, obtenus à partir d'une matrice plasmidique pGEMT®-easy-prom*VvMyb5a*, ont été purifiés, clonés dans le vecteur pGEMT®-easy, multipliés dans les bactéries *E. coli* DH5α et enfin séquencés. L'ADN du clone positif a été digéré par HindIII et PstI, et l'insert résultant a été cloné dans le vecteur pAM35. Les ADN des clones positifs Fp1 et Fp3 n'ont jamais pu être clonés dans le vecteur pAM35.

3.4.2 Tests préliminaires

Dans le vecteur d'expression transitoire pAM35, seul le promoteur cible intervient dans l'activation transcriptionnelle du gène *GUS*. Il a donc fallu d'une part vérifier que le promoteur *VvMyb5a* est actif dans les protoplastes d'*Arabidopsis* et d'autre part cartographier les régions promotrices pouvant conférer une forte induction de la transcription du gène *GUS* en absence de stimuli.

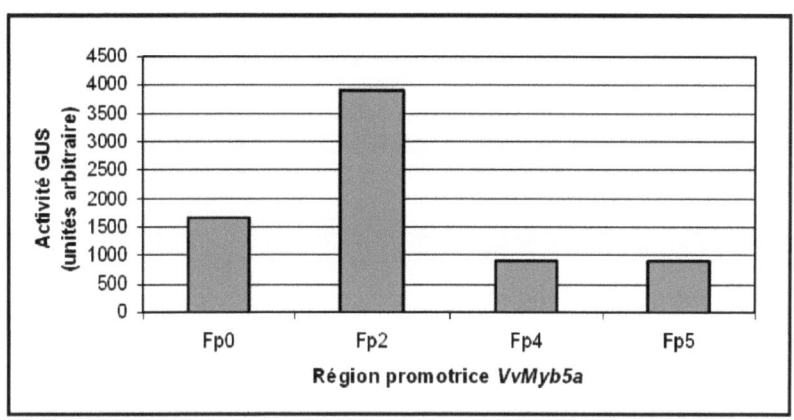

Figure 46: Activité transcriptionnelle du promoteur *VvMyb5a* et des fragments délétés en 5' dans des protoplastes *d'Arabidopsis thaliana*.

Ce graphique présente les mesures d'activité glucuronidase relevées après une heure d'incubation avec le substrat X-Gluc (5-bromo-4-chloro-3-indol-glucuronide) des protoplastes d'*Arabidopsis* transformés de façon transitoire par différentes constructions plasmidiques qui sont indiquées dans la figure 45. Les activités GUS présentées dans ce graphique correspondent à la différence entre l'activité GUS basale avant incubation et l'activité relevée après 1 heure d'incubation.

Si aucune des constructions utilisées n'activait l'expression du gène *GUS* dans des protoplastes, alors il aurait fallu utiliser un vecteur d'expression transitoire qui possède un promoteur minimum 35S en amont du gène rapporteur *GUS*. Faute de temps, une seule série de transformation de protoplastes a été réalisée, et il convient donc de considérer les résultats obtenus comme préliminaires. Les dosages d'activité GUS ont été réalisés 16 h après transformation des protoplastes d'*Arabidopsis* (figure 46).

Les clonages des séquences Fp1 et Fp3 ayant échoué, les transformations de protoplastes ont été réalisées avec les constructions Fp0, Fp2, Fp4 et Fp5. Toutes les constructions sont suffisantes pour induire l'expression du gène rapporteur *GUS*. Cependant, le promoteur entier (Fp0) et surtout le fragment Fp2 révèlent un pouvoir activateur plus important que celui des fragments Fp4 et Fp5 (au moins deux fois plus élevé). La construction Fp2 confère l'activation transcriptionnelle la plus forte (figure 46).

3.5 Identification d'éléments trans-régulateurs par la technique du Simple Hybride chez la levure

Les FT jouent des rôles majeurs dans la régulation des gènes durant le développement de la plante à travers leur interaction avec des éléments *cis*-régulateurs et/ou d'autres FT. Ces interactions protéine-ADN ou protéine-protéine permettent de réguler finement l'expression spatio-temporellement des gènes. Afin d'identifier les acteurs moléculaires contrôlant le profil temporel d'expression de *VvMyb5a* (figure 29), nous avons voulu rechercher les facteurs *trans* qui régulent son expression. L'approche retenue est la technique du simple hybride chez la levure, pour isoler les FT qui interagissent avec les régions promotrices est la technique du simple hybride chez la levure.

3.5.1 Principe de la technique du simple hybride chez la levure

Le système simple hybride développé chez la levure *Saccharomyces cerevisiae* est une technique qui permet de détecter l'interaction physique entre des FT dits *trans*-régulateurs et un ADN cible.

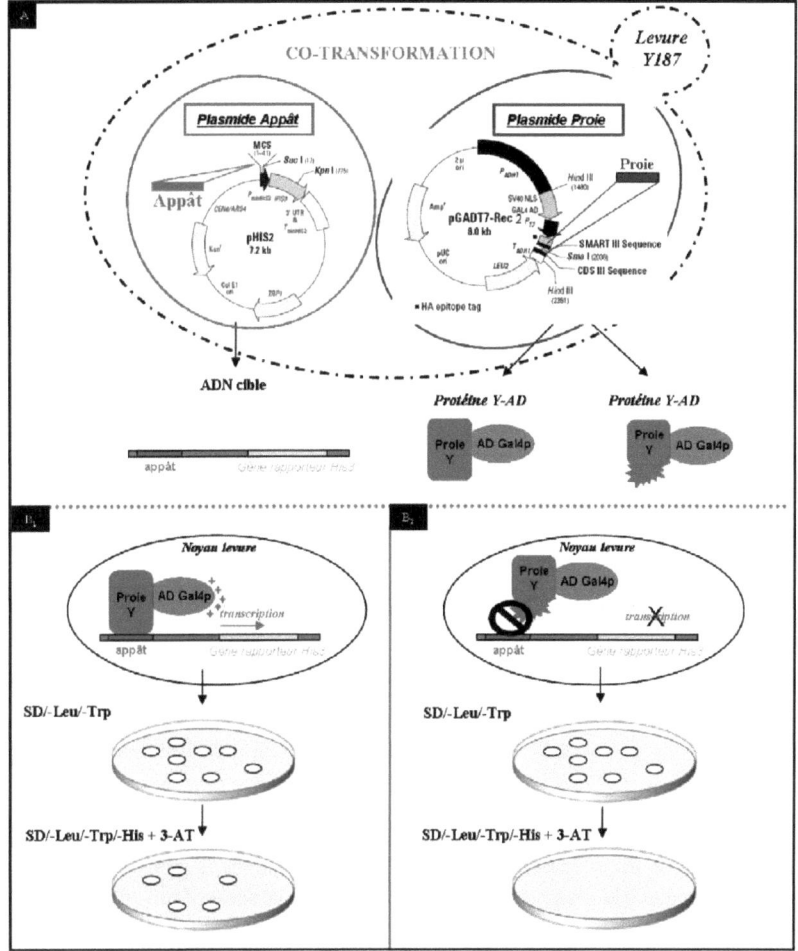

Figure 47. Principe de la technique de criblage simple hybride chez la levure pour identifier des facteurs *trans*-régulateurs.

A- Une cellule hôte est co-transformée avec les plasmides appât et proie. Le vecteur proie pGADT7-Rec2, où ont été insérés les ADNc de la banque à cribler, présente les séquences supplémentaires suivantes: la séquence codant le domaine d'activation transcriptionnelle Gal4p (AD) précédée d'un signal de localisation nucléaire (NLS) et le gène *trp1* permettant la croissance sur milieu carencé en tryptophane. Le vecteur appât pHIS2, où a été insérée la séquence d'ADN cible présente les caractéristiques suivantes:

un promoteur minimum du gène *His3* et le gène *Leu2* permettant la croissance sur milieu carencé en leucine. La protéine proie (Y-AD) est une protéine chimérique car elle est fusionnée au domaine AD de Gal4.

B- La fixation d'une protéine proie sur la séquence d'ADN cible positionne le domaine AD suffisamment proche du promoteur minimum d'*His3* pour activer la transcription du gène rapporteur *His3*. Les levures sont sélectionnées sur un milieu carencé en histidine. Le 3-AT (3-amino-1,2,4-triazole) est un inhibiteur compétitif de la protéine His3 endogène de levure.

....

Son principe repose sur la capacité des FT à reconnaître les séquences d'ADN cibles *via* leur domaine de liaison à l'ADN puis à activer la transcription du gène cible *via* leur domaine d'activation.

Le principe du simple hybride en levure est illustré par la figure 47. Comme pour la technique du double hybride (figure 32), le simple hybride est un essai *in vivo* d'interaction qui repose sur l'utilisation du facteur de transcription Gal4p. Seul AD de Gal4p est utilisé dans la technique du simple hybride : il est fusionné aux protéines proies pour permettre la production de protéine chimère X-AD. Dans ce système, l'appât (Y) est constitué soit par une région promotrice, soit par des motifs *cis*-régulateurs. L'ADN cible est cloné en amont d'un promoteur minimum qui contrôle la transcription du gène rapporteur. Quand X interagit physiquement avec Y, alors AD de la protéine X est suffisamment proche du promoteur minimum pour induire la transcription du gène rapporteur sélectif.

Expérimentalement, les levures sont transformées simultanément par deux plasmides. Le premier permet d'introduire la séquence d'ADN cible appât (dont on veut identifier les facteurs *trans*-régulateurs). Dans le système Matchmaker (Clontech), l'ADN cible est cloné en amont du promoteur minimum du gène rapporteur *HIS3*. Le deuxième plasmide permet de produire les protéines proies (facteurs *trans* potentiels) fusionnées au domaine AD de Gal4 (aa 768 à 788). Les plasmides appât (pHIS2, annexe 9) et proie (pGADT7-Rec2) portent respectivement les gènes *trp1* et *leu2* permettant ainsi aux levures co-transformées de se développer en milieu de croissance carencé en tryptophane et leucine (SD/-Leu/-Trp). L'interaction entre l'appât et un FT potentiel active l'expression du gène rapporteur permettant ainsi aux levure co-transformées de se développer sur un milieu dépourvu d'histidine (SD/-Leu/-Trp/-His) (figure 47).

3.5.2 Clonage des régions promotrices cibles dans le vecteur d'expression pHIS2

Pour identifier les acteurs moléculaires de l'expression de *VvMyb5a* et confirmer les analyses *in silico*, nous avons décidé d'utiliser cinq régions promotrices comme appât correspondant aux secteurs S0 à S5 (figure 44). Pour cloner les cinq fragments dans le MCS de pHIS2, les sites de restrictions SacI et EcoRI ont été ajoutés respectivement aux extrémités des amorces sens et antisens. Le nom et la séquence des amorces utilisées sont indiqués dans l'annexe 1. Chacun des fragments d'ADN, d'une taille d'environ 200 pb, a été amplifié à partir de la matrice plasmidique pGEMT®-easy-prom*VvMyb5a*. Les produits d'amplification ont été purifiés, clonés dans le vecteur pGEMT®-easy, multipliés dans des bactéries DH5α et séquencés. Après vérification, les vecteurs pGEMT®-easy-S_0, $S1$, $S2$, $S3$, $S4$ et $S5$ ont été digérés et les produits digérés clonés entre les sites SacI et EcoRI du MCS du vecteur pHIS2. Le fragment S_4 fût le premier cloné dans le vecteur pHIS2 et nous avons donc débuté l'analyse simple hybride avec la construction appât pHIS-S_4.

3.5.3 Tests préliminaires

La réussite du système simple hybride repose sur le fait qu'aucun facteur de transcription endogène de levure ne doit reconnaître la séquence d'ADN appât. Pour cette raison, il est important de quantifier au préalable l'activité *his3* obtenue avec l'appât en absence de protéines proies.

Le plasmide appât (pHIS-S_4) a été transféré dans une souche de levure modifiée Y187 qui est His-, Leu- et Trp-. De fait, Y187 ne peut pas se développer sur un milieu dépourvu de ces aa. Les plasmides appât et proie portent les gènes *trp1* et *leu2*, permettant ainsi aux levures transformées de se développer en milieu de croissance carencé en tryptophane (SD/-Trp) et en leucine (SD/-Leu). L'interaction entre la séquence promotrice cible et un partenaire protéique potentiel active l'expression du gène *His3* et permet aux levures co-transformées de se développer également en milieu de croissance dépourvu d'histidine (SD/-Leu/-Trp/-His). Les levures Y187 ont donc été transformées avec le plasmide pHIS-S_4 seul. Au bout de 5 j, certaines levures s'étaient développées sur un milieu dépourvu d'histidine, car la protéine HIS3 de levure était capable de se fixer sur le fragment S_4 du promoteur *VvMyb5a* et d'induire la transcription du gène sélectif *His3*.

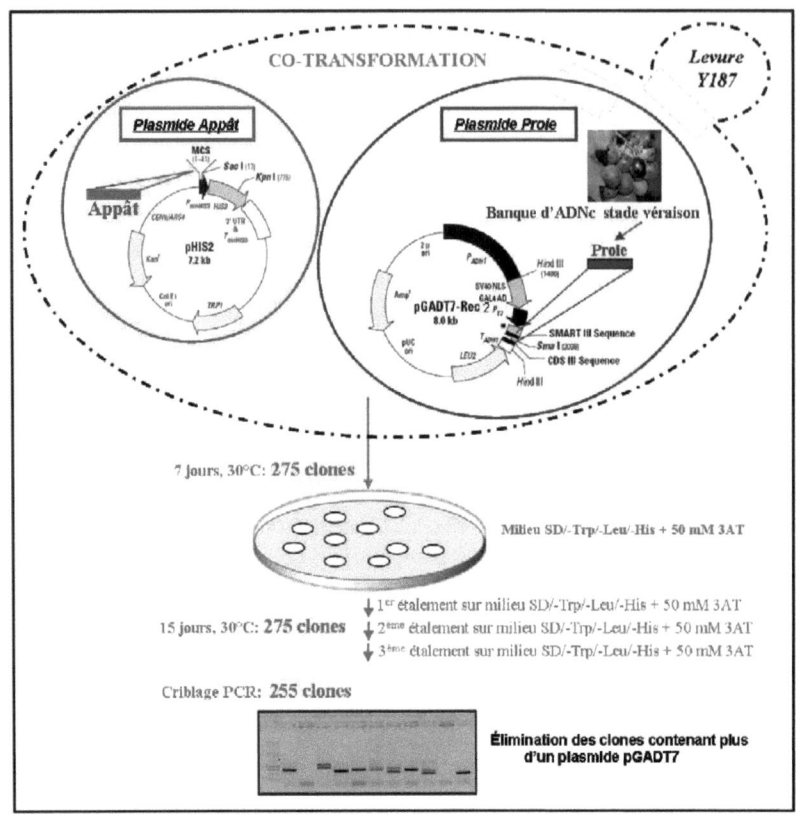

Figure 48. Représentation schématique du crible effectué pour identifier les clones positifs en simple hybride contre le fragment S_4 de *VvMyb5a*.

Les levures Y187 sont co-transformées avec les plasmides appât (pHIS2-S_4) et proies (pGADT7-Rec2-*ADNc* de la banque). L'appât est le fragment S_4 du promoteur de *VvMyb5a* (figure 44). La banque utilisée pour ce crible a été amplifiée à partir d'ARNm extraits de baies du cépage Cabernet sauvignon récoltées au stade véraison et épépinées. Les levures co-transformées dans lesquelles il y a fixation de la proie sur le fragment S_4 sont sélectionnées sur milieu SD/-His/-Trp/-Leu + 50 mM 3-AT. Au bout de 7 jours, les levures qui s'étaient développées, ont été ré-étalées 2 fois sur le même milieu sélectif. Après le crible nutritionnel, un criblage par PCR a été effectué afin d'éliminer les clones ayant intégré plus d'un plasmide proie. En parallèle, les contrôles positifs et négatifs du kit Matchmaker (Clontech) ont été utilisés. Le 3-AT (3-amino-1,2,4-triazole) est un inhibiteur compétitif de la protéine His3 endogène de levure.

Pour diminuer ce bruit de fond, les milieux sélectifs doivent être supplémentés d'un inhibiteur compétitif de la protéine HIS3 de levure, le 3-AT (3-amino-1,2,4-triazole). Pour déterminer la concentration optimale en 3-AT, les levures Y187 ont été transformées avec pHIS-S_4 puis étalées sur un milieu SD/-His/-Trp contenant 10, 20, 30, 40 ou 50 mM de 3-AT. Au bout d'une semaine, seules les levures étalées sur le milieu SD/-His/-Trp contenant 50 mM de 3-AT ne se sont pas développées. En conséquence, le criblage de la banque a été réalisé avec des milieux contenant systématiquement 50 mM de 3-AT.

3.5.4 Criblage de la banque

Comme pour le double hybride, la procédure de criblage choisie a été la co-transformation des levures Y187 avec la construction appât et les plasmides proies (pGADT7-Rec-*ADNc*) dans lesquels s'insèrent les ADNc représentatifs de la banque par recombinaison homologue (matériel et méthode, p214). Pour le criblage de partenaires protéiques, nous avons utilisé une banque d'ADNc générée à partir d'ARNm extraits de baies de raisin récoltées au stade véraison et épépinées. Les levures co-transformées ont été étalées sur le milieu sélectif SD/-Leu/-Trp/-His+50mM 3-AT. Le nombre de colonies sur ces boîtes a été compté après 5 et 7 j d'incubation à 30°C. Après 5 j d'incubation, 43 colonies s'étaient développées et après 7 j, 232 colonies. Parmi ces 275 colonies, 75 colonies étaient de petite taille. Pour éliminer les faux positifs, plusieurs cribles ont été effectués, et les résultats obtenus sont résumés dans la figure 48. Ainsi, les 275 clones ont été étalés successivement deux fois sur un milieu SD/-Leu/-Trp/-His+50mM 3-AT. Aucun clone n'a pu être éliminé par ces étalements successifs. Un criblage par PCR a été réalisé afin d'éliminer ceux qui contenaient plus d'un plasmide proie. Les ADNc de la banque codant pour des facteurs *trans* potentiellement interacteurs ont été amplifiés par des amorces spécifiques du vecteur pGADT7 (T7DH et 3AD) et les produits d'amplification déposés sur un gel d'agarose (1,2%). Les clones contenant plus d'un plasmide pGADT7-Rec2 et ceux pour lesquels la taille du produit d'amplification était d'environ 250 pb (indiquant que le vecteur est vide) ont également été éliminés soit 20 clones.

N° Clone	Taille du fragment PCR	En phase avec AD Gal4?	Taille ORF proie	Références Génoscope	Taille de la protéine Génoscope	Positionnement du peptide proie sur la protéine du Génoscope	Identité hypothétique du gène
SH2	970	Vecteur vide					
SH3	762	Non	122	GSVIVP00032598001	122	1-122	ubiquinol-cytochrome C reductase complex 14 kDa protein
SH6	826	Oui	121	GSVIVP00028970001	121	1-121	thioredoxin H
SH7	548	Oui	83	GSVIVP00025163001	804	1-83	photosystem I assembly protein ycf3
SH10	549	Oui	69	GSVIVP00025451001	605	536-605	Eukaryotic translation initiation factor 3C
SH13	1006	Oui	190	GSVIVP00033164001	190	1-190	VHL binding protein
SH14	359	Vecteur vide					
SH17	914	Oui	219	GSVIVP00018735001	965	747-965	60S ribosomal protein L8 (RPL8C)
SH18	934	Oui	816	GSVIVP00026101001	816	1-816	PEP carboxylase (PEPC) (Vitis vinifera)
SH19	946	Protéine de levure					
SH20	822	Oui	103	GSVIVP00025451001	309	502-605	Eukaryotic translation initiation factor 3C
SH21	893	Oui	119	GSVIVP00013061001	421	302-421	G protein-coupled receptor-like protein
SH22	540	Oui	87	GSVIVP00004134001	545	458-545	SCARECROW gene regulator
SH23	577	Oui	113	GSVIVP00025871001	173	32-145	putative ripening-related protein Grip 31 (Vitis vinifera)
SH25	912	Oui	158	GSVIVP00033076001	158	1-159	pathogenesis-related protein 10 (Vitis vinifera)
SH26	974	Vecteur vide					
SH27	905						
SH30	631	Non	74	/	/	/	Ubiquitin-like protein

3.5.5 Résultats

Pour déterminer la nature des gènes présents dans chaque clone positif, nous avons entrepris d'extraire les plasmides proies. Cependant, par manque de temps, seul dix-huit plasmides ont pu être transférés dans les bactéries et envoyés à séquencer. Les résultats sont présentés dans le tableau X. L'analyse des séquences a été effectuée par le programme BLAT disponible sur le site web du Génoscope ou par le programme BLAST du site NCBI.

En dépit des cribles effectués, quatre clones se sont avérés ne pas contenir d'insert. Un autre clone a été éliminé car il codait une protéine endogène de levure, une déshydrogénase. Un seul facteur de transcription, nommé SCARECROW (SCR), a pu être identifié lors de ces premiers essais de séquençage. Le gène *SCR* code un facteur de transcription de la famille GRAS (Gibberellin-insensitive Repressor of gal-3 Sacrecrow). Ce gène est exprimé pendant l'embryogenèse au niveau des cellules qui deviendront le centre quiescent (QC). Son expression a également été détectée dans les cellules initiales impliquées dans la formation et la différenciation du cortex et de l'endoderme [328, 329].

Tableau X. Eléments *trans*-régulateurs interagissant avec le promoteur *VvMyb5a*, identifiés par la technique du simple hybride chez la levure.

Ce tableau présente les facteurs de transcription identifiés par la technique du simple hybride pouvant potentiellement réguler le promoteur VvMyb5a. Le numéro du clone, la taille (pb) du fragment PCR amplifiées par les amorces T7DH et 3AD et l taille (aa) des peptides proies en phase avec le domaine d'activation de Gal4p sont indiqués. Les références ont été obtenues par des blastn et blastp réalisés dans la base de données de Vitis vinifera (Génoscope). Un alignement a été réalisé entre les peptides proies et les protéines du Génoscope correspondantes pour s'assurer que les ADNc étaient clonés dans le bon cadre de lecture. Quand elles n'étaient pas annotées dans le Génoscope, les fonctions hypothétiques des protéines proies ont été identifiées par le logiciel Blast dans NCBI.

3.6 Discussion et perspectives

3.6.1 Régulation transcriptionnelle du gène *VvMyb5a*

Avant le début de ce travail de thèse, la caractérisation fonctionnelle de deux facteurs de transcription MYB, *VvMyb5a* et *VvMyb5b*, avait été engagée au laboratoire par L. Deluc [249, 250]. Ces travaux avaient permis de montrer l'implication de *VvMyb5a* et *VvMyb5b* dans la régulation de la voie de biosynthèse des phénylpropanoïdes chez la vigne. Des analyses du profil d'expression par RT-PCR semi-quantitative ont également mis en évidence une régulation spatiale et temporelle de l'expression du gène *VvMyb5a* au cours du développement de la baie de raisin (figure 28). *VvMyb5a* est exprimé préférentiellement durant la première phase de développement de la baie, et ce quelque soit le tissu considéré. Juste après floraison, les transcrits *VvMyb5a* sont abondants, puis leur quantité diminue au cours de la phase herbacée jusqu'à la véraison. Durant la phase de maturation, *VvMyb5a* est très faiblement exprimé dans la pellicule et les graines et il n'est pas détectable dans la pulpe. Une partie de mon travail de thèse a donc porté sur l'identification des facteurs responsables de la régulation de l'expression de *VvMyb5a*. Un fragment d'environ 1300 pb correspondant au promoteur de *VvMyb5a* a été cloné par la technique de PCR inverse. L'analyse *in silico* réalisée avec les logiciels PLACE et MatInspector a révélé la présence d'un promoteur proximal ainsi que de nombreux éléments *cis*- régulateurs potentiels. L'analyse par le logiciel PLACE est fondée sur des homologies avec des séquences consensus de 4 à 8 bases. Le logiciel MatInspector recherche des sites à partir de matrices de poids et estime leur probabilité d'apparition. Dans un souci de rigueur, seuls les éléments *cis*-régulateurs communs identifiés par les deux logiciels ont été analysés. Il convient toutefois de considérer avec précaution ces éléments *cis*-régulateurs présumés car leur identification repose sur de courtes homologies de séquence nucléique. Cette analyse bioinformatique peut être considérée comme une première approche visant à identifier un éventail de motifs régulateurs de la transcription dans un promoteur, mais la fonctionnalité et l'activité de ces motifs devront être confirmées expérimentalement. À l'heure actuelle, les motifs de régulation hypothétiques identifiés dans le promoteur de *VvMyb5a* suggèrent que l'expression de ce gène pourrait être régulée principalement par les hormones et les sucres. Durant la phase herbacée du développement des baies, l'auxine, les cytokinines et les GA sont les seules hormones présentes dans la baie (figure 9). Au stade vert qui suit la floraison, l'auxine est quasiment la seule hormone détectable. C'est durant ces premières étapes de développement que le niveau d'expression de *VvMyb5a* est le plus fort dans la baie (figure 28). La présence dans le promoteur de *VvMyb5a* d'éléments *cis*-régulateurs potentiels impliqués dans l'activation transcriptionnelle des gènes en réponse à l'auxine (tableau VI et figure 40) suggère que cette hormone pourrait induire l'expression de ce gène durant les stades précoces de développement de la baie. À partir du stade mi-vert, la quantité des cytokinines et de GA augmente fortement, parallèlement à la diminution de la quantité d'auxine. L'analyse *in silico* du promoteur de *VvMYB5a* a également permis d'identifier un complexe GARC et plusieurs motifs CARE, impliqués dans la régulation positive de l'expression des gènes en réponse aux GA (tableau VI, figure 39). La forte expression de *VvMyb5a* pendant le stade herbacé du développement des baies pourrait être liée à l'action conjuguée de l'auxine et des GA. À partir de la véraison, la quantité de transcrits *VvMyb5a* diminue fortement et reste très faible jusqu'à la maturité des baies. Pendant cette phase de maturation, les sucres et l'ABA s'accumulent progressivement dans les baies alors que l'auxine et les GA ne sont plus détectables. La faible expression de *VvMYB5a* après la véraison pourrait donc être liée à l'absence d'auxine et de GA combinée à une répression de l'expression par les sucres. En effet, un motif de régulation négatif par les sucres a été identifié dans le promoteur de *VvMyb5a* (tableau IX, figure 43) et les premières analyses d'activation transcriptionnelle du gène *GUS* dans des protoplastes d'*Arabidopsis thaliana* ont mis en évidence un rôle répresseur de la transcription de la région contenant ce motif (figure 47).

Cette analyse bioinformatique semble donc indiquer que l'expression de *VvMyb5a* serait principalement sous contrôle hormonal durant le développement de la baie. Cependant, tant que ces données n'auront pas été confirmées expérimentalement, ces conclusions restent hypothétiques. De ce fait, il serait intéressant d'utiliser les différentes constructions promoteur-*GUS* (FP_0 à FP_5) maintenant disponibles pour vérifier l'activation du promoteur *VvMyb5a* en réponse à différents traitements hormonaux. Une approche d'expression transitoire dans des protoplastes de cellules de vigne semble la plus adaptée pour mener rapidement à bien ces expériences. De plus, afin d'évaluer la participation de chaque motif de régulation potentiel identifié, des expériences de mutagenèse dirigée pourront être effectuées. Dans un premier temps, le motif répresseur SRE (figure 44) pourrait représenter une cible intéressante pour ce type d'approche.

Enfin, une étude de l'impact des processus écophysiologiques et climatiques sur la régulation de *VvMyb5a* dans la baie de raisin pourrait également être menée puisque des boîtes de réponse à la lumière ont été identifiées (tableau VII, figure 41). En effet, il est connu que les conditions environnementales modifient la composition des flavonoïdes dans les baies de raisin [330]. Ces changements sont dépendants du cépage mais d'une manière générale la température, l'ensoleillement et l'intensité du rayonnement solaire influencent l'accumulation des flavonoïdes [331]. Des températures supérieures à 32°C ou inférieures à 15°C ont un impact négatif sur l'accumulation des anthocyanes et des températures nocturnes trop élevées provoquent des perturbations de la synthèse des composés phénoliques [332]. La lumière influence positivement l'accumulation d'anthocyanes [333-335]. De plus, l'alternance jour/nuit est un facteur majeur dans l'accumulation des anthocyanes. Les conditions idéales sont une égalité de la durée jour/nuit et des températures comprises entre 20 et 25°C [336]. Dans le cadre du nouveau projet de recherche sur "les régulations trophiques et microclimatique du métabolisme secondaire dans la baie de raisin", qui a été mis en place cette année dans le laboratoire, il serait intéressant d'analyser par PCR quantitative l'expression de *VvMyb5a* à partir des différents échantillons : baies entières, demi-baies et pellicules ayant été exposées à des contraintes thermiques et/ou lumineuses variées en serre ou au vignoble.

Cependant, même si plusieurs études ont montré que les conditions climatiques modifient la composition et les teneurs en flavonoïdes, les mécanismes intrinsèques moléculaires et cellulaires à l'origine de ces perturbations ne sont pas encore connus. A ce stade, il nous apparaît donc important de signaler un élément relatif aux mécanismes de régulation de l'expression de *VvMYB5a*, et plus globalement de la plupart des gènes *MYB* de vigne identifiés dans notre laboratoire. En effet, les études menées en collaboration avec plusieurs laboratoires étrangers (CSIRO Plant Industry en Australie et Pontificia Universidad Católica au Chili) indiquent une surprenante conservation des profils d'expression des gènes *MYB* au cours du développement des baies de raisin. Ainsi, les gènes *VvMyb5a*, *VvMYB5b*, *VvMybPA1* et *VvMyb24* (chapitre 2) présentent des profils d'expression tout à fait similaires dans des baies de Cabernet sauvignon cultivées dans le bordelais et dans des baies du cépage Shiraz récoltées dans les vignobles de la région d'Adélaïde, en Australie [250, 262]. De même, dans des baies de Cabernet sauvignon cultivées à Santiago au Chili, l'expression de *VvMyb24* est tout à fait comparable à celle que nous avons observée dans le même cépage en région bordelaise (figure 72 A/B). Cette forte conservation des profils d'expression en dépit de conditions environnementales et de pratiques culturales disparates semble indiquer une faible influence des facteurs abiotiques sur l'activité de ces gènes *MYB* dans les baies. Ces observations pourraient indiquer un contrôle à dominante développementale de l'expression de ces gènes, et apparaissent en accord avec les données issues de l'analyse du promoteur *VvMyb5a*. Si cette hypothèse se confirmait, l'impact des paramètres environnementaux sur la teneur en flavonoïdes des baies n'impliquerait pas les gènes régulateurs de la famille MYB mais plutôt les réactions de biosynthèse, la stabilité des enzymes et des métabolites produits, ou encore les mécanismes de stockage de ces composés. Par exemple, certaines études ont montré que les molécules d'anthocyanes pouvaient être sujettes à dégradation dans des conditions de température élevée [337].

3.6.2 Les approches de criblage à grande échelle

En complément de l'analyse bioinformatique menée pour identifier les éléments pouvant réguler l'expression de *VvMyb5a*, une recherche des FT pouvant se fixer sur ces éléments régulateurs a été effectuée par une approche simple hybride. L'ensemble de la séquence promotrice de *VvMyb5a* devait être criblé, mais l'analyse a débuté avec le fragment S_4 situé entre les nucléotides -715 et -524 pb. Sur cette courte séquence de 200 pb, plus de 250 clones potentiellement positifs ont été identifiés. Le criblage PCR n'a pas permis d'éliminer les clones potentiellement redondants et l'étape d'extraction des plasmides a alors été entreprise. Que ce soit pour le double ou simple hybride, nous avons rencontré des problèmes pour l'extraction des plasmides proies des clones de levures. Une fois le protocole d'extraction mis au point, les plasmides doivent être transférés dans des bactéries, criblés, puis l'insert doit être séquencé. Le transfert des plasmides dans les bactéries est une étape longue et, à l'heure actuelle, seule une trentaine de clones ont pu être séquencés. Ces clones ne seront considérés comme positifs qu'une fois que leur capacité à auto-activer les gènes rapporteurs chez la levure aura été à nouveau testée.

Les études menées sur le promoteur du gène *VvMyb5a* devaient nous permettre de mieux comprendre ses mécanismes de régulation transcriptionnelle. Cependant, il était également important d'étudier les propriétés de la protéine VvMyb5a en identifiant les protéines capables d'interagir avec elle et éventuellement de moduler son activité de contrôle de la transcription des gènes de la voie de biosynthèse des flavonoïdes. Nous nous sommes particulièrement intéressés à un domaine riche en glutamine (GRD) présent dans la région C-terminale de VvMyb5a. Peu de données étant disponibles dans la littérature quant à la fonction potentielle de ce type de domaine, nous avons décidé d'établir une carte de l'interactome du domaine GRD de VvMyb5a par la technique de double hybride chez la levure. Ce système présente l'avantage d'étudier *in vivo* des interactions protéiques transitoires ou instables, et ce indépendamment du niveau d'expression naturel des protéines [276]. Cette approche de criblage à grande échelle a permis l'identification de nombreuses protéines potentiellement capables d'interactions physiques avec VvMyb5a. Ces protéines apparaissent impliquées dans diverses fonctions et localisées dans divers compartiments intracellulaires (tableau IV). De fait, il s'avère difficile de conclure quant au degré de probabilité de ces interactions. Dans un premier temps, il conviendrait d'analyser la localisation cellulaire de la protéine VvMyb5a par des expériences d'expression transitoire avec des constructions VvMyb5a-GFP. En effet, en tant que facteur de transcription, la localisation de VvMyb5a est présumée nucléaire, mais il est possible que cette protéine puisse être adressée ou transiter dans d'autres compartiments intracellulaires. Chez l'homme, il a été montré récemment qu'une protéine MYB, Mybbp1a (Myb-binding protein 1a), pouvait transiter par les pores nucléaires pour passer du noyau au cytoplasme [338].

Toutefois, et même si un grand nombre de clones isolés lors du crible double hybride semble correspondre à des faux positifs en raison de la nature et de la localisation intracellulaire hypothétique des protéines codées par ces clones, deux ont retenu notre attention. Il s'agit d'une protéine kinase et d'une protéine de type WD40:

- La protéine kinase identifiée dans cette expérience présente de fortes homologies de séquence avec la protéine kinase KGM (Kinase associated with GAMYB) de l'orge [280]. Dans les cellules de l'orge, KGM est localisé dans le noyau et le cytosol et des expériences de double hybride ont permis de mettre en évidence que KGM interagissait physiquement avec GAMYB pour réprimer son activité. Le facteur de transcription GAMYB active les gènes hydrolytiques qui interviennent dans la mobilisation des réserves de sucres au cours du développement des plantules. Cependant, même si l'interaction physique entre ces deux protéines a pu être démontrée, aucun essai *in vitro* n'a pu mettre en évidence la phosphorylation de GAMYB par la kinase KGM pour inhiber son activité.

- La deuxième protéine à laquelle nous nous sommes intéressés est une protéine de type WD40. En effet, comme indiqué dans le contexte bibliographique, les protéines WD40 coopèrent avec les protéines MYB et bHLH pour réguler la voie de biosynthèse des tannins chez *Arabidopsis* [69]. Cette protéine WD40 apparaît fortement homologue à la protéine At1g20540 d'*Arabidopsis* qui appartient à la famille des transducines, mais son rôle physiologique n'a pas encore été clairement établi.

Bien que ces interactions paraissent vraisemblables en tenant compte des données de la littérature, elles nécessitent d'être confirmées *in vivo* dans un système autre que la levure. Pour ce faire, l'ADNc pleine longueur de *VvMyb5a* et l'ADNc tronqué de la partie C-terminale contenant le domaine GRD (contrôle négatif) ont été clonés dans un vecteur d'expression transitoire. Des expériences de co-expression transitoire de la cible VvMyb5a ou VvMyb5a tronquée avec la proie (KGM-like ou WD40) dans des protoplastes d'*Arabidopsis* ou de vigne, suivies d'une co-immunoprécipitation pourront permettre de tester ces interactions éventuelles. En effet, les biais de la technique double hybride sont multiples. Tout d'abord, elle met en jeu des fusions protéiques susceptibles de modifier la structure et les propriétés des protéines cibles. Ainsi, dans le cadre du criblage d'une banque, cette technique peut conduire à l'identification d'un nombre important de faux positifs (protéines auto-activatrices ou protéines dites "collantes"), mais également à la non détection des faux négatifs [339, 340]. De plus, seules les interactions entre deux protéines peuvent être mises en évidence par cette technique, ce qui s'avère être un problème important dans le cadre de cette étude. En effet, chez *Arabidopsis*, l'analyse fonctionnelle du promoteur du gène *BANYULS* (*BAN*), qui code une ANR, a permis de démontrer que sa spécificité d'expression dans les cellules productrices de tannins était contrôlée au niveau transcriptionnel par un complexe nommé MBW composé des protéines régulatrices TT2 (MYB), TT8 (bHLH) et TTG1 (WDR) [69]. D'autres études menées chez le pétunia et le maïs ont confirmé l'implication du complexe MBW dans la régulation de l'expression des gènes codant les enzymes de la voie de biosynthèse des anthocyanes [79]. Enfin, une étude récente chez le maïs a permis d'identifier un nouveau partenaire protéique appelé RIF1 (R-interacting factor 1) qui serait un nouveau co-facteur essentiel du complexe transcriptionnel MBW. Cette protéine interagirait spécifiquement avec la protéine bHLH R (Red) de maïs et serait impliquée dans le remodelage de la chromatine au niveau du promoteur du gène *A1*. La transcription de ce gène, qui code une enzyme de type DFR, serait donc contrôlée par un complexe formé de quatre protéines [341]. De fait, le système du double hybride chez la levure, qui permet de détecter seulement les interactions physiques binaires, ne semble pas être le plus adapté à notre modèle d'étude. D'autres techniques permettant soit la purification de complexe par la méthode du TAP-tag (tandem Affinity Purification) couplée à la spectrométrie de masse [342], soit l'identification de l'appât dans un complexe protéique par la méthode du FRET (Fluorescence resonance energy transfer) [343], doivent donc maintenant être envisagées.

CHAPITRE 2

Identification de nouveaux facteurs de transcription MYB par analyse de mutants naturels de la Vigne

Le génome de la vigne présente un taux élevé d'hétérozygotie, ce qui génère une variabilité génétique importante au cours de la reproduction sexuée. De ce fait, les viticulteurs, soucieux de préserver les cépages issus d'une longue tradition, propagent la vigne par multiplication végétative *via* des techniques diverses (bouturage, marcottage, greffage). Ce mode de propagation permet de maintenir les caractéristiques génétiques du cultivar et d'obtenir des plantes qui présentent des phénotypes très similaires. Pourtant, dans de rares occasions, quelques cultivars peuvent avoir un phénotype instable et présenter des caractéristiques phénotypiques différentes, visibles sur une partie ou une branche entière de la plante. Quand ces branches (appelées "bud-sports") sont végétativement propagées par des techniques clonales, le nouveau phénotype est généralement maintenu menant à une nouvelle variété qui se distingue des parents par un seul caractère phénotypique différent [344]. Ainsi, la viticulture dispose d'un grand nombre de mutants naturels et les plus communs sont les mutants de couleurs. En effet, les modifications du métabolisme polyphénolique dans les baies de raisin sont facilement observables et n'ont généralement aucun effet préjudiciable sur la viabilité de la vigne. Disposant de cette ressource originale dans les domaines viticoles de l'INRA à Bordeaux, nous avons entrepris leur caractérisation afin d'identifier de nouveaux gènes impliqués dans le contrôle transcriptionnel des gènes structuraux de la voie de biosynthèse des anthocyanes.

1 Approche gènes candidats sur le Pinot Noir et deux de ses mutants naturels, le Pinot blanc et le Pinot gris.

Le groupe variétal " Pinot " compte 6 variétés : gris, noir, meunier, teinturier, blanc et moure. Dans ce chapitre, nous nous intéresserons seulement aux cépages Pinot noir, gris et blanc. Dans le cadre du travail de recherche qui m'a été confié durant mon master, une approche gène candidat a été entreprise en utilisant la technique de la RT-PCR semi-quantitative. Le but de cette étude était de rechercher des FT qui présentaient de fortes variations d'expression entre les cépages Pinots noir, gris et blanc et au cours de leur développement.

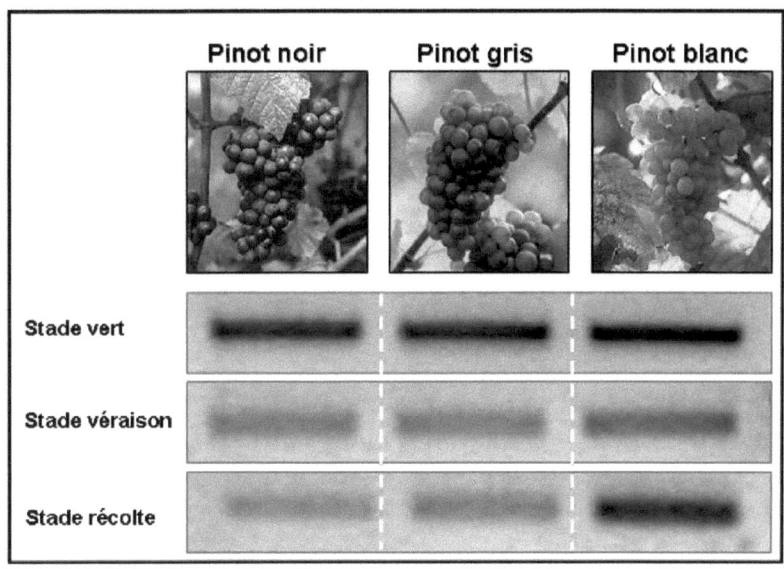

Figure 49. Analyse par RT-PCR semi-quantitative de l'expression de *VvMybPA1* au cours du développement des baies de Pinot noir, gris et blanc.

Les RT-PCR semi-quantitatives ont été réalisées à partir d'ARN totaux extraits de baies des cépages Pinot noir, gris et blanc, récoltées à trois stades de développement (vert, véraison et récolte) et épépinées. Les ADNc correspondant aux ARNm codant le facteur d'élongation EF1γ ont été utilisés comme standard interne et ont permis de vérifier que des quantités équivalentes d'ARN totaux avaient bien été utilisées pour chaque réaction de RT-PCR (résultat non montré).

Des séquences présentant des homologies avec des FT des familles MYB R_2R_3, bHLH et WD40 identifiés chez les espèces modèles et potentiellement impliqués dans le métabolisme polyphénolique ont été recherchés dans la base de données GrapEST[11]. Cette base de données regroupe l'ensemble des EST issues du Programme 'Lignome Vigne' initié par l'INRA et dans lequel l'équipe s'était impliquée. Les recherches avaient été réalisées en se basant sur les annotations fonctionnelles des EST et par recherche d'homologies avec des séquences codant des MYB, bHLH et WD40 caractérisées chez les espèces modèles en utilisant le programme BLAST[12]. Neuf EST avaient été retenus: six codant des protéines de la famille MYB R_2R_3, deux de la famille bHLH et un de la famille WD40. Cette approche nous a permis d'identifier un gène *MYB* dont le profil d'expression apparaissait particulièrement intéressant. Ce gène a été appelé *VvMyb3* puis renommé au cours de ma thèse *VvMybPA1*, suite à une publication d'une équipe australienne.

1.1 Analyse de l'expression différentielle du facteur MYB R_2R_3, *VvMybPA1*, par la technique de la RT-PCR

Les profils d'accumulation des transcrits *VvMybPA1* ont été analysés dans les baies des trois cépages prélevées à trois stades de développement (stade vert, stade véraison et stade récolte) par la technique de la RT-PCR. De façon à conserver un aspect semi-quantitatif, les réactions de PCR ont été réalisées en utilisant un nombre de cycles d'amplification approprié et constant quel que soit le stade de développement considéré. Une séquence d'ADNc correspondant à l'extrémité 5' du gène *VvMybPA1* a été amplifiée avec le couple d'amorce M5FS1 et M5FAS (annexe 2). Le gène *EF1γ* (Elongation factor 1 gamma) exprimé constitutivement chez la vigne a été utilisé comme référence. Les amorces utilisées pour amplifier *EF1γ* sont EF1sens et EF1AS (annexe 2). La figure 49 montre que l'expression de *VvMybPA1* est très forte dès le stade vert dans les trois cépages puis diminue sensiblement au stade véraison. La quantité de transcrits reste ensuite constante dans les baies de Pinot noir et gris mais elle augmente à nouveau sensiblement chez le Pinot blanc au stade récolte.

---

[11] **GrapEST:** http://web.ensam.inra.fr/GrapEST
[12] **BLAST:** http://www.ncbi.nlm.nih.gov/blast/Blast.cgi

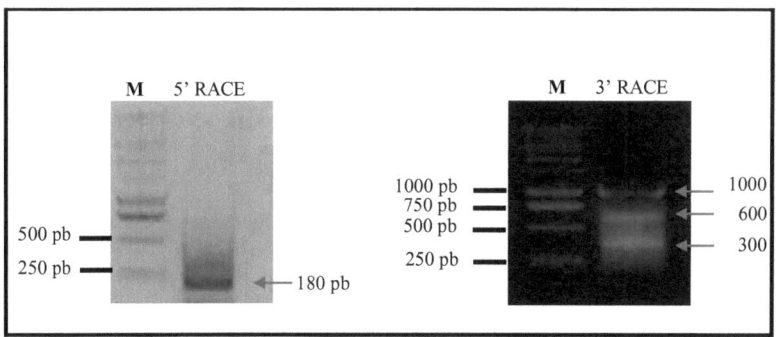

Figure 50. Analyse par électrophorèse en gel d'agarose des amplifications des extrémités 5' et 3' de l'ADNc de *VvMybPA1* par RACE-PCR.

Les amplifications ont été obtenues à partir d'ADNc amplifiés à partir d'ARN totaux extraits de baies épépinées récoltées au stade vert (cépage Cabernet sauvignon). Un fragment de 180 pb a été amplifié du côté 5' de VvMybPA1 (5'RACE), et trois fragments de 300 pb, 600 pb et 1000 pb du côté 3' (3'RACE). 15 µl de la réaction PCR ont été déposés par piste. M: marqueur de taille (1 Kb ladder, Promega), pb: paire de base.

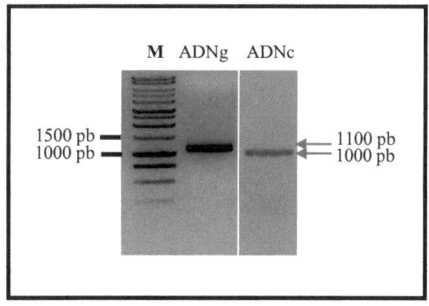

Figure 51. Analyse par électrophorèse des amplifications de la séquence codante et génomique de *VvMybPA1*.

Les amplifications ont été obtenues à partir d'ADNc synthétisés à partir d'ARN totaux extraits de baies épépinées récoltées au stade vert et d'ADNg extrait de feuille (cépage Cabernet Sauvignon). 15 µl de la réaction PCR ont été déposés par piste. M: marqueur de taille (1 Kb ladder, Promega), pb: paire de base, ADNg: ADN génomique, ADNc: ADN complémentaire.

1.2 Clonage et analyse in silico de la séquence d'ADNc du gène *VvMybPA1*

1.2.1 Clonage de la séquence ADNc du gène *VvMybPA1* par RACE-PCR

Pour amplifier l'ADNc pleine longueur correspondant à *VvMybPA1*, nous avons retenu la technique de la RACE-PCR. Dans la base de donnée GrapEST, l'extrémité 5' du transcrit correspondant au gène *VvMybPA1* était disponible. Afin de pouvoir confirmer cette séquence 5' et identifier le site d'initiation de la transcription de *VvMybPA1*, une amplification de l'extrémité 5' de l'ADNc (5' RACE) a été réalisée. Cette méthode consiste en une transcription inverse réalisée avec une amorce antisens spécifique de *VvMybPA1* (5RaceMyb3AS2, annexe 1) suivie de l'addition d'une queue de dATP à l'extrémité 3' du fragment simple brin de l'ADNc sous l'action d'une transférase terminale. Compte tenu du profil d'expression du gène *VvMybPA1* (Figure 49), des ARN totaux extraits de baies récoltées au stade vert du cépage Cabernet sauvignon et épépinées ont été utilisés comme matrice. Une réaction de PCR " Touch Down " a ensuite été réalisée avec une amorce sens spécifique de la queue polyA ainsi créée (OligodT-anchor primer) et une amorce spécifique de *VvMybPA1* (5RaceMyb3AS1, annexe 1). A l'aide de ce couple d'amorce, un fragment d'environ 180 pb a pu être amplifié (figure 51A). Pour déterminer l'extrémité 3' du transcrit correspondant à *VvMybPA1*, une amplification par 3' RACE a été effectuée. Après l'étape de transcription inverse, une réaction de PCR " Touch Down " à partir des ADNc amplifiés a été réalisée avec une amorce sens spécifique de *VvMybPA1* (3RaceMyb3sens2, annexe 1) et une amorce antisens spécifique de la queue de dTTP (PCR anchor primer). Trois fragments (environ 1000 pb, 600 pb et 300 pb) ont pu être amplifiés (figure 50A). Les fragments obtenus par les réactions de 5'et 3' RACE (respectivement 180 pb et 1000 pb) ont ensuite été clonés dans le vecteur pGEMT®-easy, amplifiés dans les bactéries *E. coli* DH5α puis séquencés. Le séquençage des fragments amplifiés a révélé que *VvMybPA1* présentait une région 5' non codante de 148 pb et une région 3'UTR de 175 pb. L'ADNc pleine longueur de *VvMybPA1* a ensuite été amplifiée par une réaction PCR réalisée sur des ADNc synthétisés à partir d'ARN totaux de baies de cépages Cabernet sauvignon récoltées au stade vert et épépinées avec le couple d'amorce VvMyb3sens (complémentaire de la région 5' non codante de *VvMybPA1*) et VvMyb3AS (complémentaire de la région 3' non codante de *VvMybPA1*) (annexe 1).

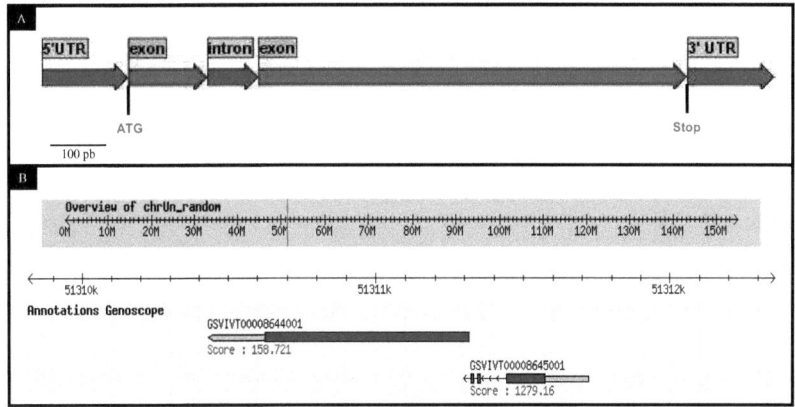

Figure 52. Analyse de la séquence génomique de *VvMybPA1*.

A- Représentation schématique de la structure intron/exon du gène *VvMybPA1*.
Le gène codant *VvMybPA1* est constitué de deux exons (rouge) et un intron (gris). Les régions non-codantes en 3' et 5' sont également indiquées en gris. Les codons d'initiation (ATG) et de terminaison (Stop) de la traduction sont représentés par des traits noirs. Cette représentation schématique a été réalisée à partir du logiciel CLC Main Workbench 4. Echelle, 100 paires de bases (pb).

B- Localisation et annotations du transcrit *VvMybPA1*. Le gène *VvMybPA1* n'a pas pu être localisé de façon précise sur un chromosome (chrUn_random). La séquence nucléotidique de *VvMybPA1* s'aligne avec deux séquences identifiées par le Génoscope. Cette représentation schématique a été réalisée à partir de la base de données du Génoscope.

La partie codante correspond à un cadre de lecture ouvert de 861 pb qui coderait pour une protéine de 286 aa (Figure 51). Le logiciel ProtParam[13] prédit une masse moléculaire de 32,2 kDa et un point isoélectrique de 9,21.

La séquence génomique de *VvMybPA1* a été amplifiée par une réaction PCR réalisée sur de l'ADNg de feuilles du cépage Cabernet sauvignon, avec le couple d'amorce VvMyb3sens et VvMyb3AS (Figure 51). Le produit d'amplification de la réaction PCR de 1100 pb, a été cloné dans le vecteur pGEMT®-easy puis séquencé. L'alignement de la séquence de l'ADNc avec la séquence génomique de *VvMybPA1* a révélé l'existence de deux exons (135 pb et 726 pb) et d'un intron de 87 pb (Figure 52). Par la suite, le séquençage du génome de la vigne a permis de vérifier la séquence que nous avions obtenue dans la base de données Génoscope[14] (Figure 52A). La séquence de *VvMybPA1* s'aligne en fait sur deux références de cette base de données: la région 5' non codante et une partie du cadre ouvert de lecture (nucléotides 1 à 253) sont répertoriées sous la référence *GSVIVT00008645001* (positions 51311721 à 51311321) et le reste de la séquence codante ainsi que la région 3'UTR correspondent à la référence *GSVIVT00008644001* (positions 51311315 à 51310430) (figure 52B). Ces deux références n'ont pas encore été localisées sur un des 19 chromosomes.

1.2.2 Analyse *in silico* de la séquence VvMybPA1

La recherche de motifs et de domaines signatures dans la protéine VvMybPA1 a été effectuée en utilisant les logiciels InterProscan[15] et ScanProsite[16]. Proche de l'extrémité N-terminale, VvMybPA1 contient deux motifs hélice-tour-hélice qui définissent les deux répétitions imparfaites R_2R_3 du domaine MYB (InterProScan001005, PF00249). Le domaine MYB contient le motif [D/E]Lx2[R/K]x3Lx6Lx3R permettant l'interaction avec les protéines bHLH [195, 270]. Le logiciel ScanProsite a aussi identifié un domaine de liaison à l'ATP et au GTP (Prosite00017).

---

[13] **ProtParam:** http://expasy.org/tools/protparam.html
[14] **Genoscope:** http://www.genoscope.cns.fr/externe/GenomeBrowser/Vitis/
[15] **InterProscan**: http://www.ebi.ac.uk/InterProScan
[16] **ScanProsite** : http://www.expasy.org/tools/scanprosite/

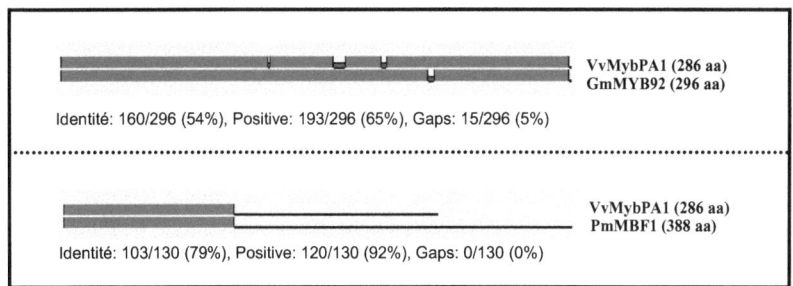

Figure 53. Comparaison des séquences protéiques de VvMybPA1 avec deux membres de la famille des protéines MYB.

Cette figure a été obtenue avec le programme BLAST 2 SEQUENCES qui permet un alignement des séquences protéiques deux à deux. Le nombre d'acides aminés est indiqué entre parenthèse. Les cadres bleus représentent les zones homologues. Les décalages sont représentés en rouge. L'identité représente le nombre d'acides aminés en commun entre les deux séquences sur le nombre total d'acides aminés de la zone en question. " Positives " représente le nombre d'acides aminés du même groupe. " Gaps " représente le nombre de décalage d'acides aminés dans la séquence pour un meilleur alignement. Ces différentes valeurs sont aussi exprimées en pourcentage. La double lettre préfix indique l'origine de la protéine Gm pour le soja (*Glycine max*) et Pm pour pin maritime (*Picea mariana*). Les numéros d'accession sont ABH02844 pour GmMYB92 et AAA82943 pour PmMBF1.

Cette analyse a également révélé la présence de différents sites potentiels de modifications post-traductionnelles qui sont les suivants : neuf signatures de myristoylation (débutant aux aa 11, 15, 45, 86, 120, 194, 195, 197, 202), un site de N-glycosylation (débutant à l'aa 184), six sites de phosphorylation par la protéine kinase C (débutant aux aa 18, 52, 113, 125, 151, 211), sept sites de phosphorylation par la caséine kinase II (débutant aux aa 18, 71, 100, 157, 211, 242, 279), un site de phosphorylation par la tyrosine kinase (débutant à l'aa 99) et deux sites de phosphorylation par une protéine kinase AMPc et GMPc dépendante (débutant aux aa 127, 138).

Des protéines homologues à VvMybPA1 ont été recherchées chez d'autres plantes dans la banque de données du NCBI[17]. Le domaine de liaison à l'ADN (DBD) des protéines MYB R_2R_3 étant largement conservé, de nombreuses protéines végétales possèdent un pourcentage d'homologie élevé avec la région N-terminale de VvMybPA1. Cependant, le domaine DBD de la protéine MYB du pin maritime PmMBF1 est le plus proche avec 79% d'identité (figure 53). Toutefois, aucune fonction putative n'a encore été attribuée à PmMBF1. La région C-terminale de VvMybPA1 présente peu d'homologie avec d'autres protéines MYB. Avec 54% d'identité, la protéine de soja GmMYB92 représente l'homologue le plus proche (figure 53), mais cette protéine n'a pas encore été caractérisée fonctionnellement. Enfin, la figure 31 indique que VvMybPA1 est proche des protéines GmMYB92 et GmMYB185. En dehors du domaine DBD, les trois membres de ce sous-groupe ne possèdent pas de domaines conservés qui permettent de les classer dans un des sous-groupes spécifiques proposés dans les classifications de Stracke et Krantz [195, 271].

1.3 Caractérisation fonctionnelle du gène *VvMybPA1* in *planta*

La recherche d'homologue n'ayant pas permis d'attribuer une fonction putative à *VvMybPA1*, nous avons entrepris sa caractérisation fonctionnelle chez *Arabidopsis thaliana*. Deux approches ont été menées en parallèle dans ce travail de thèse: l'étude de mutants d'insertion d'ADN-T et l'étude de transformants. Dans un premier temps, nous avons recherché l'homologue de VvMybPA1 chez *Arabidopsis thaliana* par une analyse phylogénétique.

---

[17] **NCBI**: http://www.ncbi.nlm.nih.gov/

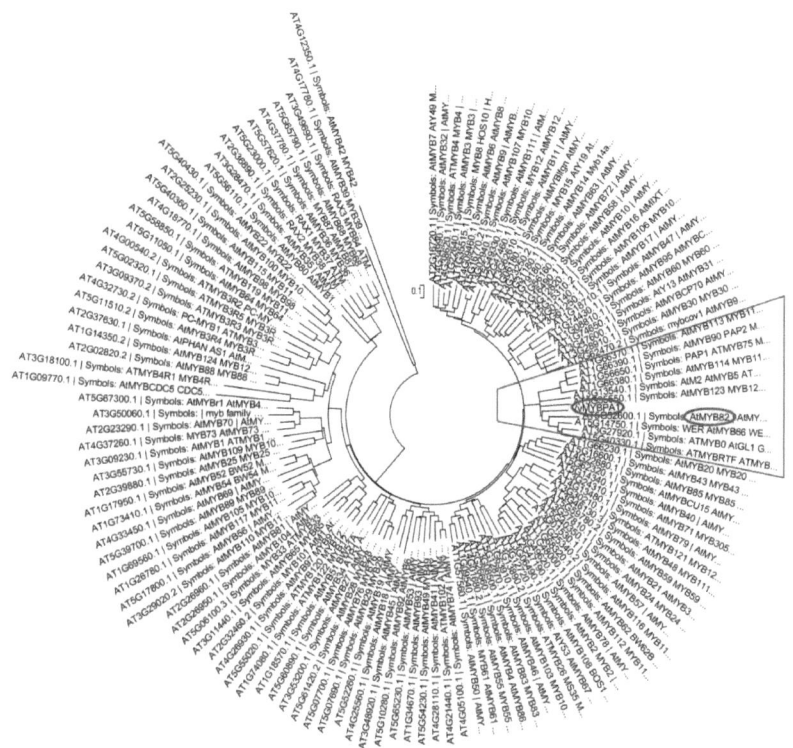

Figure 54. Analyse phylogénétique de VvMyb24 et des 126 proteines MYB R$_2$R$_3$.

Les séquences ont été alignées en utilisant le logiciel Muscle [376]. L'arbre phylogénétique initial a été construit suivant le principe du 'Neighbor-joining' [377] et les distances d'évolution ont ensuite été testées en utilisant la méthode d'évolution minimale [378]. La longueur des différentes branches correspond à la distance d'évolution exprimée en nombre de substitutions d'acides aminés par site.

Après identification du gène homologue, nous avons recherché dans un second temps les éventuelles conséquences phénotypiques sur les lignées d'insertions d'ADN-T correspondantes. Enfin, nous avons débuté la caractérisation de transformants stables d'*Arabidopsis* présentant une surexpression du gène *VvMybPA1*.

1.3.1 Isolement et caractérisation d'un mutant d'insertion d'ADN-T dans le gène *VvMybPA1*

Au début de ce travail de thèse, nous ne disposions pas dans l'équipe de salles de cultures adéquates pour le tabac ou la vigne. Ainsi, pour déterminer la fonction de *VvMybPA1*, notre choix s'est porté sur *Arabidopsis thaliana*. En raison de ses nombreux avantages (génome séquencé, petite taille de la plante, rapidité du cycle de vie) et disposant d'une salle dédiée à sa culture, cette plante modèle nous est apparu, dans notre contexte, comme un modèle d'étude approprié.

1.3.1.1 Recherche de l'homologue de VvMybPA1 chez *Arabidopsis thaliana*

La recherche d'homologues dans la banque de données NCBI par le logiciel BLAST n'ayant pas permis d'identifier clairement l'homologue de *VvMybPA1* chez *Arabidopsis*, une analyse phylogénétique a été réalisée. Les séquences protéiques des 126 protéines MYB R_2R_3 d'*Arabidopsis* ont été recherchées dans la banque de données du TAIR[18]. La séquence protéique de VvMybPA1 et celles de l'ensemble des protéines MYB d'*Arabidopsis* ont ensuite été utilisées pour réaliser un arbre phylogénétique. Cette analyse de phylogénie est présentée dans la figure 54. La protéine homologue la plus proche de VvMybPA1 est AtMyb82 (At5g52600, N° d'accession: NP_680426). AtMyb82 et VvMybPA1 apparaissent relativement proches des groupes de protéines MYB impliquées dans la voie de biosynthèse des anthocyanes et des PA (sous-groupe 5 et 6 respectivement), mais elles sont cependant clairement isolées dans un sous-groupe distinct.

Dans la banque de donnée du TAIR, la séquence nucléique du gène *AtMyb82* était disponible. L'alignement de la séquence de l'ADNc avec la séquence génomique a révélé l'existence de 2 introns (93 et 73 pb) et 3

---
[18] **TAIR**: http://www.arabidopsis.org/index.jsp

exons (134, 129 et 343 pb). La partie codante consiste en un cadre de lecture ouvert de 606 pb. La séquence protéique d'AtMyb82, déduite de la séquence de l'ADNc, est formée de 201 aa. Le logiciel ProtParam[19] prédit une masse moléculaire de 23,3 kDa et un point isoélectrique de 9,11. A notre connaissance, aucun travail de caractérisation fonctionnelle n'a été entrepris sur le gène *AtMyb82*. En fait, seule une expérience de double hybride chez la levure a pu montrer qu'AtMyb82 interagissait physiquement avec la protéine TT8, impliquée dans la régulation de la biosynthèse des anthocyanes et des PA chez *Arabidopsis* [257].

1.3.1.2 Obtention du mutant d'insertion

Pour obtenir un mutant " perte de fonction " pour le gène *AtMyb82*, nous avons effectué un criblage *via* internet des collections de plantes d'*Arabidopsis* mutagénisées avec un élément stable (ADN-T) [345]. L'ADN-T est une séquence d'ADN, portée par un plasmide bactérien, qui est intégrée dans le génome nucléaire de la plante lors de la transformation par *Agrobacterium tumefaciens* [346]. Des ADN-T sauvages ont été modifiés puis utilisés pour générer des banques de mutants aléatoires. Il est donc possible d'identifier des mutants pour un gène d'intérêt en criblant ces collections de mutants par PCR. En effet, les insertions sont repérables car elles possèdent une région flanquante (FST, Flanking Sequence Tag) correspondant au gène d'intérêt. La base de données SIGnAL[20] (Salk Institute Genomic Analysis Laboratory) regroupe les FST disponibles, définies à partir de la bordure gauche du transgène de 130 000 lignées d'insertion ADN-T d'*Arabidopsis* (écotype Columbia, Col-0).

En 2007, les recherches dans cette base de données nous ont permis d'identifier un mutant présentant une insertion dans le premier intron du gène *AtMyb82*. Ce mutant provient d'une lignée produite par le programme GABI-kat[21] en Allemagne [347]. Les graines des plantes T3 correspondant à la lignée d'insertion 057A04 ont été commandées au NASC[22] sous la référence N405380. Le NASC (Nottingham *Arabidopsis* Stock Center, Royaume Uni) est un centre de ressources génétiques qui conserve et distribue entre autre l'ensemble des lignées GABI-Kat.

---

[19] **ProtParam**: http://expasy.org/tools/protparam.html
[20] **SIGnAL**: http://signal.salk.edu/cgi-bin/tdnaexpress
[21] **GABI-Kat:** http://www.gabi-kat.de/
[22] **NASC:** http://arabidopsis.info/

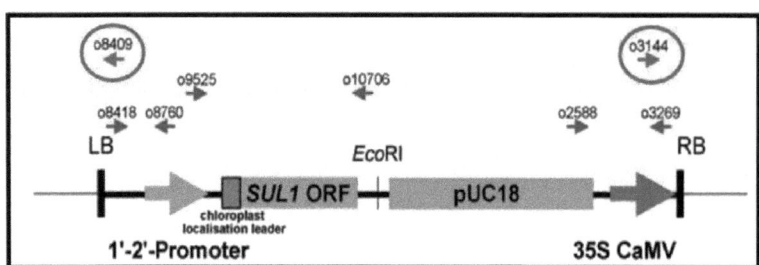

Figure 55. Représentation schématique de l'ADN-T du vecteur pAC106 utilisé par GABI-kat.

L'ADN de transfert, bordé par les frontières gauche (LB) et droite (RB), contient le marqueur de sélection pour les plantes. Le marqueur *Sul1* (dihydropteroate synthase) est placé sous contrôle du promoteur fort " 1'2'Promoter " et confère la résistance à la sulfadiazine. La position et le nom des amorces utilisées pour le génotypage et la détermination du site d'insertion de l'ADN-T dans le gène *AtMyb82* sont entourés en rouge.

L'ADN-T utilisé pour la transgénèse dans la banque GABI-Kat possède un seul gène de sélection, le gène *sul1* (Sulfadiazine 1) sous contrôle du promoteur fort "1'-2'-Promoter" (figure 55). *Sul1* code pour la dihydroptéroate synthase, protéine qui confère à la plante qui l'exprime une résistance à l'herbicide sulfadiazine.

1.3.1.3 Isolement des lignées mutantes homozygotes

Les graines de la lignée 057A04 sont de génération T3. D'après les indications de la base GABI, sur 100 graines de la lignée 057A04 déposées sur un milieu contenant de la sulfadiazine, 92 plantules sont apparues résistantes. Ainsi, au sein des 17 lots de graines reçus, trois génotypes peuvent être trouvés: homozygotes pour l'insertion de l'ADN-T dans *AtMyb82*, hémizygotes et sans ADN-T. Une recherche par PCR a donc été réalisée pour identifier le ou les lots de graines homozygotes pour l'insertion de l'ADN-T. Le crible est fondé sur l'utilisation de deux couples d'amorces choisis à partir des séquences codantes du gène ou de l'ADN-T. La première réaction de PCR détecte la présence de l'ADN-T dans le gène d'intérêt, tandis que la deuxième permet de déterminer les plantes qui possèdent une copie intacte du gène d'intérêt. La synthèse de ces deux types d'informations permet ensuite d'identifier les plantes présentant une insertion de l'ADN-T à l'état homozygote ou hémizygote.

Le premier crible a été réalisé sur six lots de graines: N313460, N313461, N313462, N313463, N313464 et N313465 (notés KO60, KO61, KO62, KO63, KO64 et KO65). L'ADN génomique de quatre plantules de chacun des six lots (notées KO60 A/B/C/D et ainsi de suite) a été utilisé comme matrice pour vérifier la présence de l'ADN-T. La base GABI fournit les séquences des couples d'amorces utilisés pour confirmer les mutants d'insertion. La position de ces amorces (TCO3/8409, annexe 4) ainsi que le résultat des amplifications sont présentés dans la figure 56 (A et B). Sur les six lignées d'insertion, seule la lignée KO64 ne possédait pas d'ADN-T inséré dans le gène *AtMyb82*. Sur les cinq lignées restantes, un deuxième crible PCR a été réalisé pour détecter la présence du gène non muté en utilisant un couple d'amorces spécifiques du gène *AtMyb82* (AtMyb82sens et AtMyb82AS, annexe 4) localisées de part et d'autre du site d'insertion de l'ADN-T (Figure 56 A). Si l'ADN-T est inséré dans le gène *AtMyb82*, la taille du fragment d'intérêt devient trop importante (environ 5 Kpb) pour pouvoir être amplifiée par une réaction de PCR classique.

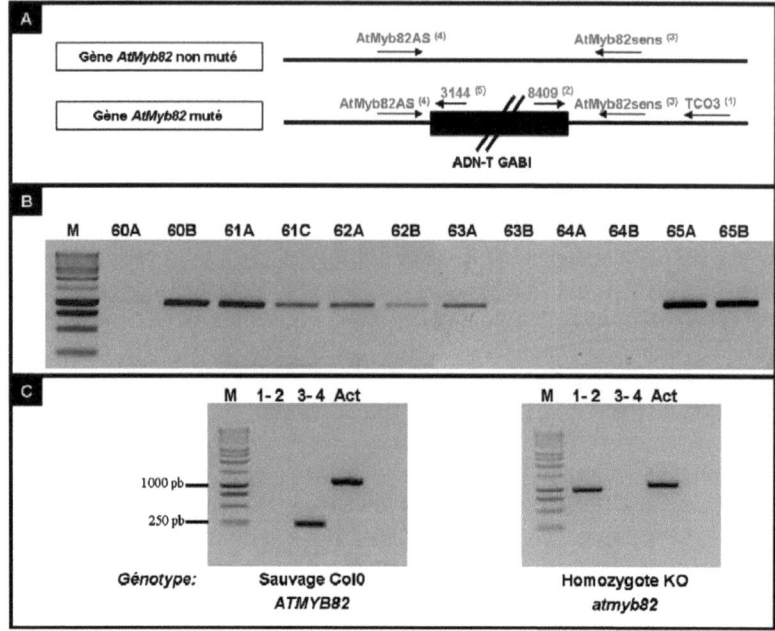

Figure 56. Analyse par PCR du génotype des mutants d'insertion ADN-T pour le gène *AtMyb82* (*At5g52600*).

A- Représentation schématique de la position des amorces utilisées pour le génotypage des mutants KO62B et KO65A. Le couple d'amorces 3-4 permet l'amplification du gène *AtMyb82* non muté. Un produit d'amplification avec le couple 1-2 ou 4 -5 révèle la présence de l'ADN-T dans le gène muté *AtMyb82*.

B- Résultat du criblage PCR réalisé sur différents lots de graines. Les amplifications ont été obtenues à partir d'ADNg extrait de feuille avec le couple d'amorce 1-2. Sept µl de la réaction PCR ont été déposés dans chaque piste. M: marqueur de taille (1 Kb ladder, Promega).

C- Résultat du génotypage pour le mutant KO62B. L'amplification d'une partie de l'ADNc de l'*actine2* d'*Arabidopsis thaliana* est utilisée comme contrôle. Sept µl de la réaction PCR ont été déposés dans chaque piste. pb: paire de base, Act: couple d'amorce de l'Actine2.

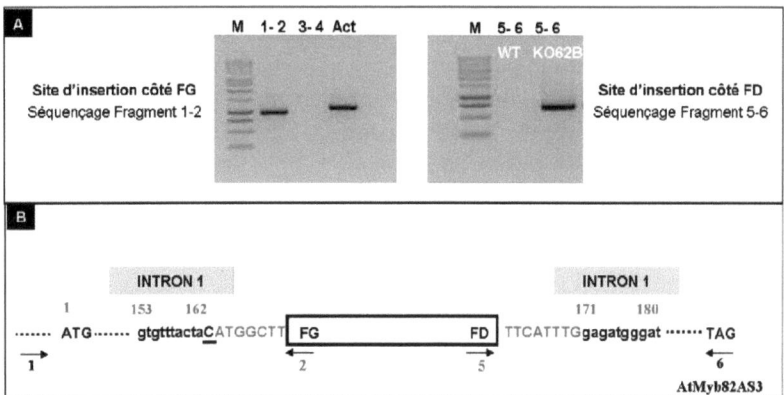

Figure 57. Identification du site d'insertion exact de l'ADN-T dans le mutant KO62B.

A- Analyse par électrophorèse en gel d'agarose de l'amplification obtenue avec les couples d'amorce 1-2 et 5-6 sur de l'ADNg de feuille du KO62B. Sept µl de la réaction PCR ont été déposés dans chaque piste La position des amorces est indiqué dans la figure 56. Les deux fragments amplifiés avec ces amorces ont été purifiés puis envoyés à séquencer. M: marqueur de taille (1 Kb ladder, Promega).

B- Site exact de l'insertion de l'ADN-T dans le mutant KO62B après analyse des fragments séquencés. Les séquences en rouge correspondent aux séquences des frontières gauche (FG) et droite (FD) de l'ADN-T. Un nucléotide supplémentaire à été identifié dans la séquence de la fontière gauche et est souligné. Les séquences en lettres minuscules correspondent à l'intron n°1 présent dans le gène *AtMyb82*.

La figure 56 C présente les résultats du génotypage. Ce crible PCR a permis de montrer que toutes les lignées étaient homozygotes pour l'insertion de l'ADN-T. La suite de notre étude a donc été poursuivie avec les lignées KO62A et KO65B.

1.3.1.4 Vérification du site d'insertion de l'ADN-T dans les mutants sélectionnés

Les deux lignées homozygotes KO62B et KO65A sont issues d'un même mutant d'insertion nommé 057A04. Ainsi, la détermination du site d'insertion de l'ADN-T n'a été effectuée que sur la lignée KO62B, puis vérifiée par une réaction de PCR pour la lignée KO65A. Le produit d'amplification de la réaction PCR de 1000 pb obtenu avec les amorces 8409 et TCO3 a été cloné dans le vecteur pGEMT®-easy, puis séquencé (Figure 57 A). Cette première séquence a permis de confirmer l'orientation de l'ADN-T et d'obtenir la jonction entre la LB ("Left Border", bordure gauche) de l'ADN-T et le gène *AtMyb82*. Afin de préciser la région flanquante de la RB ("Right Border", bordure droite), une deuxième réaction de PCR a été effectuée avec l'amorce AtMyb82AS3 et une amorce spécifique de la RB de l'ADN-T (3144) (annexe 4). L'amplicon de 600 pb produit a été cloné dans le vecteur pGEMT®-easy, puis envoyé à séquencer (figure 57 A). Cette deuxième séquence a confirmé que l'ADN-T complet s'était inséré dans la séquence d'*AtMyb82* sans créer de délétion majeure (seulement 10 pb).

Ces deux réactions de PCR ont donc permis de préciser le site d'insertion de l'ADN-T (figure 57 B). L'insertion est située au milieu du premier intron, 162 pb en aval du codon d'initiation de la transcription, ce qui correspond à l'acide aminé 44. Ainsi, le peptide AtMyb82 traduit ne possède que 7 aa sur les 23 du domaine de liaison à l'ADN du domaine MYB. L'insertion de l'ADN-T étant identique dans les lignées KO62B et KO65A, l'étude moléculaire et phénotypique n'a été poursuivie qu'avec les plantes KO62B.

1.3.1.5 Confirmation de la perte d'expression d'*AtMyb82*

Pour pouvoir confirmer que l'insertion de l'ADN-T dans le gène *AtMyb82* inactivait son expression, une étude précise du profil d'accumulation des transcrits *AtMyb82* dans l'écotype Col-0 a du être menée.

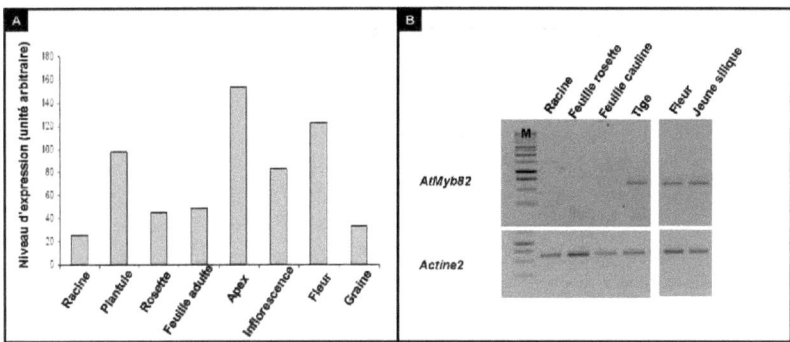

Figure 58. Expression du gène *AtMyb82* dans différents organes d'*Arabidopsis thaliana*.

A- Le profil d'expression a été réalisé à partir de la base de données Genevestigator (http://www.genevestigator.ethz.ch/at). Les niveaux d'expression (en unité arbitraire) représentent la moyenne des intensités des signaux obtenus suite à l'hybridation de 3 puces Affymetrix AG pour les racines, 5 pour les plantules, 19 pour les rosettes, 8 pour les feuilles adultes, une pour les apex, 5 pour les inflorescences, 2 pour les fleurs et 2 pour les graines.

B- Analyse par RT-PCR semi-quantitative de l'expression d'*AtMyb82* dans différents organes d'*Arabidopsis thaliana*, écotype Columbia 0 (racine, tige, feuille de la rosette, feuille cauline, fleur et jeunes siliques). L'amplification d'une partie de l'ADNc de l'*actine2* d'*Arabidopsis thaliana* est utilisée comme contrôle. Sept µl de la réaction PCR ont été déposés par piste. M: marqueur de taille (1 Kb ladder, Promega), pb: paire de base.

Une analyse *in silico* du profil d'expression du gène *AtMyb82* a d'abord été réalisée à partir des résultats de nombreuses puces Affymetrix disponibles sur la base de données Genevestigator[23]. L'oligonucléotide spécifique du gène *AtMyb82* (18858_i_at) était seulement présent sur la première génération de lame Affymetrix, à savoir les lames AG de 8K. Le résultat de cette analyse est présenté dans la figure 58 A. Le gène *AtMyb82* présente une expression plus importante dans les inflorescences et plus précisément dans les fleurs et les apex. Cependant, ces profils ayant été obtenus à partir d'un faible nombre d'expériences, une analyse par RT-PCR a été effectuée en utilisant comme matrice des ARN totaux issus de différents organes végétatifs (racines, feuilles de la rosette, feuilles caulines et tiges) et reproducteurs (fleurs et jeunes siliques) (figure 58 B). Pour ces analyses, la séquence ADNc pleine longueur *AtMyb82* a été amplifiée avec le couple d'amorce AtMyb82sens et AtMyb82AS3 (annexe 2). Le gène *Actine2* (*ACT2*, *At3g18780*) exprimé constitutivement dans tous les organes chez *Arabidopsis* (sauf dans le pollen) a été utilisé comme référence (couple d'amorce Act2E1S et Act2AS, annexe 2)[348]. L'analyse par RT-PCR semi-quantitative a confirmé les résultats obtenus par l'analyse *in silico* car les transcrits *AtMyb82* s'accumulent uniquement dans les tiges et les organes reproducteurs testés et, plus précisément dans les fleurs (figure 58 B). Ce profil d'expression nous a été par la suite confirmé par Mr. Roger Parish (Université La Trobe, Australie; communication personnelle) qui travaille également sur le gène *AtMyb82*.

Pour confirmer la perte d'expression du gène *AtMyb82* dans les mutants KO62B, l'absence de transcrit *AtMyb82* a été vérifié par RT-PCR. Des ARN totaux extraits à partir de fleurs du mutant KO62B et du sauvage Col-0 ont servi de matrice au couple d'amorces AtMyb82sens et AtMyb82AS3. La figure 59 montre une amplification correspondant à un fragment à la taille attendue de 600 pb dans le génotype sauvage Col-0 tandis qu'aucune amplification n'a été observée dans le mutant. Ce résultat confirme donc l'absence de transcrits correspondant au gène *AtMyb82* dans le mutant KO62B.

---

[23] **Genevestigator**: http://www.genevestigator.ethz.ch/at

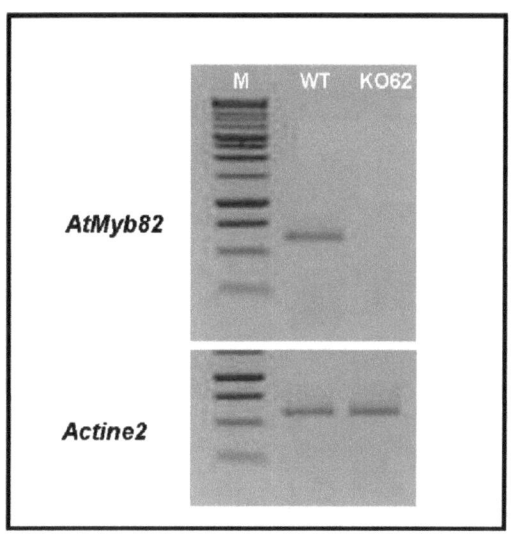

Figure 59. Vérification de l'absence de transcrits *AtMyb82* dans le mutant d'insertion KO62B par RT-PCR.

Les RT-PCR semi-quantitative ont été réalisées à partir d'ARN totaux extraits de fleurs de plante sauvage Col-0 et du mutant d'insertion KO62B. Les ADNc correspondant aux ARNm codant pour l'actine2, ont été utilisés comme standard interne et ont permis de vérifier que des quantités équivalentes d'ARN totaux avaient bien été utilisées pour chaque réaction de RT-PCR. Sept µl de la réaction PCR ont été déposés par piste. M: marqueur de taille (1 Kb ladder, Promega).

Figure 60. Analyse phénotypique préliminaire du mutant KO62B

A- Croissance des plantules *in vitro* sur un milieu sans sélection
Photographies de plantules de 15 jours des génotypes Col-0 (sauvage) et KO62B (mutant *atmyb82*). L'analyse de la vitesse de croissance des racines a été menée sur un échantillonnage, n = 90.

B- Phénotype des fleurs des plantes WT et KO62B après 20 j de culture en terre (photopériode de 16 h).

C- Phénotype des inflorescences des plantes WT et KO62B après 20 j de culture en terre.

D- Phénotype des rosettes des plantes WT et KO62B après 20 j de culture en terre.

1.3.1.6 Analyse préliminaire du phénotype du mutant KO62B

Des plantes homozygotes KO62B ont été photographiées à côté de plantes sauvages Col-0 du même âge, cultivées dans les mêmes conditions de culture standard *in vitro* ou en terre (Figure 60). Les observations réalisées en CIV concluent que la germination (taux et cinétique), la croissance racinaire et le développement de la plantule sont identiques pour le mutant et le sauvage. A l'âge adulte, les plantes KO62B ont une taille, une morphologie et une fertilité similaire aux plantes sauvages. De plus, aucun retard de la floraison n'a été observé.

En résumé, le mutant " perte de fonction " pour le gène *AtMyb82* n'a pas montré de différences phénotypiques significatives avec les plantes sauvages Col-0 soumises aux mêmes conditions de culture en *CIV* et en terre. Cependant, aucune analyse moléculaire n'ayant été réalisée, l'absence de phénotype ne signifie pas pour autant que la mutation du gène *AtMyb82* n'a aucun effet sur le développement de la plante. En effet, les protéines MYB appartiennent à une famille multigénique importante, phénomènes de compensation de la perte de fonction du gène *AtMyb82* par un autre gène *MYB* sont possibles.

1.3.2 Obtention et caractérisation des plantes transgéniques présentant une surexpression du gène *VvMybPA1*

Le mutant " perte de fonction " pour le gène *AtMyb82* ne montrant pas de variations de phénotype marquées par rapport à la plante sauvage, nous avons réalisé des transformants stables *d'Arabidopsis thaliana* afin de sur-exprimer le gène *VvMybPA1*.

1.3.2.1 Obtention des transformants et expression du gène *VvMybPA1*

Pour la transformation d'*Arabidospis*, la construction pADI-*VvMybPA1* correspondant à l'ADNc pleine longueur de *VvMybPA1* cloné dans le vecteur binaire pADI (annexe 13) a dû être réalisée. Pour cloner l'ADNc de *VvMybPA1*, des sites de restrictions ont été ajoutés aux extrémités de chaque amorce: le site BamHI pour l'amorce sens (5'BMyb3, annexe 1) et le site XbaI pour l'amorce antisens (3'XMyb3, annexe 1).

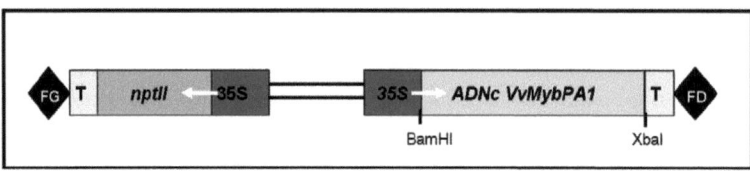

Figure 61: Représentation schématique de l'ADN-T utilisé pour la surexpression de *VvMybPA1*

L' ADNc *VvMybPA1* est sous le contrôle du promoteur 35S et suivi du terminateur CaMV du virus de la mosaïque du chou-fleur. L'ADN de transfert, bordé par les frontières gauche (FG) et droite (FD) contient aussi le marqueur de sélection pour les plantes. Il s'agit du gène *nptII* (néomycine phosphotransférase), qui confère la résistance à la kanamycine. Le vecteur est le pADI (annexe 13).

Le fragment amplifié par réaction de PCR à partir d'une banque d'ADNc de baies épépinées (cépage Cabernet sauvignon, stade herbacée) a été cloné dans le vecteur pGEMT®-easy, multiplié dans les bactéries *E. Coli* DH5α puis séquencé. Après vérification, le produit digéré a été cloné entre les sites BamHI et XbaI du MCS du pADI, plaçant le gène *VvMybPA1* sous contrôle du promoteur fort 35S du CaMV (Figure 61).

La transformation stable des plantes d'*Arabidopsis thaliana* de l'écotype sauvage Col-0 a été réalisée par trempage des inflorescences en utilisant la souche d'*Agrobacterium tumefaciens* GV3101 contenant la construction pADI-*VvMybPA1*. Comme l'ADN-T inséré confère aux transformants la capacité à se développer *in vitro* sur un milieu contenant de la kanamycine, les graines de génération T0 ont été semées sur un milieu contenant de la kanamycine. Ainsi, 21 plantes de génération T1 ayant insérée la construction 35S::*VvMybPA1* ont pu être sélectionnées. L'insertion de l'ADN-T et la surexpression du gène *VvMybPA1* a été ensuite confirmée sur ces plantes par analyse PCR en utilisant les amorces 5'BMyb3 et 3'XMyb3.

L'analyse phénotypique des plantes T1 n'a pas révélé de phénotype particulier par rapport aux plantes contrôles. En effet, les plantes T1 se développent normalement et sont fertiles (données non présentées).

1.3.2.2 Analyse des transformants T2

Les graines de plantes T1 ont été semées sur milieu sélectif contenant de la kanamycine afin de réaliser une étude de la ségrégation. Plusieurs lignées T2 présentaient un phénomène de " silencing " sur la kanamycine (figure 61). Ainsi, sur les 30 lignées T2 testées, 10 lignées ont été écartées. L'étude de la ségrégation sur milieu sélectif sur les 20 autres lignées nous a permis de conclure que :

- les lignées, $A_1 12$, $A_1 13$, $A_1 19$, $A_1 91$, $A_3 15$, $A_4 122$, $A_4 124$, $A_4 125$, $A_4 22$ et $A_4 27$ étaient hétérozygotes pour l'insertion de l'ADN-T,
- les lignées A311 et A4121 étaient homozygotes pour l'insertion de l'ADN-T.

Figure 62. Phénotype observé sur les transformants *35S::VvMybPA1*.

Les photographies A, B, C et D présentent les phénotypes observés sur des plantules *in vitro*. Une accumulation d'anthocyanes (A, B) et un blanchissement des ébauches foliaires (C et D) ont été observés. Les photographies E, F et G présentent les phénotypes de transformants après 10 j de culture en terre. Les nouvelles feuilles qui se développent ne présentent plus de blanchissement et n'accumulent plus d'anthocyanes. La photographie H représente une plante témoin.

La suite de notre étude s'est focalisée sur les deux lignées homozygotes A_311 et A_4121 (renommée respectivement A311 et A412) et deux lignées hétérozygotes A_422 et A_112 (A422 et A112).

Dix plantes de chaque lignée ont été transférées en terre pour réaliser une étude phénotypique. Malheureusement, des problèmes techniques et de contamination dans la chambre de culture ne nous ont pas permis de mener une analyse phénotypique sur ces plantes T2. Nous avons donc décidé de récolter les graines des plantes T2 et de réaliser l'analyse phénotypique sur les plantes de génération T3. Il est à noter que les plantes A311 semblaient stériles. En effet, de nombreuses siliques ont avorté et peu de graines (en comparaison avec les autres lignées) ont pu être récupérées. Cependant, étant donné les problèmes rencontrés dans la chambre de culture, il est difficile de tirer des conclusions.

1.3.2.3 Analyse phénotypique des transformants T3

La ségrégation de 15 plantes hétérozygotes pour l'insertion de l'ADN-T (A112-1 à A112-7 et A422-1 à A422-8) et de 11 plantes homozygotes pour l'insertion de l'ADN-T (A412-1 à A412-7 et A311-1 à A311-4) a été analysée sur un milieu contenant de la kanamycine. Pour ce faire, 100 graines des 26 plantes T3 et du génotype sauvage Col-0 ont été semées sur un milieu contenant de la kanamycine. Au bout de 10 j, l'ensemble des plantules sauvages était sensible à la kanamycine. Les plantules des deux lignées (A311 et A422) avaient des phénotypes identiques: une accumulation d'anthocyanes plus ou moins intense dans les pétioles et parfois dans les vraies feuilles, la présence de zones décolorées aux extrémités des feuilles, une morphologie de feuilles dentelées et des problèmes d'enracinement (figure 62 A, B, C et D). Les plantules des deux autres lignées (A412 et A112) présentaient avec une fréquence beaucoup plus faible des bouts de feuilles blanches dentelées et une accumulation d'anthocyanes. Ce phénotype n'était pas similaire à celui observé pour les plantules sauvages qui sont sensibles à la kanamycine. Deux hypothèses pouvaient alors à ce stade être émises :

- soit la surexpression du gène *VvMybPA1* était à l'origine du phénotype létal dans les lignées A422 et A311,
- soit comme suggéré par SIGnAL, le gène de résistance à l'antibiotique (kanamycine) ne s'exprime pas et les plantes sont incapables de pousser correctement (phénomène de « silencing »).

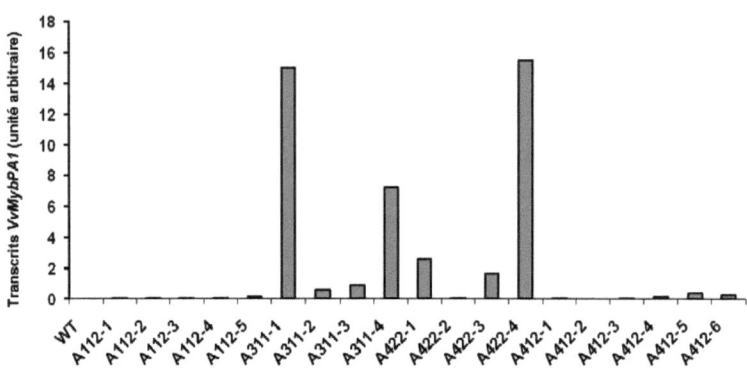

Figure 63. Analyse de l'expression du gène *VvMybPA1* dans les plantes transgéniques *35S ::VvMybPA1* de génération T3.

L'accumulation des transcrits *VvMybPA1* a été étudié dans des feuilles de rosette de transformants après 10 j de culture en terre par RT-PCR semi-quantitative. L'abondance relative des transcrits a été quantifiée avec le logiciel " Quantity one " (Gel doc, Biorad). Les valeurs de fluorescences émises pour chaque bande obtenue sur les gels PCR ont été mesurées puis rapportés aux valeurs du bruit de fond.

Pour pouvoir confirmer l'une ou l'autre des hypothèses, 4 plantules de chaque lignée (A112-1 à A112-7, A422-1 à A422-8, A412-1 à A412-7 et A311-1 à A311-4) ont été transférées en terre. Au fur et à mesure des jours, les plantules ont perdu leur phénotype et au bout de 10 j elles présentaient le même phénotype que les plantes sauvages (figure 62 E, F, G et H). Ainsi, nous avons conclu que le phénotype observé en CIV était en fait dû à des phénomènes de " silencing ".

L'analyse de l'expression du gène *VvMybPA1* dans les différents transformants a été effectuée par RT-PCR semi-quantitative sur des ARN totaux extraits de la 1er inflorescence. Comme le montre la figure 63, les niveaux d'expression sont variables d'une plante à l'autre. L'ensemble de la descendance des lignées A112 et A412 est caractérisé par des niveaux d'expression très faible de *VvMybPA1* ou pour certaines lignées par une absence d'expression de *VvMybPA1*. Par contre, certaines plantes issues des lignées A311 et A422 présentent une forte accumulation des transcrits *VvMybPA1*. Il s'agit des plantes A311-1, A311-4, A422-1, A422-3 et A422-4. Cependant, malgré la surexpression de *VvMybPA1* dans ces plantes, le phénotype observé à l'âge adulte ne présentait pas de différences avec les autres transformants T3 et les plantes sauvages (données non présentées). Les plantes se développent normalement et sont fertiles.

En résumé, la surexpression du gène *VvMybPA1* chez *Arabidopsis* n'a eu aucun effet visible sur le phénotype des transformants dans les conditions de culture standard en CIV et en terre. Cependant, comme pour le mutant perte de fonction, des études physiologiques sont nécessaires pour pouvoir conclure quand à l'impact de l'expression ectopique du gène *VvMybPA1* dans des plantes d'*Arabidopsis*.

2 Analyse globale du transcriptome des pellicules du cépage Béquignol mutant

2.1 Caractérisation du phénotype des baies du Béquignol mutant

2.1.1 Analyses phénotypiques et microscopiques

Le Béquignol est un cépage rouge français provenant du Bordelais et du Sud-Ouest (figure 64 A).

Figure 64. Photographies de grappes de baies du groupe variétal du cépage Béquignol

Photographies de grappe des cépages Béquignol rouge (**A**) Béquignol gris (**B**) Béquignol blanc (**C**) et Béquignol mutant (**D**)

E- Phénotype des baies mixtes de Béquignol mutant.

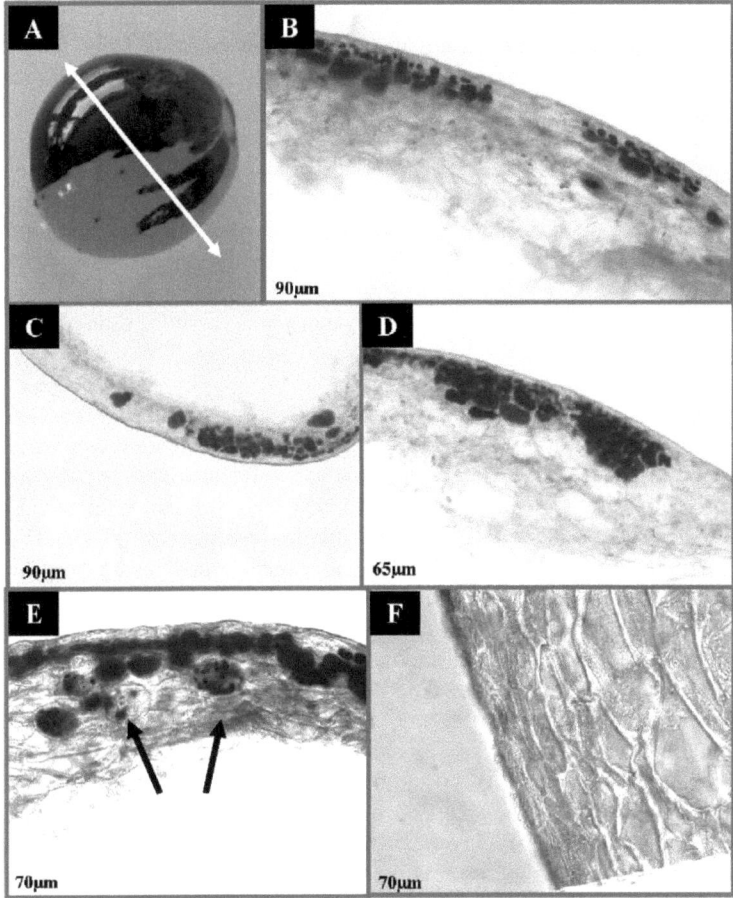

Figure 65. Observations des couches cellulaires de la pellicule de baie du Béquignol mutant, Béquignol et Béquignol blanc.

A- Matériel utilisé pour la réalisation des coupes au microtome à lame vibrante.
B-C-D Observation des secteurs colorés et non colorés des baies de Béquignol mutant.
E- Observation de la pellicule des baies de Béquignol rouge. Les flèches indiquent les granulations colorées.
F- Observation de la pellicule des baies de Béquignol blanc.

Pour chaque photographie, l'épaisseur des coupes réalisées avec le microtome à lame vibrante est indiquée.

Le groupe variétal Béquignol comprend le Béquignol gris et blanc (figure 64 B et C). En dehors des variétés connues, la collection du Domaine de Latresnes a vu le jour d'une nouvelle variété: le Béquignol mutant. La figure 64 D montre son phénotype particulièrement atypique. Les pieds de vigne de ce cépage présentent une certaine instabilité: après véraison, certaines grappes sont formées de baies entièrement rouges/noires, d'autres sont entièrement blanches, et enfin certaines grappes sont composées de baies blanches, rouges et mixtes. Les baies dites mixtes ont la particularité d'avoir des secteurs blancs clairement visibles tandis que le reste de la pellicule est rouge (figure 64 E). La taille et la forme géométrique de ces secteurs (qui ne synthétisent pas d'anthocyanes) sont variables d'une baie à l'autre.

Des coupes au microtome à lame vibrante (65 µm à 150 µm d'épaisseur) dans des baies sectorisées (appelées mixtes), noires et blanches récoltées au stade mature, ont été réalisées. Une analyse microscopique au niveau cellulaire a ensuite été effectuée (figure 65). Sur les baies mixtes, la séparation entre les secteurs rouges et blancs est nette. En effet, La pellicule (exocarpe), composée de plusieurs couches cellulaires, possède des cellules colorées uniquement dans les secteurs rouges des baies mixtes (Figure 65 A). Les observations microscopiques faites en parallèle sur les baies rouges et blanches sont similaires (figure 65 E, F). Les cellules de l'épiderme, comportant qu'une seule assise de cellules, sont plus petites que les grandes cellules sous-jacentes (sous-épidermiques) de la pellicule (l'hypoderme) et de la pulpe. Les coupes transversales faites dans les secteurs rouges des baies mixtes ou rouges ont révélé que l'assise cellulaire de l'épiderme est colorée, mais que le nombre de cellules pigmentées dans l'hypoderme est variable (Figure B, C et D). D'une manière générale, deux couches de cellules sont systématiquement colorées. Cependant, dans certaines zones, les cellules colorées s'étendent sur plusieurs couches dans l'hypoderme mais pas dans la pulpe. D'ailleurs, les cellules colorées de l'hypoderme, de tailles importantes, permettent de visualiser dans certains cas des granulations colorées à l'intérieur (Figure 65 E). A l'inverse, l'analyse microscopique des secteurs blancs des baies mixtes et blanches n'a pas montré de cellules colorées dans la pellicule (Figure 65 F).

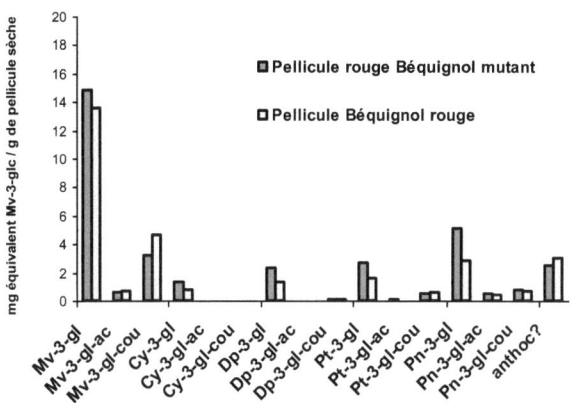

Figure 66. Analyse de la teneur en anthocyanes des pellicules rouges de Béquignol mutant et des pellicules de Béquignol rouge par HPLC.

Les anthocyanes ont été quantifiées en référence à une courbe de calibration établie en utilisant la malvidine-3-glucoside (Mv-3-gl). Les abréviations sont: Mv-3-gl (malvidine-3-monoglucoside), Mv-3-gl-ac (malvidin-3-O-acetylglucoside), Mv-3-gl-cou (malvidin 3-glucoside coumarate), Cy-3-gl (cyanidine-3-monoglucoside), Cy-3-gl-ac (cyanidine-3-acetylglucoside), Cy-3-gl-cou (cyanidin-3-glucoside coumarate), Dp-3-gl (delphinidine-3-monoglucoside), Dp-3-gl-ac (delphinidine-3-acetylglucoside), Dp-3-gl-cou (delphinidine-3-glucoside coumarate), Pt-3-gl (pétunidine-3-monoglucoside), Pt-3-ac (pétunidine-3-acetylglucoside), Pt-3-gl-cou (pétunidine-3-glucoside coumarate), Pn-3-gl (péonidine-3-monoglucoside), Pn-3-gl-ac (péonidine-3- monoglucoside), Pn-3-gl-cou (péonidine-3- glucoside coumarate), anthoc ? (anthocyane inconnue).

2.1.2 Analyses de la composition phénolique et de la teneur en sucre des pellicules

Une analyse comparative des anthocyanes a été réalisée par HPLC sur deux extraits de pellicules: pellicule rouge des baies mutantes et pellicule des baies du Béquignol rouge (figure 66). Les anthocyanes ont été quantifiées en référence à une courbe de calibration établie en utilisant la malvidine-3-glucoside (Mv-3-gl). Les analyses par HPLC des extraits de pellicules ne montrent pas de différences significatives entre les deux types de pellicules. Les anthocyanes sont essentiellement représentées par 5 molécules majeures qui sont la cyanidine-3-monoglucoside (Cy-3-gl), la delphinidine-3-monoglucoside (Dp-3-gl), la malvidine-3-monoglucoside (Mv-3-gl), la péonidine-3-monoglucoside (Pn-3-gl) et la pétunidine-3-monoglucoside (Pt-3-gl). La Mv-3-gl est la forme prédominante. Ces différentes anthocyanes se trouvent également présentes sous formes acylées (acétate et coumarate) mais en quantité nettement plus faible, exception faite des formes acylées de la Mv-3-gl. Ces résultats sont similaires à ceux décrits précédemment pour d'autres variétés [122]. Un autre type d'anthocyane inconnue est également majoritairement présente dans l'ensemble des extraits de pellicules (figure 66).

Une analyse des flavonols a aussi été réalisée par HPLC sur différents extraits de pellicules: pellicule blanche et rouge des baies mutantes, pellicule des baies du Béquignol blanc et pellicule de baies du Béquignol rouge (figure 67). La quantification des flavonols a été effectuée par l'utilisation d'une courbe d'étalonnage de la quercétine-3-glucoside (Quer-3-gl). Que ce soit dans les extraits de pellicules blanches ou rouges, les flavonols majoritairement présents sont des dérivés glycosylés de la quercétine, le kaempférol et la myricétine. Les dérivés glycosylés de la quercétine sont les flavonols majoritaires. En revanche, aucun dérivé d'isorhamnétine, pourtant considéré comme un flavonol majoritaire, n'a pas été identifié dans les extraits de pellicules [349]. Ces résultats restent en accord avec ceux décrits dans d'autre cépage. Il faut cependant noter que dans les extraits de pellicules pelées dans les secteurs blancs du Béquignol mutant, les quantités de dérivés flavonols (quercétine et kaempférol) détectés sont jusqu'à deux fois plus importantes par rapport aux autres extraits.

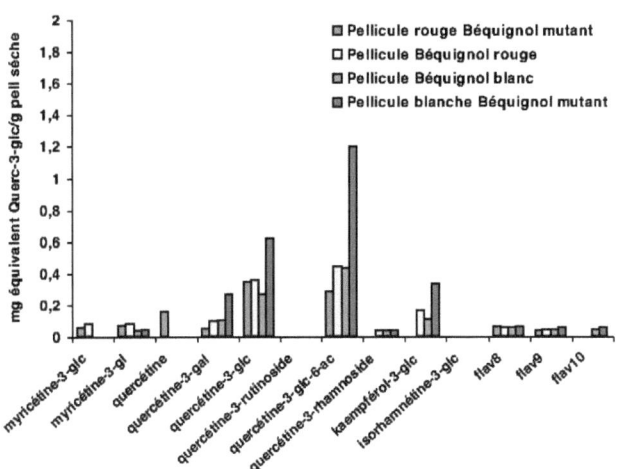

Figure 67. Analyse de la teneur en flavonols des pellicules de Béquignol mutant, Béquignol rouge et Béquignol blanc par HPLC.

La quantification des flavonols a été effectuée par l'utilisation d'une courbe d'étalonnage de la quercétine-3-glucoside (Quer-3-gl). Les abréviations sont: gl (monoglucoside), glc (glucoside), gal (galactoside), ac (acétylglucoside), flav (flavonols).

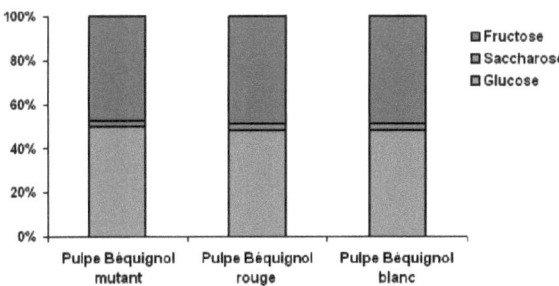

Figure 68. Analyse de la teneur en sucre des pulpes de Béquignol mutant, Béquignol rouge et Béquignol blanc.

Un dosage des sucres a également été effectué sur des extraits de pulpes: pulpe des baies mutées, pulpes des baies du Béquignol blanc et du Béquignol rouge (figure 68). Les analyses enzymatiques ont révélé que la teneur en sucre (saccharose, glucose et fructose) est identique dans les trois extraits de pulpes.

2.1.3 Analyses de l'expression de gènes *MYB*

La technique de RT-PCR semi-quantitative a été utilisée pour vérifier les profils d'expression des gènes *VvMybA1*, *VvMybA3* et *VvMybPA1* dans les secteurs blancs et rouges présents dans les baies du Béquignol mutant. Comme matrice, des ARN totaux ont été extraits à partir des deux types de secteurs présents sur les baies mixtes. Les séquences d'ADNc correspondant aux gènes *VvMybA1*, *VvMybA3* et *VvMybPA1* ont été respectivement amplifiées par les couples d'amorces VvMybA1F2/VvMybA1R2, VvMybA3sens/VvMybA3AS et VvMyb3sens/VvMyb3AS (annexe 2). Le gène *EF1γ* (Elongation factor 1 gamma) exprimé constitutivement chez la vigne a été utilisé comme référence.

Les analyses des amplifications montrent que le gène *VvMybA1* est spécifiquement exprimé dans la pellicule rouge des baies de Béquignol mutant (Figure 69). Ce résultat confirme les données de la littérature. L'expression de *VvMybA3* n'est pas différente dans les deux types de pellicules. Enfin, le gène *VvMybPA1* a le même profil d'expression que dans les cépages Pinot noir et blanc à savoir qu'il est plus fortement exprimé dans les pellicules blanches.

2.2 Analyse globale comparée des pellicules du Béquignol mutant

De nombreuses études transcriptomiques ont été menées ces dernières années pour comprendre les processus moléculaires régissant le développement de la baie. Cependant, une seule étude comparative du transcriptome de baies issues de cépages rouges et blancs a été effectuée [138]. Ainsi, disposant d'un matériel unique du fait que les deux types de pellicules sont présents sur les mêmes baies, nous avons décidé d'utiliser la technologie microarray afin de mener une étude exhaustive.

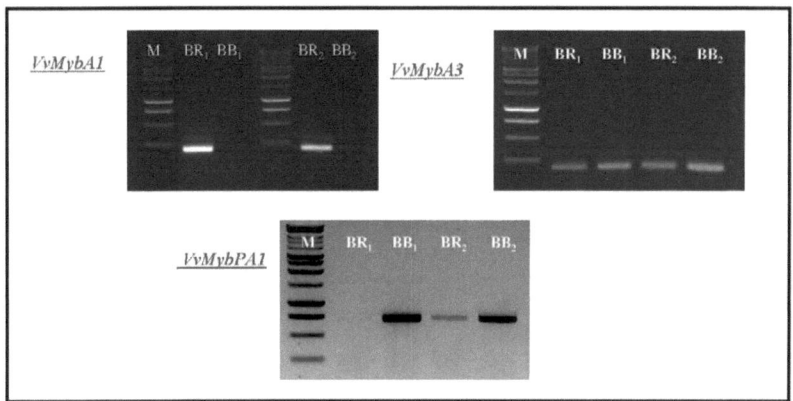

Figure 69. Analyse par RT-PCR semi-quantitative des profils d'expression des gènes *VvMybA1*, *VvMybA3* et *VvMybPA1* dans les pellicules blanches et rouges du Béquignol mutant.

Les RT-PCR semi-quantitative ont été réalisées à partir d'ARN totaux extraits des pellicules utilisées pour les analyses microarray. Sept µl de la réaction PCR ont été déposés par piste. M: marqueur de taille (1 Kb ladder, Promega), BR_1: Béquignol rouge 2006, BB_1: Béquignol blanc 2006, BR_2: Béquignol rouge 2007, BB_2: Béquignol blanc 2007.

A cette fin, des baies présentant le phénotype mutant ont été récoltées après véraison sur deux années consécutives: deux semaines après véraison en 2006 et quatre semaines après véraison en 2007. L'analyse a été réalisée à partir d'ARN extraits de chacun des secteurs blancs et rouges de la pellicule. Les puces à ADN utilisées sont des lames de deuxième génération contenant 14562 oligonucléotides de 70-mères issus d'EST répertoriées dans la base de données du TIGR (The Institute for Genomic Research). Chaque puce a été hybridée avec les deux lots d'ADNc (issus des secteurs rouges et des secteurs blancs des pellicules des baies de 2006) couplés chacun à un fluorophore différent. Pour chaque expérience, une hybridation inverse dans laquelle chaque lot d'ADNc est couplé avec le second fluorophore a été réalisée. Ainsi, pour chaque comparaison, deux répétitions techniques ont été réalisées. De plus, cette série d'expériences a été répétée avec les lots d'ARN issus des pellicules de baies prélevées en 2007 et considéré comme un réplicat biologique. Ainsi, seuls les gènes dont l'expression varie de façon similaire lors des deux expériences réalisées ont été considérés. Après analyse des données de microarray, 96 gènes étaient différentiellement exprimés dans la pellicule rouge par rapport à la pellicule blanche, selon les critères décrits dans le matériel et méthodes (pg 136). Sur les 96 gènes, 17 étaient réprimés et 79 étaient surexprimés dans la pellicule rouge par rapport à la pellicule blanche. Une annotation fonctionnelle des gènes a été réalisée d'après leur homologie de séquence avec des gènes répertoriés dans les banques de données (annexe 14). Parmi les 96 gènes, 29 n'ont pu être classés dans une catégorie fonctionnelle. Parmi les gènes qui ont pu être annotés, 14 sont impliqués dans le métabolisme des phénylpropanoïdes et strictement surexprimés dans la pellicule rouge. Cinq TC (TC63447, TC61248, TC60180, TC66528) présentent des homologies de séquence avec la PAL, première enzyme de la voie des phénylpropanoïdes et qui fournit les précurseurs communs à la synthèse des lignines et des flavonoïdes. Les transcrits des gènes codant une férrulate-5-hydroxylase et une caffeic acid O-methyltransferase (respectivement TC63764 et TC52364), qui interviennent dans la synthèse des lignines sont fortement représentés dans la pellicule rouge. Concernant la voie des flavonoïdes, la majorité des gènes qui y sont impliqués sont surexprimés dans la pellicule rouge. La majorité des gènes dits précoces codant pour les enzymes 4-coumarate-CoA-ligase 2 (TC66743 et TC66040), CHS (TC67409), CHI (TC55034), F3H (TC70298) et F3'5'H (TC51705) sont très fortement exprimés et notamment la F3H dont les transcrits sont 6 fois plus représentés dans la pellicule rouge. Bien évidemment, le gène codant l'UFGT (TC51696) a également été identifié parmi les gènes les plus fortement exprimés dans la pellicule rouge. Cependant, l'induction de ce gène est moindre (de moitié) que celle observée pour la DFR (TC51699). En dehors des enzymes de cette voie de biosynthèse, le gène le plus fortement induit dans la pellicule rouge qui présente une forte homologie de séquence avec une GST (TC69505) a été identifié. Cependant, aucune homologie de séquence avec des GST caractérisées comme intervenant dans la voie de biosynthèse des anthocyanes n'a pu être établie. Trois gènes codant des facteurs de transcription ont aussi été identifiés: une protéine MYB (TC59409), WRKY (TC64282) et une Zinc-finger (TC62707). Le gène *MYB* est réprimé dans la pellicule rouge tandis que les deux autres facteurs de transcription sont induits. Notre but étant d'identifier de nouveaux facteurs de transcription de la famille MYB, une étude plus détaillée de ce gène (*CB913371*) a été entreprise.

2.3 Validation de l'expression différentielle de CB913371 par RT-PCR semi-quantitative

L'objectif de l'analyse du transcriptome des deux types de pellicules présentes sur les baies du Béquignol mutant était d'apporter de nouveaux éléments dans la compréhension des mécanismes moléculaires contrôlant l'accumulation des anthocyanes après véraison. *In fine*, nous voulions identifier de nouveaux FT pouvant réguler la voie de biosynthèse des anthocyanes. Parmi les 110 gènes différentiellement exprimés, l'unigène *CB913371*, codant un facteur de transcription de type MYB R_2R_3, a été choisi. Cependant, avant de poursuivre les investigations sur ce gène, son expression différentielle dans les deux types de pellicule des baies mixtes du Béquignol mutant a été vérifiée par RT-PCR semi-quantitative. Les ADNc rétrotranscrits à partir des lots d'ARN utilisés pour les expériences de microarray ont servi de matrice au couple d'amorces CB923371sens et CB913371AS (annexe 2). Le gène *EF1γ* exprimé constitutivement chez la vigne a été utilisé comme référence. La figure 70A confirme les résultats des expériences microarray puisque l'accumulation des transcrits *CB913371* est plus importante dans la pellicule blanche (BB pour Béquignol mutant blanc) par rapport à la pellicule rouge (BR pour Béquignol mutant rouge) des baies mixtes du Béquignol mutant.

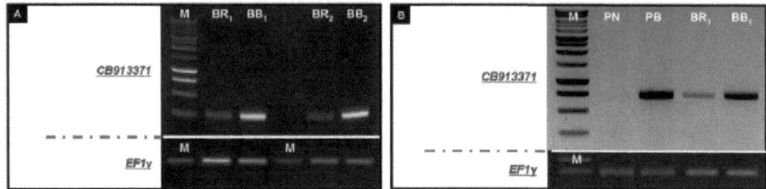

Figure 70. Validation de l'expression différentielle de *CB923371* par RT-PCR semi-quantitative dans les pellicules des baies de Pinot noir, de Pinot blanc et de Béquignol mutant.

A- *CB913371* est réprimé dans les pellicules blanches du Béquignol mutant pour les 2 années (notées 1 et 2). Les RT-PCR semi-quantitatives ont été réalisées à partir d'ARN totaux extraits des pellicules utilisées pour les analyses microarray.

B- *CB913371* est également réprimé dans les pellicules du Pinot noir (PN) et blanc (PB). Les RT-PCR semi-quantitatives ont été réalisées à partir d'ARN totaux extraits des pellicules de baies prélevées au stade mature.

Les ADNc correspondant aux ARNm codant le facteur d'élongation EF1γ, ont été utilisés comme standard interne et ont permis de vérifier que des quantités équivalentes d'ARN totaux avaient bien été utilisées pour chaque réaction de RT-PCR. Sept µl de la réaction PCR ont été déposés par piste. M: marqueur de taille (1 Kb ladder, Promega), BR (péllicule rouge du Béquignol mutant) et BB (pellicule blanche du Béquignol mutant).

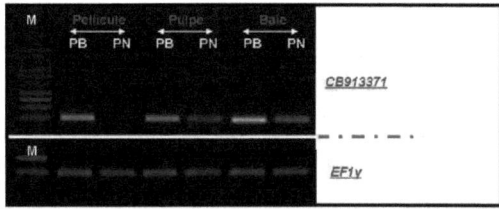

Figure 71. Profil d'expression par RT-PCR semi-quantitative de *CB913371* dans les pellicules, les pulpes et les baies épépinées des cépages Pinot noir et blanc.

Les RT-PCR semi-quantitative ont été réalisées à partir d'ARN totaux extraits de pellicules, de pulpes et de baies récoltées au stade mature et épépinées de Pinot noir (PN) et blanc (PB). Les ADNc correspondant aux ARNm codant le facteur d'élongation EF1γ, ont été utilisés comme standard interne et ont permis de vérifier que des quantités équivalentes d'ARN totaux avaient bien été utilisées pour chaque réaction de RT-PCR. Sept µl de la réaction PCR ont été déposés par piste. M: marqueur de taille (1 Kb ladder, Promega).

En parallèle, l'expression de *CB913371* a également été analysée par RT-PCR semi-quantitative dans la pellicule de baies des cépages Pinot noir et blanc (figure 70B). Les amplifications ont été réalisés avec le couple d'amorces CB913371scDNA and CB913371AScDNA (annexe 2). Pour pouvoir comparer l'accumulation des transcrits *CB913371* dans les quatre type de pellicule, la réaction de PCR a été réalisé simultanément pour les quatre lots d'ADNc: BR, BB, PN (Pinot noir) et PB (Pinot blanc). Le profil d'expression du gène *CB913371* dans les pellicules de Pinot est identique à celui observé dans celles du Béquignol mutant: *CB913371* est plus exprimé dans la pellicule des baies de Pinot blanc. Toutefois, d'une manière générale, il semble que le niveau d'expression de *CB913371* observé dans les pellicules du Pinot noir soit significativement inférieur à celui mis en évidence dans les pellicules rouges du Béquignol mutant. Enfin, l'expression du gène *CB913371* a également été étudiée dans la pulpe des baies de Pinot noir et blanc (figure 71). Les amorces pRTCB913371sens et pRTCB913371AS ainsi que celles d'*EF1γ* ont été utilisés pour ces amplifications (annexe 2). Cette analyse a montré que les transcrits *CB913371* étaient également présents dans la pulpe des baies des deux cépages, avec un niveau d'expression plus important dans les baies de Pinot blanc. Cependant, la différence d'expression observée n'apparaît pas aussi importante que celle mise en évidence dans les pellicules.

En conclusion, ces analyses par RT-PCR semi-quantitative nous ont permis de valider les expressions différentielles du gène *CB913371* observées en utilisant les puces à ADN. Le clonage de l'ADNc correspondant à ce gène a donc été entrepris.

2.4 Identification et caractérisation fonctionnelle de CB913371

Les recherches entreprises dans les différentes bases de données ont indiqué que la séquence complète de l'ADNc correspondant au gène *CB913371* avait été soumise dans Genbank sous le numéro d'accession EU181426 et nommés *VvMyb24* par une équipe chilienne. Les contacts pris avec cette équipe ont rapidement permis de mettre en place une collaboration dont l'objectif principal est la caractérisation fonctionnelle du gène *CB913371*.

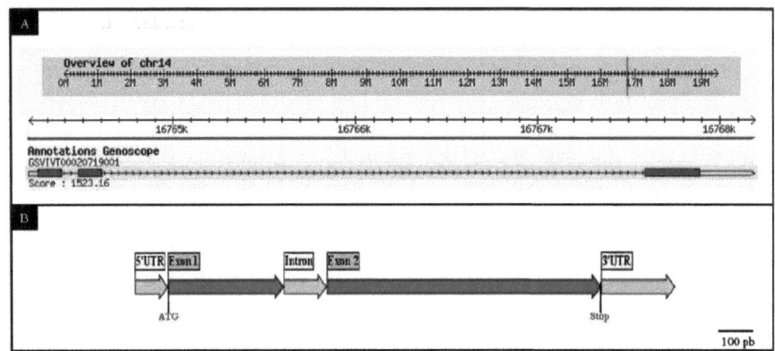

Figure 72. Analyse de la séquence génomique de *VvMyb24*.

A- Localisation et annotations du transcrit *VvMyb24*. Le gène *VvMyb24* a été localisé sur le chromosome 14. La séquence nucléotidique de *VvMybPA1* s'aligne avec la séquence *GSVIVT00020719001* identifiée par le Génoscope. Cette représentation schématique a été réalisée à partir de la base de données du Génoscope.

B- Représentation schématique de la structure intron/exon du gène *VvMyb24*. Le gène codant *VvMyb24* est constitué de deux exons (rouge) et un intron (gris). Les régions non-codantes en 3' et 5' sont également indiquées en gris. Les codons d'initiation (ATG) et de terminaison (Stop) de la traduction sont représentés par des traits noirs. Cette représentation schématique a été réalisée à partir du logiciel CLC Main Workbench 4 .Echelle, 100 paires de bases (pb).

2.4.1 Clonage de la séquence d'ADNc du gène *CB913371*

Disposant de la séquence codante dans Genbank, l'ADNc pleine longueur de *CB913371* a été amplifié par une réaction PCR en utilisant comme matrice des ADNc BB et le couple d'amorce CB913371scDNA et CB913371AScDNA. Le fragment obtenu a été cloné dans le vecteur pGEMT®-easy, amplifié dans les bactéries *E. coli* DH5α puis envoyé à séquencer. La séquence du fragment amplifié s'est révélée identique à celle soumise à Genbank. L'alignement de la séquence *CB913371* sur l'ensemble des séquences génomiques de vigne indique que ce gène est porté par le chromosome 14 entre les positions 16764247 et 16767585 (figure 72A). La séquence de *CB913371* est répertoriée sous la référence *GSVIVT00020719001* dans la base de données du Génoscope. L'analyse de la séquence nucléique a montré que *CB913371* est composé de trois exons (136 pb, 130 pb et 304 pb) et de deux introns (93 pb et 2980 pb) (figure 72 B). La partie codante révèle un cadre de lecture ouvert de 570 pb qui coderait pour une protéine de 189 aa. Le logiciel ProtParam prédit une masse moléculaire de 21,5 kDa et un point isoélectrique de 7,02.

2.4.2 Analyses in silico de la séquence codante de CB913371 et recherche de séquences protéiques homologues

La recherche de motifs et de domaines signatures dans CB913371 a été effectuée grâce aux logiciels InterProscan et ScanProsite. Au niveau de l'extrémité N-terminale, CB913371 contient deux motifs hélice-tour-hélice qui définissent les deux répétitions imparfaites R_2R_3 du domaine MYB (InterProScan001005, PF00249). Par contre, aucun motif de type [D/E]Lx2[R/K]x3Lx6Lx3R, permettant l'interaction avec les protéines bHLH, n'a été clairement identifié [195, 270]. Le logiciel ScanProsite a également prédit un domaine de liaison à l'ATP et au GTP (Prosite00017). Cette analyse a révélé différents sites potentiels de modifications post-traductionnelles qui sont les suivants: trois signatures de myristoylation (débutant aux aa 36, 46, 87), un site de N-glycosylation (débutant à l'aa 70), deux sites de phosphorylation par la protéine kinase C (débutant aux aa 50, 53) et cinq sites de phosphorylation par la caséine kinase II (débutant aux aa 19, 72, 101, 166, 176).

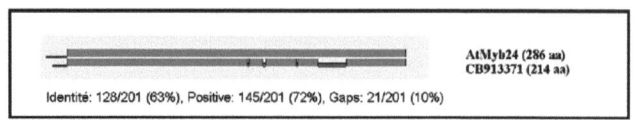

Figure 73. Comparaison des séquences protéiques de CB913371 avec AtMyb24.

Cette figure a été obtenue avec le programme BLAST 2 SEQUENCES qui permet un alignement des séquences protéiques deux à deux. Le nombre d'acides aminés est indiqué entre parenthèse. Les cadres bleus représentent les zones homologues. Les décalages sont représentés en rouge. L'identité représente le nombre d'acides aminés en commun entre les deux séquences sur le nombre total d'acides aminés de la zone en question. " Positives " représente le nombre d'acides aminés du même groupe. "Gaps" représente le nombre de décalage d'acides aminés dans la séquence pour un meilleur alignement. Ces différentes valeurs sont aussi exprimées en pourcentage. La double lettre préfixe indique l'origine de la protéine Vv pour *Vitis vinifera* et At pour *Arabidopsis thaliana*. Les numéros d'accession sont EU181426 pour VvMyb24 et AF175987 pour AtMyb24.

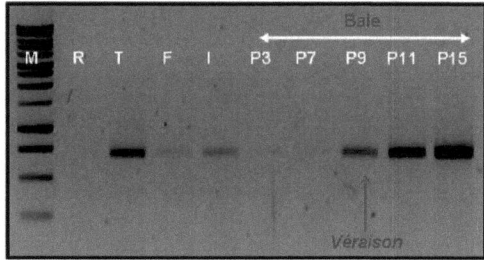

Figure 74 : Profil d'expression de *VvMyb24* dans des organes de vigne et dans des baies de raisin à différents stades de développement par RT-PCR semi-quantitative.

Les RT-PCR semi-quantitative ont été réalisées à partir d'ARN totaux extraits de racines (R), tiges (T), feuilles (F), inflorescences (I) et des baies épépinées à différents stades de développement (vert [B_3], mi-vert [B_5], véraison [B_9], après véraison [B_{11}] et maturation [B_{15}]) du Cépage Cabernet sauvignon. Les ADNc correspondant aux ARNm codant le facteur d'élongation EF1γ, ont été utilisés comme standard interne et ont permis de vérifier que des quantités équivalentes d'ARN totaux avaient bien été utilisées pour chaque réaction de RT-PCR (résultats non montrés).

L'alignement de la séquence protéique de VvMyb5a de CB913371 dans les banques de sonnées du TAIR et du NCBI a confirmé que la protéine AtMyb25 (At5g40350) était la plus proche homologue avec 65% d'identité et 72% de similarités (figure 73).

2.4.3 Profil d'expression de *VvMyb24* dans les différents organes de la vigne et au cours du développement de la baie de raisin

Le profil d'expression de *VvMyb24* a été analysé par RT-PCR semi-quantitative au cours du développement de la baie (cépage Cabernet sauvignon) ainsi que dans les racines, les tiges, les feuilles et les inflorescences. La séquence ADNc de *VvMyb24* a été amplifiée ave le couple d'amorces CB913371scDNA/CB913371AScDNA et le gène *EF1γ* utilisé comme référence (donnée non montré). L'analyse par RT-PCR semi-quantitative a montré que *VvMyb24* s'exprimait dans la tige, les feuilles, les inflorescences et la baie (figure 74). Toutefois, le niveau d'expression dans les feuilles et les inflorescences est inférieur à celui observé dans les tiges. Dans la baie, l'accumulation des transcrits est faible jusqu'à la véraison puis elle augmente progressivement jusqu'à maturité. Ce profil d'expression au cours du développement de la baie (cépage Cabernet sauvignon) a été confirmé par une analyse de RT-PCR en temps réel, réalisé par J. Tomas (Facultad de Agronomía e Ingeniería Forestal, chili).

3 Discussion et Perspectives

3.1 Du séquençage de la vigne à la génomique fonctionnelle...

Depuis quelques années, plusieurs projets de séquençage systématique d'EST et de génomique à haut débit ont été mis en place dans différents pays comme les Etats-Unis, l'Australie et la France. Grâce à ces projets, les données relatives au transcriptome de la vigne ont littéralement explosé (300 séquences de gènes disponibles en 1999 contre 14000 en février 2004). En 2005, un projet de caractérisation du génome de la vigne a été engagé grâce à un accord de coopération scientifique entre les ministères de l'Agriculture français et italien. Ce projet a été coordonné par l'INRA en lien avec le Génoscope et le CRA (Conseil pour la Recherche et l'expérimentation en Agriculture) italien. Le séquençage a porté sur une lignée fortement homozygote (97 %) obtenue à l'INRA de Colmar par plusieurs autofécondations successives d'un croisement issu du Pinot noir. En août 2007, la vigne fût la quatrième plante au génome séquencé, rejoignant ainsi l'arabette des dames, le riz et le peuplier [12]. La publication du génome de la vigne constitue une étape importante qui permet maintenant la mise en place d'approches de génomique fonctionnelle à haut débit. L'analyse fonctionnelle des gènes n'est pas nouvelle, mais le décryptage du génome a permis d'apporter un caractère global à cette démarche. En effet, alors que la génétique classique (utilisant entre autre la RT-PCR) permet de s'intéresser tout ou plus à quelques séquences à la fois, la génomique fonctionnelle permet d'étudier simultanément plusieurs centaines ou milliers de séquences d'ADN et de protéines. En effet, les approches à haut débit, comme les puces à ADN par exemple, permettent une meilleure compréhension de la variabilité génétique naturelle et de ses liens avec la variation des phénotypes.

Au cours de mon travail de thèse, des approches de type gène candidat ont été couplées avec des analyses à haut débit afin d'identifier et de caractériser des gènes régulateurs impliqués dans les mécanismes de régulation de la voie de biosynthèse des flavonoïdes dans les baies de raisin.

3.2 Les mutants de couleurs, une ressource génétique utile pour identifier les régulateurs clés du métabolisme des anthocyanes.

La comparaison du niveau d'expression des enzymes de la voie de biosynthèse des anthocyanes dans des cépages blancs et colorés a révélé que l'isoforme 1 de l'*UFGT* n'était pas exprimé dans les baies des cépages blancs [117, 122, 133]. De nombreuses études ont été menées pour identifier un ou plusieurs régulateurs spécifiques de l'UFGT. En 2004, l'équipe de Kobayashi a montré que l'insertion d'un transposon *Gret1* (Grape retrotransposon 1) dans la région promotrice du gène *VvMybA1* était à l'origine de l'apparition de tous les cépages blancs [247]. Depuis, Walker et *al.* ont apporté de nouvelles précisions: le locus MybA, et plus précisément les gènes *VvMybA1* et *VvMybA2*, semblent être des éléments clés dans le contrôle de l'expression du gène codant l'UFGT et, *in fine*, de la biosynthèse des anthocyanes chez la vigne [248]. Toutefois, des travaux récents suggèrent que *l'UFGT* ne serait pas, d'une part, le seul gène de la voie de biosynthèse des anthocyanes dont l'expression est associée à la détermination de la couleur et, d'autre part, l'unique cible moléculaire des facteurs de transcription VvMybA1 et VvMYBA2. Ainsi, chez la tomate, la surexpression d'*ANT1* (protéine MYB similaire à VvMybA1) induit l'expression d'un ensemble de gènes impliqués dans la biosynthèse des anthocyanes et se traduit par une pigmentation de la plante entière [114]. Parmi les transcrits induits dans les plants de tomates transgéniques 35S::*ANT1*, des gènes codant des glucosyltransférases (incluant l'UFGT), une CHS, une GST de type I, et une " flavonoid binding protein " nécessaire au transport vacuolaire (orthologue de *BZ2* du maïs et *AN9* du pétunia) ont été identifiés. Chez la pomme, cinq gènes (*CHS*, *F3H*, *DFR*, *ANS* et *UFGT*) impliqués dans la biosynthèse des anthocyanes sont co-exprimés et leurs niveaux d'expression est corrélé avec la concentration en anthocyanes [350, 351]. Des résultats similaires ont été obtenus chez *Perilla frutescens* [352, 353]. Chez la vigne, les gènes les plus transcrits durant la phase de coloration dans les pellicules sont les gènes *CHS2*, *CHS3*, *CHI1* et *F3H2*, et l'hypothèse d'une régulation commune avec l'*UFGT* a été émise [60]. Enfin, en 2005, Ageorges *et al.* ont montré que l'expression des gènes *CHS3,* GST, *CaOMT* et *UFGT* était déterminante pour la coloration de la baie [138].

Ainsi, les données obtenues durant ces dernières années suggèrent que la biosynthèse d'anthocyanes ne serait peut-être pas uniquement liée à la présence et à l'activité de l'UFGT, et impliquerait d'autres gènes régulateurs que ceux présents au locus MybA. La deuxième partie de mon travail de thèse a donc été consacrée à la recherche et à l'identification de nouveaux FT impliqués dans le déterminisme de la couleur de la baie de raisin. Ne disposant pas pour la vigne de collections de mutants d'insertions comme chez *Arabidopsis*, les mutants naturels de couleur nous sont apparus comme un matériel d'étude particulièrement intéressant. Notre choix s'est porté sur les mutants de couleur du groupe variétal Pinot (Pinot gris et blanc) et sur le Béquignol mutant. Deux approches distinctes ont été mises en place:

- Une approche gène candidat en utilisant la technique de la RT-PCR semi-quantitative chez le Pinot noir et deux de ses mutants : le Pinot gris et le Pinot blanc,

- Une approche d'analyse globale du transcriptome des pellicules blanches et rouges présentes sur les baies mixtes du Béquignol mutant, en utilisant des puces à ADN de 2ème génération (14K). Le choix d'utiliser le Béquignol mutant pour cette analyse transcriptomique a été lié au fait que les deux types pellicules, colorées et blanches, étaient retrouvées sur une même baie, ce qui permettait de comparer à un stade de développement donné des pellicules soumises à des conditions environnementales identiques (figure 64 D et E).

Ces deux approches ont permis l'identification de deux facteurs de transcription de la famille MYB, nommés respectivement *VvMybPA1* et *VvMyb24*.

3.3 *VvMybPA1*, gène MYB impliqué dans la synthèse des anthocyanes ou des tannins ?

Le groupe variétal Pinot est une parfaite illustration de la variabilité naturelle qui s'opère au sein de la vigne. Les Pinot noir, gris et blanc se distinguent par la couleur de la pellicule de leurs baies. Le Pinot noir est un cépage rouge très ancien d'origine bourguignonne fréquemment sujet à des mutations génétiques spontanées. Ces mutations sont à l'origine entre autre de deux mutants de couleurs, les cépages Pinot gris et blanc. Le Pinot gris est caractérisé par une pellicule de couleur grise du fait de sa nature chimérique. Des analyses moléculaires ont révélé que le Pinot gris possédait deux génotypes distincts: le génotype noir de la couche cellulaire L1 du Pinot noir et le génotype blanc de la couche cellulaire L2 du Pinot blanc [13]. La structure génomique d'un clone de Pinot noir au locus MybA montre qu'il est hétérozygote et possède les allèles rouge et blanc des gènes *VvMybA1* et *VvMybA2* [248, 344]. À l'inverse, le Pinot blanc, qui dérive du Pinot noir et non pas du Pinot gris, possède seulement les allèles blancs des gènes *VvMybA1* et *VvMybA2* [344, 354]. L'allèle blanc du gène *VvMybA1* est caractérisé par la présence du rétrotransposon *Gret1* en amont de la séquence codante, empêchant son expression et par conséquent l'accumulation des anthocyanes. L'allèle blanc de *VvMybA2* présente deux mutations responsables de la synthèse d'une protéine tronquée. Quant aux allèles rouges, ils seraient absents par suite d'une délétion dans la région du locus MybA [344].

L'approche gène candidat que nous avons menée, a permis d'identifier un gène *MYB* présentant un profil d'expression particulièrement intéressant et unique au cours du développement des baies de Pinot noir, gris et blanc (figure 49). Dans les trois cépages, ce gène était fortement exprimé au stade vert, puis son expression diminuait au stade véraison. Ce niveau d'expression faible était maintenu dans les baies matures des cépages Pinot noir et gris. Cependant, les baies de Pinot blanc présentaient une nouvelle accumulation des transcrits *VvMybPA1* après véraison (figure 49). Ainsi, compte tenu de l'accumulation différentielle des transcrits *VvMybPA1* dans les baies des cépages Pinot noir, gris et blanc, et en liaison avec le métabolisme polyphénolique, deux hypothèses pouvaient être émises:

1- Sa forte expression au début du développement des baies des trois cépages pouvait suggérer un rôle important dans le contrôle des étapes les plus précoces de ce métabolisme, et plus particulièrement au niveau de la biosynthèse des tannins

2- Sa forte expression après véraison dans les baies de Pinot blanc suggérait que le gène *VvMybPA1* pouvait également être impliqué dans le contrôle de la voie de biosynthèse des anthocyanes en réprimant cette dernière.

Afin d'entreprendre la caractérisation fonctionnelle du gène *VvMybPA1*, la séquence codante a été clonée et la séquence protéique déduite a montré des homologies avec le domaine R_2R_3 de divers facteurs de transcription MYB. Cependant, l'analyse de cette séquence protéique n'a pas permis d'identifier, en dehors du domaine MYB, des motifs conservés décrits dans les classifications disponibles à ce jour [195, 271]. Cette absence de motifs conservés ne nous a donc pas permis de nous orienter vers l'une ou l'autre des hypothèses évoquées ci-dessus. Ainsi, une approche de génétique inverse chez *Arabidopsis* fondée sur l'utilisation de mutants d'insertion associée à la surexpression de *VvMybPA1* a été mise en œuvre afin d'étudier directement la fonction de ce gène *in planta*. Une analyse phylogénétique a été réalisée afin d'identifier l'homologue présumé de VvMybPA1 chez *Arabidopsis thaliana*, nommé AtMyb82 (figure 54). VvMybPA1 et AtMyb82 appartiennent tous deux à un sous-groupe proche des groupes de protéines impliquées dans la régulation du métabolisme des flavonoïdes. Des mutants d'insertion ADN-T dans le gène *AtMyb82* ont été recherchés et une lignée homozygote pour l'insertion de l'ADN-T a pu être isolée. Cependant, aucune altération phénotypique n'a pu être observée.

Les plantes qui n'expriment plus le gène *AtMyb82* se développent normalement, sont fertiles et les graines sont pigmentées (figure 60). Toutefois, une étude plus approfondie, à la fois aux niveaux transcriptomique et métabolomique, s'avère maintenant nécessaire pour évaluer plus finement l'impact de la perte de fonction d'*AtMyb82*. De plus, la famille des MYB chez *Arabidopsis* comptant 131 protéines dans son génome, une redondance fonctionnelle avec d'autres MYB peut être envisagée. L'absence d'expression du gène *AtMyb82* pourrait être compensée ou limitée par l'expression accrue d'un autre gène de la famille MYB présentant une redondance fonctionnelle avec AtMyb82.

Parallèlement, des transformants stables surexprimant le gène *VvMybPA1* ont été obtenus. Le phénotype de deux lignées, A311-1 et A422-2, caractérisées par une forte expression de *VvMybPA1*, a été analysé et aucun changement phénotypique par rapport aux plantes témoins n'a pu être observé pour les lignées T3. Il s'avère donc difficile, à l'heure actuelle, de proposer une fonction biologique précise pour le gène *VvMybPA1*. Une analyse plus approfondie, ciblée notamment sur l'expression des gènes de la voie de biosynthèse des flavonoïdes, s'avère maintenant nécessaire. En effet, il est vrai que si *VvMybPA1* est un régulateur négatif de l'*UFGT*, aucun phénotype visible ne pouvait être observé chez *Arabidopsis*. A l'inverse, si *AtMyb82* est bien l'homologue de *VvMybPA1*, une levée de l'inhibition de l'*UFGT* aurait pu être observée dans les mutants KO62B et accompagnée par une accumulation ectopique d'anthocyanes. De la même façon, si *AtMyb82* est impliqué dans la régulation de la biosynthèse des tannins, un phénotype "graines décolorées" aurait dû être observé dans le mutant "perte de fonction" [263].

Durant mon travail de thèse, une équipe australienne a réalisé en parallèle la caractérisation fonctionnelle de *VvMybPA1* [262]. *VvMybPA1* serait un régulateur positif de la synthèse des tannins dans la baie de raisin. Leurs arguments sont les suivants:

- le profil d'expression de *VvMybPA1* est corrélé avec la synthèse des tannins durant les phases précoces du développement des baies du cépage Shiraz.
- des expériences d'expression transitoire ont montré que *VvMybPA1* avait la capacité d'activer les promoteurs des gènes de vigne *VvANR*, *VvLAR*, *VvCHI*, *VvF3'5'H* et *VvLDOX*.

- enfin, la complémentation d'un mutant "perte de fonction" *tt2* par le gène *VvMybPA1* a été réalisée. La couleur des graines complémentées est restaurée, mais les plantules ne peuvent se développer et meurent. Des tests de coloration au DMACA ont montré que les plantules complémentées accumulaient de manière ectopique des tannins alors que les mutants *tt2* ne le font pas. Toutefois, aucune analyse moléculaire de ces plantes complémentées n'a été menée. Il aurait été intéressant d'analyser l'expression du gène *BANYULS*, seul gène permettant la synthèse des tannins chez *Arabidopsis* et dont l'expression est restreinte à la graine, dans les plantules complémentées.

Les travaux menés par Bogs et *al.* ne sont toutefois pas contradictoires avec une implication de *VvMybPA1* dans le contrôle de la synthèse des anthocyanes. En effet, comme *PAP1* chez *Arabidopsis* ou *VvMyb5b* chez la vigne, *VvMybPA1* pourrait intervenir dans la régulation de la biosynthèse des tannins et des anthocyanes [250, 258, 355]. Pour essayer de répondre à cette question, dans le cadre d'un projet CATMA avec J.P Renou (URGV, Evry), une analyse transcriptomique a été entreprise. Des lots d'ARN de fleurs du mutant KO62B et de la lignée A311 vont être comparés aux ARN de fleurs sauvages. Ainsi, cette analyse globale du transcriptome des plantes obtenues durant mon travail de thèse pourra nous permettre d'évaluer plus finement non seulement l'impact de la perte d'expression d'*AtMyb82* mais également l'expression ectopique de *VvMybPA1* chez *Arabidopsis*. Cette analyse est actuellement en cours.

3.4 *VvMyb24*, nouveau régulateur MYB de la voie des anthocyanes ?

En 2006, Walker et *al.* ont étudié un mutant de couleur du Cabernet sauvignon, le cépage gris Malian, qui peut avec une faible fréquence présenter des baies sectorisées [344]. Le phénotype de ces baies est similaire à celui du Béquignol mutant à savoir que sur des baies rouges apparaissent des secteurs blancs qui n'accumulent pas d'anthocyanes (figure 64). Cependant, les analyses microscopiques que nous avons réalisées diffèrent des observations faites chez Malian. En effet, dans la pellicule des baies du Malian, les cellules sous-épidermiques n'accumulent pas d'anthocyanes, et seul l'épiderme est coloré. Or, nos observations microscopiques montrent clairement que dans les pellicules des secteurs rouges des baies de Béquignol mutant, les cellules épidermiques et sous-épidermiques contiennent des anthocyanes (figure 65). A l'inverse, les cellules des pellicules des secteurs blancs ne sont pas colorées. Cette analyse microscopique est identique aux observations réalisées sur des baies du cépage Cabernet sauvignon, Pinot noir et Pinot blanc [344]. Une analyse des profils d'expression des gènes *VvMybA1* et *VvMybA2* a été réalisé par RT-PCR semi-quantitative (figure XX). Le profil d'expression confirme les données disponibles dans la littérature. Dans les secteurs rouges, les allèles rouge et blanc des gènes *VvMybA1* et *VvMybA2* sont présents. A l'inverse, seul les allèles blancs ont été identifiés dans les secteurs blancs. Les secteurs rouges et blancs des baies du Béquignol mutant semblent donc présenter les mêmes caractéristiques génotypiques que la pellicule des baies de Pinot noir et blanc, respectivement. Afin de poursuivre la caractérisation de ce mutant, des analyses biochimiques ont également été réalisées. Les extraits de pellicule des secteurs rouges et blancs ont été comparés à des extraits de pellicule de baie de Béquignol (cépage rouge) et de Béquignol blanc. Aucune différence significative n'a été observée pour les teneurs en anthocyanes et en sucres (figure 66 et 68). L'analyse de la composition en tannins dans les 4 extraits de pellicule montre que les mêmes composés sont synthétisés. Cependant, alors qu'aucune différence significative n'a été observée entre les extraits de pellicule de Béquignol et Béquignol blanc, les secteurs rouges des baies de Béquignol mutant présente des teneurs en quercétine (quercétine-3-gal, quercétine-3-glc et quercétine-3-glc-6-ac) et en kaempférol-3-glc entre 4 et 8 fois supérieure à celles détectées dans les secteurs blancs. Ces premiers résultats pourraient indiquer l'existence de mécanismes régulateurs du métabolisme des flavonoïdes particuliers au Béquignol mutant. Il conviendra toutefois de répéter les analyses HPLC pour confirmer et affiner ces données.

L'approche globale de l'analyse du transcriptome des secteurs rouges et blancs de la pellicule des baies de Béquignol mutant a été entreprise sur des baies prélevées en 2006 et 2007 à deux et quatre semaines après véraison, respectivement. Les résultats obtenus ont montré dans un premier temps une reproductibilité limitée entre les deux répétitions avec un nombre assez restreint de gènes différentiellement exprimés entre les deux secteurs. Les divergences entre les deux séries d'expérimentation peuvent être attribuées au fait que les deux lots d'ARN ont été obtenus par deux techniques différentes d'extraction et qu'ils sont issus de baies prélevées à des stades de développement différents. De plus, les lames dont nous disposions avaient des dépôts d'oligonucléotides de forme irrégulière, ce qui a rendu la quantification de certains signaux assez difficile. A l'issu de nos analyses, 96 gènes sont apparus différentiellement exprimés entre les secteurs rouges et blancs: 17 étaient réprimés et 89 induits dans les secteurs rouges par rapport aux secteurs blancs. Parmi les gènes surexprimés dans la pellicule rouge, ceux codant pour la *PAL*, la *CHS*, la *CHI*, la *F3H*, la *F3'5'H*, la *DFR* et l'*UFGT* ont été identifiés. Ces résultats confirment les données de la littérature qui indiquent que l'expression de l'ensemble des gènes de la voie de biosynthèse des anthocyanes est augmentée dans les pellicules des cépages rouges par comparaison à leur niveau d'expression dans les pellicules des cépages blancs [138].

Les analyses transcriptomiques réalisées à partir de la pellicule de Béquignol mutant ont également permis d'identifier un gène *MYB* réprimé dans les secteurs rouges de la pellicule. Après validation des résultats obtenus en microarray par RT-PCR semi-quantitative, nous avons cloné la séquence ADNc correspondante (figure 68). L'analyse *in silico* de la séquence de 570 pb a montré qu'elle codait pour une protéine de type MYB R_2R_3 présentant une homologie avec AtMyb24 d'*Arabidopsis thaliana* (figure 71). De ce fait, *CB913371* a été rebaptisé *VvMyb24*. Chez *Arabidopsis*, *AtMyb24* joue un rôle dans le développement des anthères et il est exprimé exclusivement dans les organes floraux au cours des derniers stades de développement de la fleur [356]. De la même façon, les travaux réalisés par J. Matus indiquent que *VvMyb24* est exprimé préférentiellement dans les stades tardifs du développement de la fleur et également dans les baies après véraison (communication personnelle). Son expression, très faible au stade vert puis en augmentation croissante après véraison, suggère que *VvMyb24* pourrait être impliqué dans la régulation de la voie de synthèse des anthocyanes. De même, les transcrits sont différentiellement accumulés dans les pellicules rouges et blanches chez le Béquignol mutant et chez les Pinot (Figure 68 et 69). Cette hypothèse est d'autant plus renforcée que des plantes d'*Arabidopsis* surexprimant *AtMyb24* présentent des modifications de l'expression des gènes codant la *PAL*, la *C4H*, la *CHS*, la *DFR* et l'*ANS* [357]. Les gènes *PAL*, *ANS* et *C4H* sont surexprimés dans les plantes *35S::AtMyb24* et, à l'inverse, les gènes codant la CHS et la DFR sont réprimés. Associées à nos résultats, ces données indiquent que, dans les baies de raisin, *AtMyb24* pourrait être impliqué dans les mécanismes régulateurs de la voie de biosynthèse des flavonoïdes, et notamment dans la synthèse des anthocyanes. La caractérisation fonctionnelle de *VvMyb24* est actuellement réalisée en collaboration avec J. Tomas. Des plantes d'*Arabidopsis* ont été transformées avec une souche d'*Agrobacterium* contenant une construction *35S::VvMyb24* et les graines T1 obtenues ont été semées. Au stade plantule, aucun phénotype particulier n'a été observé et une analyse phénotypique et moléculaire plus approfondie sera entreprise sur les plantes de génération T2. Parallèlement, des expériences d'expression transitoire dans des cellules de vigne en culture visant à analyser la capacité de *VvMyb24* à activer ou réprimer les gènes de la voie de biosynthèse des flavonoïdes chez la vigne sont actuellement en cours de réalisation par l'équipe d'A. Walker (CSIRO Adélaïde, Australie). Dans un avenir proche, et associées aux études d'expression réalisées dans le cadre de ce travail, ces différentes approches devraient permettre d'identifier la fonction biologique précise du facteur MYB codé par le gène *VvMyb24*.

CONCLUSIONS GENERALES ET PERSPECTIVES

L'objectif principal de ce travail de thèse était d'apporter de nouveaux éléments de réponse relatifs aux mécanismes moléculaires de contrôle de la voie de biosynthèse des flavonoïdes dans les baies de raisin. Pour atteindre cet objectif, deux approches ont été menées. Dans un premier temps, nous nous sommes intéressés à l'identification de protéines régulatrices de l'activité du gène *VvMyb5a* et de la protéine codée par ce gène. Cette approche a nécessité la mise en place et le développement des techniques de simple et double hybride au laboratoire. Au-delà des difficultés techniques rencontrées, le principal obstacle à ces travaux s'est avéré être le nombre important de clones identifiés par ces techniques, et ce en dépit des cribles successifs. Faute de temps, l'analyse complète de ces clones n'a pu être réalisée dans le cadre de cette thèse mais elle sera poursuivie au laboratoire. Une attention particulière sera apportée à un clone identifié par l'approche double hybride et codant une protéine de type WD40. De nombreuses études menées chez des espèces modèles ont souligné le rôle important des protéines WD40 dans les complexes protéiques régulant l'activité des gènes de la voie de biosynthèse des flavonoïdes. Cependant, à l'heure actuelle, aucune protéine WD40 n'a encore été étudiée chez la vigne et il paraît donc très intéressant de poursuivre les travaux de caractérisation de cette protéine. En ce qui concerne l'approche simple hybride, seule une trentaine de clones positifs ont pu êtres séquencés et il paraît prématuré de tirer des conclusions. Toutes les constructions nécessaires à une étude complète du promoteur *VvMyb5a* sont maintenant disponibles au laboratoire et pourront être utilisées pour la recherche globale ou ciblée d'éléments régulateurs de l'expression du gène *VvMyb5a*.

Dans un deuxième temps, nous avons initié la recherche de nouveaux régulateurs du métabolisme polyphénolique des baies en utilisant plusieurs mutants naturels de vigne affectés dans la biosynthèse des anthocyanes. Ces travaux, basés sur des techniques d'analyse globale du transcriptome, ont abouti à l'identification des deux gènes codant des protéines de la famille MYB et nommés *VvMybPA1* et *VvMyb24*. La caractérisation fonctionnelle de *VvMybPA1* a été publiée en mars 2007 par une équipe australienne et indique que ce facteur de transcription serait particulièrement impliqué dans le contrôle de la voie de biosynthèse des tannins. Toutefois, et en raison de son expression différentielle dans les cépages blancs et rouges et de sa forte expression après véraison, nous avons poursuivi les travaux entrepris sur *VvMybPA1* chez *Arabidopsis thaliana*. Les analyses phénotypiques d'un mutant " perte de fonction " pour le gène *AtMyb82* (homologue présumé de *VvMybPA1* chez *Arabidopsis* selon nos analyses phylogénétiques) et de plantes surexprimant *VvMybPA1* ont été effectuées. Cependant, aucun changement phénotypique significatif n'a pu être détecté par rapport aux plantes de type sauvage. Des analyses globales du transcriptome de ces différentes plantes transgéniques sont en cours (collaboration avec le consortium CATMA) et devraient permettre d'identifier les cibles moléculaires de ces facteurs de transcription. Parallèlement, la caractérisation fonctionnelle du gène *VvMyb24* a également débuté en collaboration avec une équipe chilienne et une équipe australienne. Les primo-transformants d'*Arabidopsis* surexprimant VvMyb24 ont d'ores et déjà été obtenus et les analyses phénotypique et moléculaires seront réalisées sur la génération T2. La capacité de la protéine VvMyb24 à activer les promoteurs des gènes de la voie de biosynthèse des flavonoïdes sera également analysée dans des cellules de vigne. Associées aux études d'expression présentées dans ce mémoire, ces approches devraient permettre de déterminer la fonction biologique de *VvMyb24* et de préciser son éventuelle implication dans le contrôle du métabolisme des flavonoïdes. De plus, des travaux récents indiquent que la surexpression du gène *AtMyb24*, homologue de *VvMyb24* chez *Arabidopsis*, modifie l'expression de plusieurs gènes de la voie de biosynthèse des composés phénoliques dans des plants d'*Arabidopsis* [357]. Ces résultats sont en accord avec l'hypothèse d'une implication de *VvMyb24* dans les mécanismes régulateurs de la biosynthèse des flavonoïdes chez la vigne.

Durant ce travail de thèse, la première publication du génome de la Vigne, en juillet 2007, a représenté une avancée majeure pour l'ensemble de la communauté scientifique travaillant sur cette espèce. L'accès à ces données a ouvert de nouvelles perspectives et également modifié l'organisation des projets de recherches en proposant une vision plus globale d'une famille de gènes donnée. Ainsi, dans le cas des facteurs de transcription MYB, l'analyse des séquences génomiques a permis l'identification de 108 gènes codant potentiellement pour des protéines de la famille MYB R_2R_3 [358]. L'identification de ces gènes et leur analyse comparative avec les gènes *MYB* d'*Arabidopsis* indique une forte conservation de la structure de ces gènes entre ces deux espèces. Toutefois, il semble également que certains clades fonctionnels ont subi une expansion remarquable dans le génome de la vigne [358]. Par exemple, alors que seul le gène *TT2* d'*Arabidopsis* semble être impliqué spécifiquement dans la régulation de la biosynthèse des tannins, 8 gènes de vigne présentent de fortes similarités avec *TT2* et appartiennent à un même clade. Les mécanismes régulateurs de cette voie métabolique pourraient donc se révéler plus complexes chez la vigne que chez *Arabidopsis*. Ces résultats peuvent aussi suggérer une certaine redondance fonctionnelle pour certains gènes *MYB* de la vigne. Ce phénomène a déjà été mis en évidence chez *Arabidopsis* pour les deux gènes *MYB* paralogues *WEREWOLF* (*WER*) et *GLABROUS1* (*GL1*). Ces deux gènes sont impliqués dans des processus physiologiques différents et présentent des profils d'expression distincts. Toutefois, des expériences de complémentation de mutants ont montré que ces deux gènes avaient des fonctions équivalentes et que leurs implications dans des processus physiologiques distincts étaient entièrement liées à des différences observées au niveau de leurs séquences *cis*-régulatrices [359]. La publication du génome de la vigne ayant rendu possible l'accès à l'ensemble des promoteurs des gènes *MYB*, il serait maintenant particulièrement intéressant d'inventorier les motifs *cis*-régulateurs présents au sein d'un clade fonctionnel particulier. Les motifs communs identifiés pourraient être directement liés à la fonction des gènes, alors que les motifs plus spécifiques seraient plutôt impliqués dans la régulation spatio-temporelle de l'expression. Ce type d'approche, appliquée par exemple aux gènes du clade apparenté à *TT2*, permettrait de cibler au mieux les motifs *cis* les plus intéressants pour une approche simple hybride. Dans le cadre de ce travail, le nombre important de clones identifiés par simple hybride était, au moins en partie, lié à l'utilisation d'une séquence appât trop longue. Un criblage avec comme appât un motif *cis* identifié après analyse des promoteurs des gènes du clade apparenté à *TT2* pourrait être une alternative intéressante pour réduire le nombre de clones et identifier des éléments régulateurs de l'expression de ces gènes. Enfin, il faut remarquer que ce type d'approche plus globale peut également être appliqué au niveau protéique. L'alignement des séquences des protéines codées par les gènes du clade *TT2* devrait conduire à l'identification de motifs protéiques particuliers. L'utilisation de ces motifs dans des approches de double hybride permettrait alors de rechercher des partenaires protéiques communs à l'ensemble des membres du clade et donc vraisemblablement indispensables à l'activité régulatrice de ces facteurs MYB.

En résumé, jusqu'à ces derniers mois, les approches de biologie moléculaire développées chez la vigne ont ciblé de façon relativement réductionniste les mécanismes d'action de quelques gènes régulateurs. La mise à disposition du génome va maintenant permettre d'étudier les mécanismes régulateurs de la synthèse des composés phénoliques de manière plus globale. L'utilisation de puces " génome complet " (Système Combimatrix, 24 000 gènes) sur des mutants naturels de vignes affectés dans la biosynthèse des flavonoïdes permettra à n'en pas douter l'identification de nouveaux facteurs MYB impliqués dans la régulation de ce métabolisme. Enfin, une attention particulière devra également être apportée aux protéines capables d'interagir avec ces facteurs MYB et de moduler leurs activités de contrôle de la transcription.

MATERIELS ET METHODES

1 Analyses bioinformatiques

1.1 Recherche de séquences

Les séquences génomiques et protéiques d'*Arabidopsis thaliana* utilisées dans cette étude proviennent de la base de données du TAIR[24] (The *Arabidopsis* Information Ressource).

Les séquences génomiques et protéiques de Vigne (*Vitis vinifera*) ont été obtenues dans:
- la banque de données Genbank[25]
- la banque d'étiquettes de séquences exprimées (EST) compilées et disponibles sur le site du TIGR[26] (The Institute Genomic Research)
- la banque de gènes prédits de vigne disponibles sur le site du Génoscope[27].

1.2 Profil d'expression in silico

L'analyse *in silico* des profils d'expression des gènes d'intérêt d'*Arabidopsis* a été réalisée à partir des résultats des puces Affymetrix disponibles sur les bases de données Genevestigator[28] et sur eFP-browser[29] (electronic Fluorescent Pictograph) [360, 361].

1.3 Alignement des séquences et obtention des arbres phylogénétiques

Les résultats des réactions de séquençage ont été soumis à une analyse bioinformatique. Les comparaisons de séquences avec les banques de données ont été réalisées avec le programme BLAST (Basic Local Alignment Search Tool) sur le serveur du NCBI[30] (National Center for

---

[24] **TAIR** http://www.arabidopsis.org/
[25] **Genbank** http://www.ncbi.nlm.nih.gov/
[26] **TIGR** http://compbio.dfci.harvard.edu/tgi/
[27] **Génoscope** http://www.genoscope.cns.fr/blat-server/cgi-bin/vitis/webBlat
[28] **Genevestigator** http://genevestigator.ethz.ch/at
[29] **eFP-browser** http://www.bar.utoronto.ca/
[30] **NCBI** http://www.ncbi.nih.gov

Biotechnology Information). Les traductions des séquences nucléiques en séquences peptidiques ont été effectuées sur le serveur Infobiogen[31].

La comparaison deux à deux des séquences nucléotidiques codantes (CDS) et des séquences protéiques a été effectuée à l'aide du programme BLAST 2 SEQUENCES[32]. C'est un outil spécialisé de comparaison de séquences deux à deux basé sur l'outil d'alignement BLAST [362].

Les CDS et les séquences protéiques sont alignés avec le logiciel clustalW[33]. Ce programme d'alignement multiple de séquences utilise un algorithme progressif basé sur la similarité des paires des séquences. Les deux séquences les plus similaires servent de base pour l'élaboration d'un alignement multiple primaire [363].

Les arbres phylogénétiques ont été construits grâce au logiciel CLC Main Workbench 4[34].

1.4 Recherches bioinformatiques ciblées

1.4.1 Analyse des séquences promotrices

Les programmes PLACE[35] (Plant Cis-acting Regulatory DNA Elements) et MatInspector[36] ont permis de réaliser une analyse *in silico* des promoteurs d'intérêt et de mettre en évidence plusieurs éléments *cis*-régulateurs potentiels [287, 289].

1.4.2 Recherche de domaines protéiques

La recherche de domaines protéiques dans les protéines d'intérêt a été effectuée à l'aide des programmes InterProscan[37] et Prosite[38] [364]. Ces programmes permettent d'identifier des domaines protéiques dans une

---

[31] **Infobiogen** http://bioinfo.hku.hk/services/menuserv.html
[32] **BLAST 2 SEQUENCE** http://www.ncbi.nlm.nih.gov/blast/bl2seq/
[33] **ClustalW** http://ebi.ac.uk/clustalw/
[34] **CLC Workbench** http://www.clcbio.com/
[35] **PLACE** http://www.dna.affrc.go.jp/PLACE/signalscan.htlm
[36] **MatInspector** http://www.genomatix.de/online_help/help_matinspector/matinspector_help.html
[37] **Interproscan** http://www.ebi.ac.uk/InterProscan
[38] **Prosite** http://expasy.org/tools/prosite/

séquence en recherchant la signature spécifique d'un domaine. Le programme Prosite a également permis de prédire les sites de phosphorylation putatifs dans les séquences protéiques d'intérêt.

2 Matériels

2.1 Amorces

Les amorces utilisées pour les réactions de PCR et RT-PCR sont présentées dans les annexes 1, 2, 3 et 4. Les oligonucléotides synthétiques ont été fournis par Eurogentec et Opéron.

Le choix des amorces a été réalisé grâce au logiciel NetPrimer[39]. Chaque amorce doit inclure 18 bases complémentaires à la séquence d'intérêt, elles ne doivent pas former de structure secondaire ou d'amorçage non spécifique, ceci afin de garantir la spécificité de l'amplification. La température d'hybridation (Tm), critère important lors de la désignation des amorces, peut-être approximée en utilisant la relation suivante: Tm= [2 x (A+T) + 2 x (G+C)] où A représente le nombre d'adénines, T de thymidines, G de guanines et C de cytosines. De plus, pour augmenter la stabilité des amorces un pourcentage en bases GC supérieur à 50 est recommandé.

2.2 Plasmides

2.2.1 Vecteur de clonage

Le plasmide **pGEM-T Easy** (Promega, annexe 5) est coupé au milieu de son site multiple de clonage (MCS) au niveau du site EcoRV modifié en 3' par une thymidine protrudante qui l'empêche de se recirculariser. Ce vecteur est utilisé pour le clonage de séquences amplifiées par la technique d'amplification par PCR, au niveau du MCS situé entre les promoteurs T7 et SP6 des bactériophages correspondants. Le MCS se situe dans le fragment d'ADN codant pour le peptide α de la β-galactosidase, permettant une sélection des colonies recombinantes par le système d'α-complémentation (système blanc/bleu). Brièvement, la β-galactosidase est capable de transformer le substrat X-Gal (5-bromo-4-chloro-3-indolyl- β-

---

[39] **NetPrimer**   http://www.premierbiosoft.com/primerdesign/

D-galactosidase) en un produit coloré bleu. La présence d'un insert empêche l'association in vivo des deux fragments d'ADN de la β-galactosidase et donc la synthèse d'une enzyme active. Ainsi, les colonies bactériennes contenant l'insert ne métabolisent par l'X-Gal et apparaissent blanches (pas d'α-complémentation), alors que celles ne contenant pas d'insert apparaissent bleues (α-complémentation possible).

2.2.2 Vecteurs d'expression eucaryote

2.2.2.1 Plasmides utilisés pour la recherche d'interactions protéiques par la technique du double hybride en levure

Le système "Matchmaker™ Two-Hybrid Library Construction & Screening Kit" de Clontech permettant l'étude in vivo d'interactions protéiques par la technique de double hybride chez la levure a été utilisé au cours de ce travail. Les plasmides fournis par le système Clontech sont les suivants:

- le vecteur pGBKT7 (annexe 6) est utilisé pour surexprimer dans les levures la protéine d'intérêt (« appât ») fusionnée au domaine de fixation à l'ADN (Binding domain, BD) de la protéine GAL4 de levure (aa 1 à 147). Cette fusion peut être réalisée grâce à l'existence d'un MCS situé en aval de la séquence codant pour le domaine GAL4 BD. Ce plasmide contient un système d'expression eucaryote constitué du promoteur et du terminateur du gène de l'alcool déhydrogénase ADH1, pADH1 et tADH1 respectivement. Il porte un marqueur de sélection eucaryote correspondant au gène (TRP1) permettant la complémentation de l'auxotrophie des levures vis-à-vis du tryptophane. Il contient également une origine de réplication de bactérie pUC ainsi qu'une origine de réplication de levure (2µ). Enfin il porte le gène de résistance à la kanamycine (Kanr) comme marqueur de sélection bactérien.
- le vecteur pGADT7-Rec (annexe 7) est utilisé pour exprimer la «cible» (protéine d'intérêt ou une banque d'ADNc) fusionnée au domaine d'activation (AD) de la transcription de la protéine GAL4 (aa 768 à 881). Il diffère également par ces marqueurs de sélection correspondant au gène de complémentation de l'auxotrophie des levures vis-à-vis de la Leucine (LEU2) comme marqueur de sélection eucaryote et au gène de résistance à l'ampicilline (Ampr) comme marqueur de sélection bactérien.

- des vecteurs contrôles construits sur la base des plasmides précédents permettent de vérifier la spécificité de l'interaction. Il s'agit des plasmides **pGBKT7-53** et **pGADT7-RecT** (annexe 8), exprimant la protéine p53 de souris et l'antigène SV40 large T, respectivement. Ces deux plasmides permettent d'obtenir un contrôle d'interaction. Le vecteur **pGBKT7-Lam** (annexe 8) permettant l'expression de la protéine Lamin C humaine fusionnée au domaine de fixation à l'ADN de la protéine GAL4 est utilisé comme contrôle négatif d'interaction (spécificité d'interaction).

2.2.2.2 Plasmides utilisés pour la recherche d'interactions ADN-protéine par la technique du simple hybride en levure

Le système "Matchmaker™ Two-Hybrid Library Construction & Screening Kit" de Clontech a également été utilisé pour l'étude *in vivo* des interactions ADN-protéines par la technique de simple hybride chez la levure. Les plasmides fournit par le système Clontech sont:

- le vecteur pHIS2 (annexe 9) est utilisé pour cloner la séquence d'ADN d'intérêt (« appât »). Le MCS est situé en aval du gène rapporteur nutritionnel HIS3 constitué de son promoteur minimum (PminHIS3), du CDS et du terminateur (THIS3). Il porte un marqueur de sélection eucaryote correspondant au gène (TRP1) permettant la complémentation de l'auxotrophie des levures vis-à-vis du tryptophane. Il contient également une origine de réplication de bactérie ColE1, et une de levure (CEN6/ARS4). Enfin il porte le gène de résistance à la kanamycine (Kanr) comme marqueur de sélection bactérien.

- le vecteur pGADT7-Rec2 (annexe 10) est utilisé pour exprimer la «cible» (protéine d'intérêt ou une banque d'ADNc) fusionnée au domaine d'activation de la transcription de la protéine GAL4 (aa 768 à 881). Il possède comme marqueur de sélection eucaryote le gène de complémentation de l'auxotrophie des levures vis-à-vis de la leucine (LEU2) et comme marqueur de sélection bactérien le gène de résistance à l'ampicilline (Ampr).

- des vecteurs contrôles permettent de vérifier la spécificité de l'interaction. Il s'agit des plasmides p53HIS2 et pGAD-Rec2-53 (annexe 11). Le plasmide p53HIS2 contient trois copies d'un motif cis reconnu par la protéine 53.

Souches	Description	Sources
Souches bactériennes		
E. coli DH5α	F-φ80lacZΔ(lacZYA-argF) U169 deoR recA1 endA1 hsdR17 (rk-, mk+) phoA supE44 λ-thi-1 gyrA96 relA1	Invitrogen
E. coli XL1-Blue	endA1 gyrA96(nal^R) thi-1 recA1 relA1 lac glnV44 F'[::Tn10 proAB$^+$ lacI^q Δ(lacZ)M15] hsdR17(r$_K^-$ m$_K^-$)	Stratagene
A. tumefaciens GV3101	Vir, ChloR, rifR	Communication personnelle M. Hernould
Souches de levures		
AH109	MATa, trp1-901, leu2-3, 112, ura3-52, his3-200, gal4Δ, gal80Δ, LYS2 ::GAL1$_{UAS}$-GAL1$_{TATA}$-HIS3, GAL2$_{UAS}$-GAL2$_{TATA}$-lacZ, MEL1	Clontech
7187	MATα, ura3-52, his3-200, ade2-101, trp1-901, leu2-3, 112, gal4Δ, met-, gal80Δ, URA3 :: GAL1$_{UAS}$-GAL1$_{TATA}$-lacZ, MEL1	Clontech

Tableau XI. Souches de microorganismes utilisés.

Le plasmide pGAD-Rec2-53 permet l'expression de la protéine 53. Ces deux plasmides permettent d'obtenir un contrôle d'interaction.

2.2.2.3 Plasmide utilisé pour les tests d'activation du promoteur

Le vecteur pAM35 (annexe 12) est un vecteur d'expression transitoire de plante [365]. Son MCS permet de cloner le promoteur d'intérêt en aval du cadre de lecture ouvert codant la β-glucuronidase (GUS), lui-même suivi d'un terminateur de la transcription. Il porte le gène de résistance à l'ampicilline *bla* (ß-lactamase) comme marqueur de sélection bactérien.

2.2.2.4 Plasmide utilisé pour la transgénèse végétale

Le vecteur pADI (annexe 13), vecteur binaire modifié de type pPZP212, a été utilisé pour la transformation des plantes d'*Arabidopsis thaliana* [366]. Il renferme la cassette d'expression provenant du vecteur pDH51, constituée par le promoteur constitutif fort 35S du CaMV, d'un multisite de clonage situé en aval de ce promoteur et permettant l'insertion de la séquence codante du gène d'intérêt en orientation sens ou antisens, et du terminateur de transcription du gène VI du CaMV [367]. Le plasmide pADI porte également une cassette (Kan^R) permettant la sélection des plantes transgéniques en présence de kanamycine.

2.3 Bactéries

2.3.1 Souches bactériennes

Les souches de bactéries utilisées au cours de cette étude ainsi que leurs génotypes respectifs sont répertoriés dans le tableau XI:

- les souches d'*Escherichia coli* XL1-Blue MRF' ou DH5α sont utilisées pour l'amplification des vecteurs de clonage et l'ensemble des plasmides recombinants.

- La souche d'*Agrobacterium tumefaciens* GV3101 est utilisée pour la transformation des plantes d'*Arabidopsis thaliana*. Elle possède un plasmide Ti ("Tumor inducing") désarmé contenant les gènes de virulence *Vir* permettant la translocation de l'ADN de transfert

(ADN-T) dans le noyau et son insertion dans l'ADN génomique des cellules végétales [368].

2.3.2 Milieux de culture

Les bactéries sont cultivées sous agitation (180 rpm) dans du milieu LB [Bactotryptone 1% (p/v); extrait de levure 0,5% (p/v); NaCl 1% (p/v)] en présence ou non d'antibiotique, et à la température appropriée (37°C pour *E. coli*; 28°C pour *A. tumefaciens*). Les milieux de culture solides sont obtenus par ajout de 15 g.L^{-1} d'agar bactériologique. Avant leur utilisation, les milieux de culture sont stérilisés pendant 20 min à 120°C.

2.4 Levures

2.4.1 Souches de levures

Deux souches de levures ont été utilisées pour les analyses d'interactions protéiques et ADN-protéines par les techniques de double et de simple hybride chez la levure. Le génotype et l'origine des souches de levure sont également indiqués dans le tableau XI:

- la souche AH109 (MATa) a été utilisée pour le criblage de la banque double hybride.
- la souche Y187 (MATα) a été utilisée pour le criblage de la banque simple hybride. La culture de la souche de levure Y187 est relativement facile mais elle présente une activité basale de synthèse d'histidine. Cette souche nécessite donc l'addition d'un anti-métabolite de la synthèse d'histidine (3-aminotriazole ou 3-AT) dans le milieu de culture. Cet inhibiteur peut aussi être utilise pour discriminer les fortes interactions des faibles interactions.

2.4.2 Milieux de culture

Lorsqu'elles ne sont pas transformées, ces souches de levures sont cultivées à 30°C dans du milieu YPAD [Extrait de levure 1 % (p/v), peptone 2 % (p/v), D(+)-glucose 2 % (p/v) et 0,01 % (p/v) d'adénine sulfate, pH 6,5]. Après transformation, les levures sont cultivées dans du milieu dit " de sélection ": milieu synthétique minimum (SD) [" Yeast nitrogen base without aminoacids " 0,67 % (p/v), D(+)-glucose 2 % (p/v), pH 5,8] complémenté par un milieu synthétique d'acides aminés DO (" Dropout solution") dans lequel certains acides aminés sont délibérément omis en fonction de la pression de sélection désirée. La référence et la composition des DO utilisés sont indiquées dans le tableau XI. Les milieux de culture solides sont obtenus par ajout de 20 g.L^{-1} d'agar bactériologique. Avant leur utilisation, les milieux de culture sont stérilisés pendant 20 min à 120°C.

2.5 Matériel végétal

2.5.1 Baies de raisin

2.5.1.1 Cépages

Les baies utilisées proviennent des cépages *Vitis vinifera* cv :
- Cabernet sauvignon, Pinot noir, Pinot gris, Pinot blanc cultivés sur le Centre INRA de Bordeaux (Villenave d'Ornon, France),
- Béquignol, Béquignol blanc et Béquignol mutant cultivés au domaine du Grand Parc, propriété de l'INRA (Latresnes, France).

2.5.1.2 Procédure de prélèvement

Les baies sont isolées de la grappe, triées en fonction de leur stade de développement. Pour les prélèvements des stades précoces jusqu'à la véraison, les baies sont triées en fonction de leur poids (le poids moyen d'une baie étant déterminé à partir du poids de trois prélèvements indépendants de 50 baies). Pour les prélèvements à partir de la véraison et jusqu'au stade vendange, les baies sont triées en fonction de leur teneur en sucre (test de flottaison des baies dans des solutions de NaCl). Une fois les baies triées, elles sont congelées dans de l'azote liquide et sont ensuite stockées à -80°C. Pour les études des profils d'expression de certains gènes dans les tissus de la baie, la pellicule a été séparée de la pulpe. Une série d'expériences a également été effectuée à partir d'ARN provenant de racines, tiges, feuilles et inflorescences de Cabernet sauvignon disponibles au laboratoire.

2.5.2 Graines d'*Arabidopsis thaliana* et conditions de culture

2.5.2.1 Ecotype

L'écotype d'*Arabidopis thaliana* (ou arabette des dames) utilisé dans ce travail de recherche est Columbia (Col-0). Le mutant d'insertion d'ADN-T (05704) du SIGnal (Salk Institute Genome Analysis Laboratory, USA) a été recherché dans une base de données regroupant les séquences des régions flanquantes des ADN-T de 130 000 lignées d'insertion d'ADN-T d'*Arabidopsis*. L'interrogation s'effectue à l'aide de l'identifiant du gène recherché (*At5g52600* pour *AtMyb82*). Dans la collection de mutants du GABI-kat, les graines des plantes T3 transformants tertiaires (issus d'autofécondations successives du transformant primaire) correspondant à la lignée d'insertion 057A04 ont été commandées au NASC (Nottingham *Arabidopsis* Stock Center, UK), centre de ressources génétiques conservant et distribuant l'ensemble de ces lignées.

2.5.2.2 Condition de culture in vitro

La surface des graines est stérilisée 15 minutes dans une solution de stérilisation [hypochlorite de sodium à 2,5% (v/v) de chlore actif, Triton X-100 à 0,02% (v/v)], rincée deux fois à l'éthanol 95 %, puis séchée sous hotte à flux laminaire. Les graines sont semées en boîtes de pétri contenant du milieu de culture solide MS ½ (Murashide et Skoog, Sigma MO222) stérile (macro et microéléments du milieu MS 2,15 g.L^{-1}, saccharose 1% (p/v), agar 8 g.L^{-1}, pH 5,8). Les boites sont placées 48 h à 4°C afin de synchroniser la germination, puis en chambre de culture avec une photopériode de 16 heures de jour et 8 heures de nuit, une température de 25°C jour/20°C nuit, une humidité relative de 70% et une intensité lumineuse de 100 µmol.m^{-2}/s.

2.5.2.3 Condition de culture en terre

Après 10 jours de culture en chambre de culture, les plantules sont repiquées dans un mélange de terreau et de vermiculite (3:1) et placées dans une mini-serre en chambre de culture. L'arrosage avec de l'eau est effectué une à deux fois par semaine par subirrigation. Les conditions de culture sont identiques aux conditions de culture sont indiqués dans le paragraphe précédent. La récolte des graines a lieu environ 2 mois après la mise en terre des plantes.

3 Techniques de biologie moléculaire

3.1 Extraction des acides nucléiques

Pour l'extraction des acides nucléiques, les échantillons sont broyés dans de l'azote liquide et conservés à -80°C. Pour l'extraction et la manipulation des ARN, toutes les solutions sont traitées avec 0,1% (v/v) de DEPC ou préparées avec de l'eau traitée au DEPC et autoclavées pendant 20 min à 120°C. Le matériel est également nettoyé au chloroforme, séché à l'éthanol puis stérilisé à chaud.

3.1.1 Extraction des ARN totaux

3.1.1.1 Extraction des ARN totaux de vigne

L'extraction des ARN totaux est réalisée selon le protocole de Reid et *al.* [369]. Les échantillons sont broyés dans de l'azote liquide et l'équivalent de 2 g de poudre est mélangé à 20 mL de tampon d'extraction préchauffé à 65°C [Tris HCl 300 mM pH 8, EDTA 25 mM, NaCl 2 M, CTAB 2% (p/v), PVPP 2% (p/v) et spermidine trihydrochloride 0,05% (p/v), β-mercaptoéthanol 2% (v/v) ajouté extemporanément]. Le mélange est incubé pendant 10 min à 65°C et agité au vortex toutes les 2 min. L'ensemble est extrait à deux reprises avec un volume équivalent de chloroforme-alcool isoamylique (24:1 v/v). La phase aqueuse est récupérée après centrifugation (5500 rpm, 15 min, 4°C). Les acides nucléiques sont précipités 30 min à -80°C, en présence de 0,1 volume d'acétate de sodium 3 M (pH 5,2) et de 0,6 volume d'isopropanol. Après centrifugation (5500 rpm, 30 min, 4°C), le surnageant est éliminé et le culot remis en suspension dans 1 mL de tampon TE (pH 7,5). Les ARN totaux sont précipités toute la nuit à 4°C en présence de 0,3 volumes de LiCl 10M. Après centrifugation (13000 rpm, 30 min, 4°C), le surnageant est éliminé et le culot est lavé à l'éthanol 70% puis séché sous hotte. Le culot est ensuite remis en suspension dans 100 µl d'eau traitée au DEPC.

3.1.1.2 Extraction des ARN totaux *d'Arabidopsis thaliana*

Deux procédures d'extraction ont été utilisées selon les recommandations des fournisseurs:
- le kit d'extraction "RNeasy Plant Mini kit" de Qiagen
- le produit « Tri Reagent RNA Isolation Reagent » de Sigma

3.1.1.3 Traitement des ARN totaux à la DNase

L'ADN génomique contaminant est éliminé par traitement à la DNase RQ1 (Promega) en ajoutant pour 50 µg d'ARN totaux, 20 µL de tampon "10X DNase Buffer Free Rnase", 10 U d'enzyme "RQ1 DNase" et 40 U de "RNasin®" ("Ribonuclease inhibitor", Promega). Le mélange est incubé 30 min à 37°C. La réaction est stoppée par ajout de 50 µL de DNase stop (Promega). Le mélange est ensuite soumis à une déprotéinisation par extraction phénol-chloroforme (1:1 v/v) suivi d'une extraction chloroforme-alcool isoamylique (24:1 v/v). Les acides nucléiques sont précipités une nuit à -20°C en présence de 2,5 volumes l'éthanol 95% froid et 0,1 volume d'acétate de sodium 3 M pH 5,8. Après centrifugation (14000 rpm, 30 min à 4°C), le culot d'ARN est rincé à l'éthanol 70%, séché sous vide et repris dans 50 µL d'eau traitée au DEPC.

3.1.2 Extraction d'ADN génomique *d'Arabidopsis thaliana*

L'ADN génomique d'Arabette a été extrait à l'aide du kit "DNeasy Plant Mini Kit" de Qiagen selon les instructions du fournisseur.

3.2 Analyses des acides nucléiques

3.2.1 Quantification des acides nucléiques extraits

Les acides nucléiques sont quantifiés à la longueur d'onde 260 nm à l'aide d'un spectrophotomètre de type GeneQuant Pro (Amersham). La présence de sucre et de protéines dans les échantillons est évaluée par les mesures d'absorbance à 230 nm et 280 nm respectivement. La pureté de la préparation d'acides nucléiques est estimée en utilisant le rapport $A_{260/280}$ (égal ou supérieur à 2 pour une préparation d'ARN et égal 1,8 pour une préparation d'ADN) et $A_{260/A230}$ (aux alentours de 2).

3.2.2 Electrophorèse des acides nucléiques

Les extraits d'ADN, les produits PCR ou les produits de digestion sont analysés par électrophorèse non dénaturante en gel d'agarose dans du tampon d'électrophorèse TAE 1X [Tris-HCl 40 mM pH 8, EDTA 1 mM, acétate de sodium 5 mM]. Les échantillons sont additionnés de 0,2 volumes de tampon de charge [glycérol 30% (v/v), bleu de bromophénol 0,25% (p/v), xylène cyanol 0,25% (p/v)] puis séparés sous l'effet d'un champ électrique de 50 à 100 V. Selon la taille des fragments à analyser, la concentration en agarose varie de 1 à 2% (p/v). Un agent intercalant, le bromure d'éthidium (0,5 µg/mL) est incorporé dans le gel d'agarose. Les fragments d'ADN sont visualisés sous lumière U.V. puis photographiés (Geldoc 2000, Biorad).

3.2.3 Réaction de transcription inverse (RT)

La synthèse des ADN complémentaires (ADNc) est réalisée selon le protocole du fournisseur de l'enzyme transcriptase inverse (Promega). Deux µg d'ARN sont incubés à 75°C pendant 10 minutes en présence d'oligonucléotides poly d(T)15 (1,2 µM) dans un volume final de 15 µL. Le mélange dénaturé est ensuite rapidement mis dans la glace. Cinq µL de tampon "RT 5X Buffer MMLV", 500 µM de chaque dNTP, 100 µM DTT, 40 U de "RNasin®" (Promega) et 200 U de "MMLV transcriptase inverse" sont ajoutés aux échantillons. Apres homogénéisation, la synthèse des ADNc est réalisée pendant 1 h à 42°C. La réaction est stoppée par inactivation de l'enzyme à 70°C pendant 15 min. La solution d'ADNc est alors diluée au quatre fois et 2 µL sont utilisés pour les amplifications par PCR.

3.2.4 Réaction de polymérisation en chaine (PCR)

La technique de PCR décrite par Saiki et al. (1992) permet d'amplifier des séquences nucléiques double brins grâce à plusieurs cycles d'amplification comprenant chacun trois étapes: la dénaturation thermique de l'ADN bicaténaire matriciel, l'hybridation des amorces sur l'ADN matriciel, et la synthèse à partir des amorces d'ADN complémentaire (ADNc) grâce a une ADN polymérase thermostable [370].

Suivant les applications, les réactions de PCR sont réalisées à partir de matrice correspondant soit à de l'ADN génomique (100 ng), de l'ADN plasmidique (10 à 100 ng), des ADNc (2 µL d'une dilution au quart du produit de retrotranscription), ou directement avec une colonie de bactéries ou levures transformées par un plasmide d'intérêt.

Les réactions de PCR sont réalisées dans un mélange réactionnel de 25 µL comprenant le tampon d'activité 10X de la Taq polymérase, une combinaison d'amorces (a la concentration de 0,4 µM chacune) correspondant à la séquence d'intérêt, les quatre dNTP à 0,4 mM et 2,5 U de "yellow Taq DNA polymerase". Les amplifications de séquences géniques pour des réactions de clonage ont été réalisées avec une Taq polymérase de haute fidélité, la "Phusion™" (Finnzymes, Ozyme) selon les recommandations du fournisseur..

Les réactions d'amplification sont réalisées dans un thermocycleur ("iCycler", Biorad). Les échantillons sont soumis a une dénaturation préalable à 95°C pendant 5 min, puis à plusieurs cycles d'amplification comprenant une étape de dénaturation à 95°C pendant 30 s, une étape d'hybridation des amorces sur la matrice à la température adéquate pendant 30 s, et une étape de synthèse d'ADN à 72°C dont la durée varie en fonction de la taille du fragment à amplifier. Une extension finale à 72°C pendant 5 min termine le programme de PCR.

3.3 Analyse du niveau d'expression des transcrits par RT-PCR

Pour les analyses de RT-PCR, le nombre de cycles d'amplification dépend du gène étudié. Pour chaque gène, plusieurs tests d'amplification sont réalisés de façon à déterminer le nombre de cycles adéquat, qui doit se situer dans la phase exponentielle d'amplification des ADNc.

Les réactions de PCR ont été réalisées avec "la GOTAQ Master Mix 2X" (Promega) selon les instructions du fournisseur. Les différents couples d'amorces utilisés au cours de cette étude sont présentés en annexe 2.

3.4 Clonage moléculaire

Dans cette étude, seuls des clonages "classiques" ont été réalisés. Ces clonages sont réalisés en plusieurs étapes. La première étape consiste à amplifier le fragment d'intérêt par PCR. Après purification, le fragment amplifié est inséré dans le pGEMT®easy et sa séquence est vérifiée par séquençage. La seconde étape consiste à digérer le pGEMT®easy recombinant par des endonucléases de restriction pour libérer le fragment d'intérêt puis à ligaturer ce fragment dans le vecteur final préalablement linérarisé.

3.4.1 Préparation des fragments à cloner

3.4.1.1 Amplification et purification des fragments amplifiés par PCR

Les fragments d'intérêts sont amplifiés par réaction de PCR selon le protocole décrit dans le § 3.2.4. Pour pouvoir insérer le fragment d'intérêt dans le MCS du vecteur d'expression choisi, les amorces utilisées pour la réaction de PCR permettent d'ajouter des sites de restriction appropriés aux extrémités du fragment. Les amorces utilisées pour ces amplifications sont indiqués dans l'annexe 1.

Après la réaction de PCR, les produits d'amplification sont analysés par électrophorèse en gel d'agarose puis purifiés à l'aide du kit "PCR Purification Kit" de Qiagen en suivant les recommandations du fournisseur. Dans le cas de fragments multiples, après migration sur gel d'agarose, la bande d'intérêt visualisée sous lumière U.V. est découpée au scalpel et l'ADN contenu est extrait à l'aide du kit "QIAquickGel extraction Kit" de Qiagen selon les recommandations du fournisseur.

3.4.1.2 Digestion de l'ADN par des enzymes de restriction

L'hydrolyse de l'ADN au niveau des sites spécifiques par les endonucléases de restriction est réalisée soit pour vérifier la présence d'un insert, soit pour cloner un fragment d'intérêt. Les endonucléases (Promega) sont utilisées à une concentration de 1 à 5 U d'enzymes/µg d'ADN dans le tampon préconisé par le fournisseur. Les réactions ont lieu à la température optimale d'activité des enzymes. La durée des incubations varie selon la nature et la quantité d'ADN à digérer (1 à 12 h). Les enzymes peuvent pour la plupart être inactivées par une incubation de 15 min à 65°C. Dans le cas d'une double digestion, et lorsque le tampon n'est pas compatible pour les deux enzymes, il est nécessaire d'effectuer successivement les deux digestions en les séparant par une étape de purification. L'ADN digéré par la première enzyme est précipité pendant 30 min à -20°C, en présence de 0,1 volume d'acétate de sodium (0,3M pH 5,2) et 2,5 volumes d'éthanol 96%. Après centrifugation (12000 g, 15 min, 4°C), le surnageant est éliminé et le culot lavé à l'éthanol 70% puis séché. L'ADN digéré est ensuite remis en suspension dans 20 µL d'eau distillée avant de débuter la deuxième digestion.

3.4.2 Ligation dans le vecteur d'intérêt

3.4.2.1 Principe de la réaction de ligation

Deux fragments d'ADN peuvent être religués grâce à l'ADN ligase du bactériophage T4. Cette enzyme catalyse la formation de liaisons phosphodiester entre le phosphate en 5' et l'hydroxyle en 3' en présence d'ATP. La quantité de produit d'intérêt à ajouter au vecteur varie en fonction de la taille de l'insert et du rapport quantitatif (molécules d'insert / molécules du vecteur) et peut-être calculée de la façon suivante:

$$\text{Qt d'insert (ng)} = \frac{\text{Qt de vecteur (ng)} \times \text{Taille de l'insert (Kb)}}{\text{Taille du vecteur (Kb)}} \times \text{rapport insert/vecteur}$$

3.4.2.2 Ligation des produits amplifiés dans le vecteur pGEMT®easy

Les produits d'amplification sont généralement mélangés au vecteur de clonage pGEMT®easy dans un rapport quantitatif 3/1. La quantité (Qt) de vecteur utilisé est de 50 ng. La réaction de ligation est ensuite réalisée à l'aide du kit " pGEM-T Easy System I " (Promega) en suivant les recommandations du fournisseur. L'essai est incubé pendant une nuit à 4°C. Une fraction de la réaction de ligation est ensuite utilisée lors de la transformation des bactéries thermocompétentes.

3.4.2.3 Ligation des produits digérés dans les autres vecteurs

Le plasmide pGEMT®easy contenant l'insert et le vecteur dans lequel sera réalisé le clonage final sont digérés par les mêmes enzymes de restriction afin d'obtenir des extrémités compatibles à l'insertion (§ 3.4.1.2). Les ADN de l'insert et du vecteur pGEMT®easy sont ensuite séparés par électrophorèse sur gel d'agarose (§ 3.2.2) et l'ADN du fragment à cloné est extrait à l'aide du kit " QIAquickGel extraction Kit " de Qiagen (§ 3.4.1.1).

Un vecteur linéarisé par l'action d'une seule enzyme de restriction peut se recirculariser sur lui-même. Afin d'éviter ce phénomène, le vecteur doit être déphosphorylé par une phosphatase alcaline, qui va supprimer les groupements phosphates situés aux extrémités 5' sortantes. L'ADN est incubé 30 min à 37°C dans un tampon optimum [Tris-HCL 50 mM pH 9, MgCl2 10 mM] additionné de 3U de phosphatase alcaline de crevette (Promega) dans un volume final de 30 µL. Cette étape est suivie d'une inactivation de 15 min à 65°C.

Après purification, la quantité d'ADN nécessaire est calculée selon la formule du § 3.4.2.1. Généralement, le rapport de molarité utilisé est 3:1 mais il peut être augmenté suivant les difficultés rencontrées pour l'étape de ligation. La quantité (Qt) de vecteur utilisé peut varier entre 50 et 100 ng. La ligation est réalisée dans du tampon de ligation avec 3 U de " T4 DNA ligase " (Promega) pendant un nuit à 4°C. Une fraction de la réaction de ligation est ensuite utilisée pour la transformation des bactéries thermocompétentes.

3.4.3 Transformation de bactéries thermocompétentes par choc thermique

3.4.3.1 Préparation des bactéries thermocompétentes

Les bactéries DH5 α sont cultivées sur un milieu LB solide et incubées pendant une nuit à 37°C. Une colonie est alors prélevée et utilisée pour ensemencer 10 mL de milieu LB. La préculture est soumise à agitation (200 rpm) pendant une nuit à 37°C. Cinq cent mL de milieu LB sont ensemencés 2 mL de la préculture, et placés sous agitation (200 rpm) à 37°C jusqu'à obtention d'une $A_{600\ nm}$ de 0,6. Toutes les étapes ultérieures sont réalisées à 4°C afin d'éviter les chocs thermiques. Ces étapes consistent en une série de cycles de centrifugations et de remises en suspension du culot bactérien dans 250 mL de CaCl2 (100 mM) puis dans 20 mL de CaCl2 (100 mM) préalablement refroidi et contenant 15 % de glycérol. La suspension bactérienne est répartie en fractions aliquotées de 200 µL qui sont conservées à 4°C pendant 24 h afin d'augmenter la compétence des cellules puis congelées dans de l'azote liquide et conservés à - 80°C.

3.4.3.2 Transformation de bactéries par choc thermique

Les bactéries thermocompétentes DH5α (100 µL) sont décongelées dans la glace puis mélangées à une fraction de la réaction de ligation Après incubation pendant 30 minutes sur la glace, le mélange est soumis à un choc thermique de 45s à 90s à 42°C. Les bactéries sont ensuite cultivées dans 900 µL de milieu de SOC [extrait de levure 0,05% (p/v), bactotryptone 2% (p/v), NaCl 10 mM, KCl 2,5 mM, $MgCl_2$ 10 mM, $MgSO_4$ 10 mM et glucose 20 mM] sous agitation (200 rpm) à 37°C pendant 1h. Une fraction de la culture est étalée sur un milieu LB supplémenté en antibiotique approprié suivant le plasmide. Lorsque la sélection blanc/bleu est permise comme dans le vecteur pGEMT®-easy, le criblage des bactéries contenant le plasmide recombiné est réalisé par ajout dans le milieu de culture d'ampicilline (100 µg/mL), de l'IPTG (200 mg/mL) et du substrat chromogène de la β-galactosidase, le X-Gal [5% (p/v)]. Les boites sont ensuite incubées à 37°C pendant une nuit.

3.4.4 Sélection des bactéries recombinantes

Pour le vecteur pGEMT®easy, les clones résistants à l'ampicilline se sont développés après une nuit et l'identification des bactéries contenant le plasmide recombinant se fait grâce à l'α-complémentation par le système de sélection blanc/bleu. Les colonies blanches sont analysées par amplification PCR (§ 3.2.4) en utilisant des amorces complémentaires du plasmide (T7 et SP6) et des amorces complémentaires de l'insert (annexe 3).

Pour les vecteurs d'expression, les colonies positives sont celles qui se sont développées sur l'antibiotique utilisé pour la sélection. Ces colonies seront aussi analysées par PCR en utilisant les amorces spécifiques des plasmides (annexe 5) et de l'insert.

3.4.5 Vérification des clones positifs

3.4.5.1 Minipréparation d'ADN plasmidique

Le clone d'intérêt possédant l'insert est mis en culture sous agitation pendant une nuit dans 5 mL de LB liquide contenant de l'antibiotique approprié. La culture bactérienne est sédimentée par centrifugation [14 000 g, 1 min, température ambiante (TA)] et l'ADN contenu dans le culot est extrait à l'aide du kit "QIAprep Spin Miniprep Kit" de Qiagen en suivant les recommandations du fournisseur.

3.4.5.2 Digestion de l'ADN plasmidique et séquençage des clones positifs

Un µg d'ADN plasmidique est digéré et le produit de digestion est analysé par électrophorèse en gel d'agarose (3.2.2). Après vérification de la taille de l'insert, le vecteur est envoyé à séquencer à une société de services pour le séquençage (MWG, Allemagne) et les résultats sont soumis à une analyse bioinformatique (§ 1).

3.5 Clonage des extrémités 5' et 3' d'un gène par la technique de RACE-PCR

La technique de RACE-PCR (Rapid Amplication of cDNA Ends) permet d'isoler les extrémités 5' et 3' des ADNc d'intérêt. Des ARN totaux sont traités avec le kit "5'/3' RACE Kit, 2nd Generation" de Roche selon les instructions du fabricant. Les amorces utilisées pour les amplifications sont indiquées dans l'annexe 1.

Pour les amplifications, la méthode de PCR "Touchdown" a été utilisée. Cette technique permet d'amplifier en grand nombre un fragment d'ADN à partir d'une faible quantité de matrice. Les étapes de dénaturation thermique préalable et d'extension finale ne sont pas modifiées. Par contre, l'étape d'hybridation des amorces est un peu différente. En effet, les 25 cycles d'élongation au TM adéquat sont précédés de 10 cycles réalisés à de fortes températures d'hybridation. Pour les 5 premiers cycles, le TM appliqué est égal à TM + 4°C puis pour les 5 derniers cycles, le TM est diminué à un TM + 2°C. Cette diminution progressive du TM permet d'augmenter la spécificité et le rendement de l'amplification. Les fragments générés sont ensuite clonés dans le vecteur pGEMT®-easy, selon le protocole décrit précédemment (§ 3.4).

3.6 Techniques pour le criblage simple et double hybride chez la levure

3.6.1 Préparation et transformation des levures compétentes

Les levures Y187 ou AH109 sont cultivées sur un milieu solide et incubées pendant 2 à 4 jours à 30°C. Deux à trois colonies (d'environ 1 mm de diamètre) par préculture sont utilisées pour ensemencer 10 ml de milieu YPAD. Trois précultures sont placées sous agitation (200 rpm) à 30°C pendant 20 heures, jusqu'à attendre une $A_{600\ nm}$ supérieure à 1,5. Les trois cultures sont alors diluées avec du YPAD jusqu'à attendre une $A_{600\ nm}$ de 0,2. Ces nouvelles cultures sont alors incubée sous agitation (200 rpm) à 30°C jusqu'à obtention d'une $A_{600\ nm}$ comprise entre 0,4 et 0,6. Les trois cultures sont ensuite sédimentées séparément par centrifugation (1000g, 5 min, TA) puis les culots sont lavés dans 20 mL d'eau stérile. Les cellules sont ensuite à nouveau sédimentées par centrifugation (dans les mêmes conditions que précédemment) puis les trois culots sont associés et repris dans 3 mL d'un mélange TE/LiAc [1:1 (v/v)].

La transformation des levures compétentes est ensuite réalisée selon les instructions du kit " BD Matchmaker™ Library Construction & Screening Kit" de Clontech.

3.6.2 Vérification de la toxicité de la protéine ou du peptide appât pour la technique du double hybride

L'expression de la protéine ou peptide appât peut être toxique pour la levure transformée. Cette toxicité éventuelle peut être vérifiée en transformant les levures AH109 avec la construction correspondant à l'appât (pGBKT7-GRD). Les clones transformés selon les instructions du kit sont alors mis en culture dans le milieu de sélection SD/-Trp/-Kan (20 µg/ml) et placés sous agitation (250 rpm) à 30°C pendant 16 à 24 heures. La toxicité est quantifiée à la longueur d'onde 600 nm à l'aide d'un spectrophotomètre de type GeneQuant Pro (Amersham). Si les levures sont une A_{600nm} supérieure à 0,8, cela signifie que la protéine étudiée n'est pas toxique. Dans notre cas, l'expression du domaine GRD de VvMyb5a n'était pas toxique.

3.6.3 Vérification de l'auto-activation de la protéine ou du peptide appât pour la technique du double hybride

Il convient de vérifier que la protéine étudiée n'est pas capable d'activer seule la transcription des gènes rapporteurs. En effet l'appât, protéine ou peptide dont on recherche un partenaire protéique, se retrouve *in vivo* à proximité du gène rapporteur et peut entrainer l'activation de l'expression de ce gène.

Cette vérification s'effectue en transformant des levures AH109 avec la construction correspondant à l'appât (pGBKT7-GRD). Les clones transformés selon les instructions du kit sont étalés sur le milieu de sélection SD/-Trp/X-α-Gal et sur les milieux sélectifs d'interaction SD/-His/-Trp/X-α-Gal et SD/-Ade/-Trp/X-α-Gal. Les levures sont ensuite incubées 5 jours à 30°C. Des levures contrôles transformées avec le vecteur pGBKT7 ou avec une protéine connue pour être auto-activatrice (pGBKT7-VvMyb5b, communication personnelle) sont utilisées respectivement comme contrôles négatif et positif. Si les levures sont capables de croitre sur du milieu sélectif d'interaction, cela signifie que la protéine étudiée est capable d'activer la transcription des gènes rapporteurs. La construction utilisée dans cette étude n'était pas auto-activatrice.

3.6.4 Détermination de la quantité optimale de 3-AT pour la technique de simple hybride

L'utilisation de la souche de levure Y187 nécessite de tester différentes concentrations d'un antimétabolite de l'histidine (3-AT) de façon à déterminer la concentration nécessaire pour éliminer l'activité basale de Y187 pour la synthèse d'histidine.

Les levures Y187 transformées selon les instructions du kit avec la construction correspondant à la séquence d'ADN appât (pHIS2-SH$_4$) sont étalées sur le milieu de sélection SD/-His/-Trp supplémenté de 10 à 60 mM de 3-AT. Les levures sont ensuite incubées 7 jours à 30°C. La concentration de 3-AT la plus faible, pour laquelle aucune levure ne se développe, est celle qui sera choisie pour le criblage de la banque ADNc.

3.6.5 Amplification de la banque ADNc double et simple hybride

La synthèse des banques d'ADNc pour le double et simple hybride a été réalisée selon les instructions du kit "BD Matchmaker™ Library Construction & Screening Kit" (Clontech) à partir d'ARN totaux de baies épépinées au stade véraison (cépage Cabernet sauvignon). La quantité optimale d'ADNc a été obtenue après 25 cycles d'amplification. L'insertion des ADNc est réalisée par recombinaison homologue dans les vecteurs pGADT7 et pGADT7-Rec2 pour le double et le simple hybride, respectivement.

3.6.6 Criblage des interactions simple et double hybride par co-transformation

Afin d'étudier la capacité d'interaction entre deux protéines ou entre une séquence d'ADN et une protéine, les levures sont transformées avec l'appât (pGKT7-GRD ou pHIS-SH$_4$) et avec la banque (interacteurs potentiels fusionnés à AD de Gal4). Après transformation, une fraction de la suspension cellulaire de levure est étalée sur du milieu de sélection de co-transformation (SD/-Leu/-Trp) pour évaluer l'efficacité de co-transformation. Le reste de la suspension est étalée sur le milieu de sélection d'interaction QDO (SD/-His/-Trp/-Leu/-Ade) pour le double hybride et sur le milieu SD/-His/-Leu/-Trp/50mM 3-AT pour le simple hybride. Après 7 jours, les clones qui se sont développés sont ré-étalés successivement deux fois sur le même milieu de sélection d'interaction.

Pour le criblage double hybride, un test colorimétrique peut-être réalisé en plus du criblage phénotypique. Ce criblage est possible grâce au gène rapporteur *MEL1* qui code pour l'α-galactosidase. En présence de son substrat, cette enzyme colore les clones de levure en bleu. De fait, les clones sont étalés sur un milieu QDO supplémenté de X-α-gal (80 mg/mL) et incubés jusqu'à 4 jours à 30°C. La vitesse de coloration est proportionnelle à la quantité d'enzyme produite grâce a l'expression du gène rapporteur et, par conséquent, à la force d'interaction des protéines.

3.6.7 Calcul de l'efficacité de co-transformation

L'efficacité de co-transformation est calculée selon la formule :

$$\text{Nb de colonies/µg d'ADN} = \frac{\text{Nb de colonies} \times \text{Vol. de la suspension (µl)}}{\text{Vol. étalé (µl)} \times \text{Facteur de dilution} \times \text{Qt d'ADN utilisé (µg)}}$$

- le nombre de colonie correspond au nombre de clones qui se sont développés après 7 jours d'incubation sur le milieu de sélection de co-transformation SD/-Trp/-Leu : en moyenne, 2 colonies et 3 colonies respectivement pour le simple et double hybride ont été comptées.
- le volume (Vol.) de la suspension est le volume de resuspension après co-transformation des levures soit 6 mL
- le volume étalé sur les boîtes est de 100 µl
- le facteur de dilution est de 1:100
- la quantité (Qt.) d'ADN utilisé correspond à la quantité du plasmide limitante (pGADT7 ou pGADT7-Rec2) soit 3 µg

Pour une co-transformation avec deux plasmides, l'efficacité minimale doit être de 10^3 Nb/µg d'ADN selon les recommandations du kit. Pour le double hybride, l'efficacité était égale à 4.10^3 Nb/µg d'ADN et pour le simple hybride de 6.10^3 Nb/µg d'ADN.

3.6.8 Isolation des clones positifs en simple et double hybride chez la levure

Suite aux différents criblages, les vecteurs présents dans les clones positifs d'interaction doivent être isolés pour être séquencés. Plusieurs étapes sont nécessaires:

3.6.8.1 Minipréparation d'ADN plasmidique des clones de levures

Une colonie isolée est utilisée pour ensemencer une culture liquide de 2 mL de milieu sélectif de co-transformation (SD/-Leu/-Trp). Après une nuit d'incubation à 30°C sous agitation (200 rpm), 1,5 mL est ensuite centrifugé à 14000 g pendant 10 s. Le culot est repris dans 0,2 mL de tampon de lyse de levure [Triton X-100 2% (v/v), SDS 1% (p/v), NaCl 100 mM, Tris-HCl 10 mM pH 8, EDTA 1 mM pH 8). Un volume équivalent de phénol-chloroforme-alcool isoamylique [25:24:1 (v/v/v)] et 0,3 g de billes de verre (0.5 mm) lavées à l'acide sont ensuite rajoutés au mélange. Les cellules sont alors cassées par une agitation de 3 min au vortex et l'ADN est culoté par une centrifugation de 5 min à 14000 g (TA). La phase aqueuse est récupérée et l'ADN plasmidique est précipité pendant 30 min à -20°C par ajout de 1/10 du volume d'acétate de sodium 3M (pH 5,2) et 2,5 volumes d'éthanol 96% froid. Après centrifugation (14000 g, 20 min, TA), le culot est lavé dans 1 mL d'éthanol 70 %, centrifugé (14000g, 10 min, TA), séché, puis repris dans 50 μL d'eau stérile. Un à dix μL de cette solution sont alors utilisés pour transformer des bactéries XL1-Blue.

3.6.8.2 Préparation et transformation des bactéries électrocompétentes

Les bactéries *E. coli XL1-Blue* sont cultivées sur un milieu LB solide et incubées pendant une nuit à 37°C. Une colonie est ensuite utilisée pour ensemencer 10 mL de milieu LB. La préculture à lieu en milieu liquide sous agitation (200 rpm) pendant une nuit à 37°C. Deux cents mL de milieu LB sont ensemencés avec 2 mL de la préculture et mis en culture à 37°C avec une agitation orbitale (200 rpm) jusqu'à l'obtention d'une DO_{600nm} de 0,5. Toutes les étapes ultérieures consistent en des séries de centrifugations et de remises en suspension du culot bactérien dans des volumes de solution de glycérol 10% (v/v) décroissants: de 60 mL, 20 mL, 10 mL et 400 μL. Toutes ces étapes sont réalisées à 4°C afin d'éviter les chocs thermiques. Des aliquotes de 40 μL de cette préparation sont ensuite immédiatement congelés dans de l'azote liquide et conservés a -80°C.

La transformation est effectuée par électroporation en utilisant l'Electroporator 2510 (Eppendorf). Entre 10 et 40 μl de bactéries électrocompétentes sont décongelés dans la glace et additionnés à une fraction de la minipréparation des plasmides pGAD (pGADT7 et pGADT7-Rec2). Le mélange, placé dans une cuve à électroporation (fente de 1 mm), est soumis à une impulsion électrique de 1800 V pendant quelques millisecondes. Les bactéries sont ensuite immédiatement mises en culture dans 1 mL de milieu LB, sous agitation (200 rpm), pendant 90 min à 37°C. La sélection des bactéries contenant le plasmide d'intérêt (pGAD) est effectuée par étalement des bactéries transformées sur du milieu LB supplémenté par 100 μg/ml d'ampicilline.

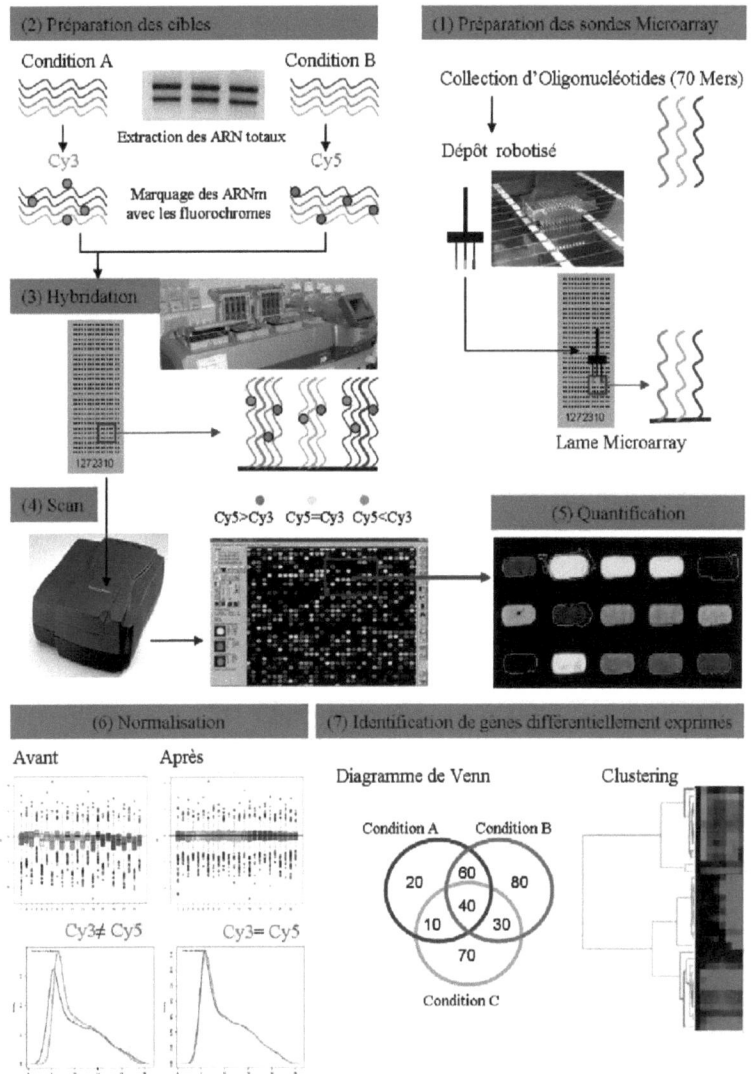

Figure 75. Principe et différentes étapes de la technique microarray

1- préparation des sondes, **2**- préparation des cibles, **3**- hybridation, **4**- acquisition des images, **5**- quantification, **6**- normalisation, **7**- identification de gènes différentiellement exprimés.

Apres sélection des clones positifs par PCR avec les amorces T7DH et 3AD (§ 2.1), l'ADN du plasmide est extrait puis envoyé à séquencer.

3.7 Techniques de microarray

3.7.1 Principe général de la technique de microarray

La technique de microarray permet d'estimer simultanément la quantité d'un grand nombre de transcrits dans une cellule ou un tissu à un instant et une condition donnée (figure 75). Le principe consiste à extraire les ARNm d'un échantillon biologique et à marquer par fluorescence les ADNc obtenus à partir de ces ARN. Les ADNc marqués constituent la sonde complexe. Ces ADNc marqués sont ensuite hybridés à des molécules d'ADN représentatives de différents gènes qui ont été fixées sur un support solide (membrane nylon ou lame de verre). L'ADN fixé au support se trouvant en excès par rapport à la sonde complexe et l'hybridation étant arrêtée en phase linéaire, l'intensité du signal fluorescent mesurée suite à l'hybridation reflète la quantité des différents transcrits au sein de la population d'ARNm de départ. De plus, la détection des fluorescences pouvant être différentielle, elle permet l'utilisation de multiples sondes complexes marquées avec des fluorochromes différents, et hybridées simultanément sur les microarrays. Ainsi, l'hybridation de deux échantillons d'ADNc marqués par fluorescence sur une seule lame microarray permet la comparaison directe de l'expression des gènes en mesurant les ratios d'expression relative. Après conversion des signaux d'intensité en valeurs numériques, une analyse statistique des données d'hybridation est réalisée *in silico* afin d'identifier les gènes différentiellement exprimés entre les conditions testées.

La possibilité de déposer de l'ADN provenant de n'importe quelle source sur les microarrays permet d'appliquer la technique à d'innombrables conditions. Cette technique est particulièrement intéressante pour les espèces végétales dont les grandes tailles de génomes rendent la caractérisation des gènes difficiles par les autres méthodes [371]. Le principal inconvénient est que la technique dépend de la connaissance de la séquence génétique déposée. L'application ne peut se faire qu'avec des organismes dont un grand nombre d'EST (Expressed Sequence Tag) a été recensé dans les bases de données, ou dont le génome entier a été séquencé. L'approche microarray est aussi limitée techniquement, et la confirmation des résultats obtenus par d'autres techniques classiques (RNA blot, ou RT-

PCR) est nécessaire. Enfin, le coût de cette technique est encore assez élevé car elle exige l'emploi de méthodes et d'équipements particuliers.

3.7.2 Principe d'analyses des lames de microarray

L'analyse des données de microarray est réalisée après la génération d'une image par le scanner. Le rôle du logiciel est de quantifier le niveau de fluorescence associé à chaque spot. Ces valeurs brutes sont ensuite utilisées pour la normalisation des données et la détection de gènes différentiellement exprimés.

La normalisation des ratios d'expression des deux conditions analysées doit être réalisée avant la détection de gènes différentiellement exprimés. Elle est importante pour ajuster les ratios d'expression intra- et inter-lame pour prendre en compte les différents biais expérimentaux. Ceux-ci peuvent résulter de différences au niveau de la concentration des échantillons d'ARN, de l'incorporation des fluorochromes, du processus de dépôt, et des différentes étapes de la manipulation [371]. La normalisation des valeurs est essentielle si les ratios d'expression doivent être comparés pour différentes répétitions ou différentes expérimentations. Il n'existe pas de méthode générale applicable à la normalisation des données microarray; celle-ci dépend du type de lame et d'échantillons à comparer. Une ou plusieurs techniques de normalisation peuvent être utilisées [371].

L'identification de gènes différentiellement exprimés est réalisée le plus souvent par l'utilisation d'un seuil arbitraire d'expression différentielle comme l'induction ou la répression de l'échantillon expérimental de 2 fois par rapport à l'échantillon contrôle [372]. La répétition des expérimentations permet la diminution des faux-positifs causés par les conditions biologiques ou techniques, et également de déterminer la reproductibilité de l'expression différentielle des gènes.

3.7.3 Type de lames utilisées pour l'analyse microarray

Des puces à oligos où la cible est constituée par des oligonucléotides courts (de 20 à 80 mers) ont été utilisées pour cette analyse. Ces puces ont été générées à partir de 14562 séquences unigènes sélectionnées sur l'ensemble des données EST de vigne disponibles dans la version 3 de la banque de données du TIGR en 2003. Des oligonucléotides de 70 mers associés à ces séquences EST ont été choisis par la société Opéron dans l'orientation sens 5'3' puis synthétisés par Qiagen. Enfin, le dépôt des sondes a été réalisé par la Génopôle de Montpellier. La taille des spots est de 150 à 160 μm et la concentration des oligonucléotides de 5μM.

3.7.4 Synthèse des sondes marquées, co-hybridation et lavages des lames

3.7.4.1 Synthèse et marquages des sondes

La synthèse des sondes a été effectuée selon les recommandations du kit " Amino allyl MessageAmp TM II aRNA Amplification" (Ambion). C'est un protocole de marquage indirect permettant l'amplification des ARN. Des ADNc doubles brins générés par transcription inverse servent de matrice pour la transcription in vitro. Cette transcription permet de générer des centaines de milliers de copies d'ARN antisens (ARNas) pour chaque ARNm présent au départ dans l'échantillon. Au cours de cette étape d'amplification, le nucléotide modifié aa-dUTP [5-(3-Aminoallyl)-2'deoxyuridine 5'-triphosphate] est incorporé. La dernière étape est le marquage. Des N- hydroxysuccinimidyl ester (NHS-ester) de la cyanine 3 (Cya3) ou de la cyanidine 5 (Cy5) ("Cye TM Post Labelling Reactive Dey Pack", Amersham) sont couplés aux aa-dUTP des ARNas.

3.7.4.2 Dosage des sondes et détermination de l'efficacité d'incorporation des fluorochromes

Le dosage et l'évaluation de l'efficacité d'incorporation des fluorochromes dans les ARNas-amino allylés ont été effectués sur le spectrophotomètre Ultropec 3100 pro (Amersham) de la plateforme transcriptomique de l'INRA de Bordeaux. Une solution d'ARNas marqués est diluée au cinquantième dans du tampon TE (10 mM Tris-HCl pH 8,0, 1 mM EDTA). Un spectre d'absorption entre 200 nm et 700 nm est réalisé. L'absorbance à la longueur d'onde 260 nm (A_{260nm}) permet de doser les ARNas et les A_{550nm} et A_{650nm} permettent de doser respectivement les fluorochromes Cy3 et Cy5. L'efficacité de marquage est déterminée en utilisant les formules ci-dessous. La quantité de fluorescence incorporée (pmol) doit être au minimum de 100 pmol par μg.

> **Quantité de sonde** (µg) = (A_{260} × U_{260} × Vol. élution × Dilution) / 1000
>
> **Quantité de fluorescence Cy3** (pmole) = (A_{550}/E Cy3) × W × Vol. élution × Dilution
>
> **Quantité de fluorescence Cy5** (pmole) = (A_{650}/E Cy5) × W × Vol. élution × Dilution

Les abréviations sont les suivantes:
- A: Absorbance
- V élution: Volume des ARNas après purification en µl (environ 20 µL)
- E: Coefficient d'extinction molaire: 150 000 cm-1 M-1 pour Cy3 et 250 000 cm-1 M-1 pour Cy5
- U_{260}: 1 unité d'A_{260} d'ARN simple brin qui correspond à 40 ng/µL
- W: Trajet optique d'une cuve Eppendorf = 1 cm

3.7.4.3 Co-hybridation et lavages des lames

Plusieurs étapes sont nécessaires avant l'hybridation et sont détaillées ci-dessous.

Prétraitement des lames

Le prétraitement des lames est effectué le jour même de l'hybridation. Les oligonucléotides sont d'abord fixés sur la lame par illumination aux U.V. (254 nm) à 100 mJ. L'élimination des oligonucléotides non fixés sur les lames est ensuite réalisée dans deux bains successifs de 1 min dans une solution de SDS 0,2% suivis de 2 rinçages à l'eau distillée de 1 min. Les lames sont alors séchées et rangées dans une boîte opaque jusqu'à utilisation.

Préparation des sondes pour l'injection

Quatre µg de chaque sonde marquée sont mélangés puis fragmentés. La fragmentation est effectuée avec le kit "RNA fragmentation Reagents" (Ambion). Un µL de tampon de fragmentation est ajouté à la solution de sondes avant une incubation de 15 min à 70°C. Après fragmentation, 1 µl d'ADN de sperme de saumon dénaturé* et un volume de tampon d'hybridation [Formamide 50% v/v, Solution de Denhardt 5X, SSC 1X, SDS 0,05% p/v] nécessaire pour obtenir un volume final de 100 µl sont ajoutés à la solution. Le mélange est ensuite dénaturé à 95°C pendant 2 min, placé dans la glace pendant 2 min, puis transféré à 37°C jusqu'à l'injection.

* La solution de sperme de saumon (0,1 mg.mL^{-1}) est dénaturée 5 min à 100°C, puis placée dans la glace pendant 1 min.

Co-hybridation et lavages des lames

Chaque lame est hybridée simultanément avec un couple de sondes (Cy3+Cy5). L'hybridation est effectuée à 37°C pendant 16 h, sur la station d'hybridation (Tecan-HS4800 Mastersystem) de la plateforme transcriptomique de l'INRA de Bordeaux. Les lames sont ensuite lavées dans des bains de stringence croissante: 20 min dans le tampon de lavage [SSC 1X, SDS 0,2%], deux fois 10 min dans le tampon [SSC 0,1X, SDS 0,2%] puis 10 min dans le tampon SSC 0,1X. Après l'hybridation, les lames sont maintenues à l'obscurité avant d'être placées dans le scanner pour la lecture.

3.7.5 Acquisition et analyse des images

3.7.5.1 Acquisition des images

L'acquisition des images est réalisée par lecture des puces sur le scanner Gene Pix 4000B (Axon instruments) de la plateforme transcriptomique de l'INRA de Bordeaux. Les scans sont déterminants pour l'étape de normalisation et nécessite une certaine mise au point.

Les deux lasers du scanner permettent l'acquisition simultanée des signaux émis à 552 nm et 635 nm par les fluorochromes Cy3 et Cy5, respectivement. La fluorescence émise est mesurée à l'aide de photomultiplicateurs (PMT) sur lesquels on peut appliquer une tension variable pour ne pas trop saturer les images et pour équilibrer l'intensité des deux fluorochromes. Les autres lames correspondant au réplicat biologique et au " swap " (lame où le marquage des lots d'ARNas est inversé) sont ensuite scannée avec les mêmes puissances. Le scanner permet une résolution de 5 µm par pixel. Les images obtenues pour chaque canal Cy3 et Cy5 et pour la supersposition des canaux Cy3/Cy5 sont enregistrées au format TIFF.

3.7.5.2 Analyse des images

Le logiciel GenePix Pro 3.0 (Axon Instruments) associé a été utilisé pour l'acquisition des données brutes. Cette partie d'analyse est composée de plusieurs étapes:

- Construction automatique d'une grille entourant chaque spot de la lame
- Annotation automatique des spots saturés en fluorescence
- Réajustements manuel des cercles modifiables entourant chaque spot
- Annotation manuelle des spots contaminés par des artéfacts (spots mal hybridés ou saturés)
- Calcul automatique des caractéristiques de fluorescence pour chacun des spots (mesures des intensités, des médianes, et du bruit de fond de fluorescence pour chacun des canaux vert et rouge). Le bruit de fond est calculé localement puis il est soustrait à la médiane de l'intensité des pixels composant le spot.

3.7.6 Normalisation et statistiques

Les données obtenues avec le logiciel Genepix sont transformées en logarithme en base 2 du rapport des intensités de chaque fluorophore puis traitées par le logiciel MIDAS de la façon suivante [373]:

- Une normalisation de type Lowess est effectuée de façon locale au niveau de chaque bloc de spots déposé sur la lame [374].

- Une deuxième normalisation permet d'ajuster l'écart-type de la distribution du logarithme (en base 2) des intensités entre les différents blocs de spots [374].

- La reproductibilité entre une expérience et son hybridation inverse ("swap") est testée pour chaque spot. Le produit des rapports d'intensités des deux lames doit être égal à 1. La moyenne et l'écart-type de la distribution de ces produits sont calculés et les spots pour lesquels ce produit n'est pas compris dans un intervalle de plus ou moins deux écart-types de la distribution sont éliminés de l'analyse

car les intensités obtenues entre les deux expériences sont considérées comme non reproductibles (Quackenbush J., 2002).
Afin de déterminer les gènes présentant une expression différentielle entre les deux conditions, les rapports des intensités des spots sont représentés sur un graphique selon l'équation log2(R/G) = f(log10(R*G)). Des fenêtres de taille déterminée (50 spots) sont définies le long de l'axe log10 (R*G), et pour chaque fenêtre la moyenne et l'écart-type de la distribution des log2 (R/G) sont calculés. Les gènes définis comme significativement exprimés sont ceux qui ont un log2 (R/G) au moins deux fois supérieur à l'écart-type de la distribution (technique appelée "intensity-dependent Z-score", [374]).

3.7.7 Ré-annotation des séquences "spottées" sur les lames

3.7.7.1 Mise à jour des annotations

La conception des microarrays a été faite à partir d'assemblage d'EST de Vigne disponibles sur le site du TIGR. Les séquences fixées sur les lames sont des séquences uniques calculées avec un algorithme de Xiaowei Wang[40]. Chaque séquence oligonucléotidique est définie pour s'hybrider spécifiquement avec un gène prédit appelé TC (Tentative Consensus). Le numéro des TC et leur annotation évoluent en fonction des différentes versions du TIGR mis à jour tous les 6 mois. Les coordonnées d'un spot sur la lame, la séquence de l'oligonucléotide déposé à cette position, le TC associé et son annotation fonctionnelle sont des données regroupées dans un fichier appelé GAL (Genepix array List). Ce fichier qui permet d'identifier automatiquement chaque spot déposé sur les lames n'a pas été réactualisé depuis la version 4 et des erreurs de correspondance entre les TC et l'oligonucléotide avaient été notées. De fait, il a fallu remettre à jour le fichier GAL. Pour se faire, chaque oligonucléotide différentiellement exprimé a été aligné simultanément sur l'ensemble des TC disponibles dans la version 5 de Vigne *via* le programme BLAST et sur l'ensemble des gènes prédits sur le site du Génoscope via le programme BLAT. Au final, seuls les spots dont les oligonucléotides respectaient deux conditions ont été retenus:
- l'oligonucléotide doit présenter une homologie de séquence sur les 70 mers avec le TC du TIGR
- l'oligonucléotide et le TC doivent s'aligner sur le même gène prédit par le Génoscope.

---

[40] http://pga.mgh.harvard.edu/oligopicker/

3.7.7.2 Catégories fonctionnelles

Les gènes différentiellement exprimés ont été classés manuellement en catégories fonctionnelles, en utilisant le catalogue fonctionnel préparé pour les analyses de microarray d'*Arabidopsis thaliana* MIPS[41] (Munich Information Center for Protein Sequences) Funcat 2. Pour ce faire, nous avons utilisé les annotations GO (Gene Ontology) disponibles sur le site du TIGR ou celui du Genoscope. Dans le cas échéant, la catégorie fonctionnelle a été attribuée suite à une recherche bibliographique effectuée à partir de la séquence.

4 Méthodes de transgenèse et d'analyses des plantes transgéniques

4.1 Préparation et transformation d'agrobactéries électrocompétentes

La préparation et la transformation des bactéries *Agrobacterium tumefaciens* électrocompétentes sont réalisées selon le même protocole que dans le § 3.6.8.2 mais la culture est effectuée à 28°C.

La construction pADI-VvMyb82 a été introduite dans la souche GV3101 d'*A. tumefaciens* par la technique d'électroporation. Les souches transformées sont cultivées à 28°C pendant 48 h sous agitation (180 rpm) dans le milieu de sélection LB supplémenté de 10 µg/mL de chloramphénicol, 25 µg/mL de rifampicine et 100 µg/mL de spectinomycine. Cette suspension d'agrobactéries est ensuite diluée au centième, remise en culture pendant une nuit avant d'être utilisée pour la transformation.

4.2 Transformation stable d'*Arabidopsis thaliana* et sélection des plantes

La transformation des plantes d'*Arabidopsis* est réalisée par inoculation des inflorescences de la plante avec la souche d'*A. tumefaciens* contenant le vecteur d'intérêt [375].

---

[41] **MIPS** http://mips.gsf.de/catalogue

Les plants d'*Arabidopsis* Col-0 sont cultivés en terre jusqu'à l'obtention d'hampes florales d'une dizaine de centimètre.

La DO_{600nm} d'une culture d'*A. tumefaciens* en phase exponentielle de croissance est mesurée et les bactéries sont centrifugées à 5000 g pendant 10 min à 4°C. Le surnageant est éliminé et les bactéries sont reprises dans la solution de transformation [MS1/2 pH 5,7, glucose 5% (p/v)] de façon à obtenir une DO_{600nm} de 0,8. Le Silwett L77, un tensioactif permettant une bonne imbibition des tissus d'*Arabidopsis* et une meilleure pénétration d'*A. tumefaciens* est ajouté extemporanément [0,05 % (v/v)] à la solution de transformation. Les inflorescences sont ensuite trempées pendant 30 secondes dans la solution, puis gardées en atmosphère humide à l'obscurité pendant 24 h. Enfin, les plantes sont remises en chambre de culture jusqu'à l'obtention des graines.

Apres récupération, les graines sont décontaminées et séchées sous hotte. Elles sont ensuite étalées sur de grandes boîtes de pétri contenant le milieu de germination gélosé additionné de l'antibiotique approprié. Les boîtes sont ensuite placées à 4°C pendant 40 h pour la vernalisation des graines puis mises en chambre de culture jusqu'à l'apparition de plantules résistantes à l'antibiotique de sélection. Les plantules sont alors transférées en terre.

4.3 Méthodes d'analyses des plantes transgéniques

Les plantes transformées sont analysées par PCR et RT-PCR (§ 3.2.3/4) de façon à vérifier l'intégration de l'ADN-T dans l'ADN génomique de la plante ou l'expression du transgène. Le produit d'amplification de la jonction gène d'intérêt/ADN-T est séquencé pour vérifier l'insertion de l'ADN-T dans le gène d'intérêt.

5 Méthodes d'analyses histologiques

5.1 Réalisation de coupes d'échantillons frais

Les coupes de baies de Béquignol mutant ont été effectuées grâce à un microtome à lame vibrante (Microm HM 650V) de la plateforme PTIC (Plateau Technique Imagerie Cytologie) de l'IBVM (INRA, Bordeaux). Après avoir effectué une coupe transversale à l'aide d'un scalpel, la ½ baie est fixée sur une lame de verre puis placée au centre du microtome dans un milieu aqueux. Des coupes transversales d'épaisseurs comprises entre 60 µm et 100 µm ont été réalisées. Les coupes sont alors prélevées puis déposées entre lame et lamelles dans une goutte d'eau distillée.

5.2 Observation et acquisition des images

Les échantillons ont été observés avec un microscope (Zeiss Axiophot) disponible sur la plateforme PTIC. Les objectifs x10 et x20 ont été utilisés. Les images sont ensuite acquises à l'aide d'une caméra numérique (Sony DKC-CM30).

ANNEXES

ANNEXE 1. Amorces utilisées pour les clonages des gènes *VvMyb5a*, *VvMybPA1* et *VvMyb24* (promoteurs, ADNc, simple et double hybride).

La localisation des amorces est indiquée par rapport à l'ATG. Les amorces localisées dans la région promotrice sont indiquées avec un chiffre négatif.

Nom de l'oligonucléotide	Séquence 5'-3'	Localisation sur le gène		Utilisation
Double hybride				
Clonage de séquences du gène VvMyb5a				
GRDsens	AATGAATTCGGAAATCATAATCATCATCAG	ADNc	752 pb	Clonage du domaine GRD de VvMyb5a dans le vecteur pGBKT7
GRDAS	AATGGATCCGCTGGGTGGGCAATGGT	ADNc	847 pb	
Promoteur				
PromVvMyb5asens	CAGAGCCGCCAATAACCCT	ADNg	-1234 pb	Clonage du promoteur *VvMyb5a*
5'VvMyb5aAS	GTAAGACTCCGTGTCTGTACC	ADNc	48 pb	
PrgusHindS	AATAAGCTTGATTTGGTTTAGCTGAAGAG	ADNg	-1339 pb	
PrgusHindS1	AATAAGCTTGGAAAAAATATTACCTCTC	ADNg	-1135 pb	
PrgusHindS2	AATAAGCTTCCTGAACCATTCCCAT	ADNg	-943 pb	Dissection fonctionnelle de *VvMyb5a* ;
PrgusHindS3	AATAAGCTTGATTCCCACCAATTCCAA	ADNg	-715 pb	
PrgusHindS4	AATAAGCTCAATTTAGAAGTAGTTCC	ADNg	-524 pb	Clonage des fragments Fp0 à Fp5 dans le vecteur pAM35
PrgusHindS5	AATAAGCTTGACTGGCTGGATTCTATT	ADNg	-323 pb	
PrgusPstAS	AATCTGCAGCCCTCTGGCTTGCTTCTCTGC	ADNg	-1pb	
Simple hybride				
PROM1sens	ACTGAATTCGATTTGGTTTAGCTGAAGAG	ADNg	-1339 pb	
PROM1AS	TTCGAGCTCCTCTCTTTTGTTAACCGTC	ADNg	-1136 pb	
PROM2sens	AAAGAATTCGGAAAAAATATTACCTCTC	ADNg	-1135 pb	
PROM2AS	AAAGAGCTCCAGAGTGGGTTATCGGAC	ADNg	-944 pb	
PROM3sens	ACTGAATTCCTGAACCCATTCCCAT	ADNg	-943 pb	Clonage des séquences promotrices S₀ à S₅ de *VvMyb5a* dans le vecteur pHIS2
PROM3AS	TTCGAGCTCCTTTAATCTGAAAAGTA	ADNg	-716 pb	
PROM4sens	AAAGAATTCGATTCCCACCAATTCCAA	ADNg	-715 pb	
PROM4AS	TTTGAGCTCTTATTTTGCCTTATCCAG	ADNg	-525 pb	
PROM5sens	TCCGAATTCCAATTTAGAAGTAGTTCC	ADNg	-524 pb	
PROM5AS	TTCGAGCTCATATCCGTCCTTTTGGAG	ADNg	-324 pb	

ANNEXE 1 (suite).

Nom de l'oligonucléotide	Séquence 5'-3'	Localisation sur le gène		Utilisation
Clonage du gène *VvMybPA1*				
5RaceMyb3AS1	ATGGGCAGAGCACCTTGTTC	ADNc	-111 pb	Clonage de l'extrémité 5' non codante par 5'RACE
3RaceMyb3sens2	GGGAAATCGGTGGTCTCTCATCGC	ADNc	280 pb	Clonage de l'extrémité 3' non codante par 3'RACE
VvMyb3sens VvMyb3AS	GTACTTGTAGAGTGATAAGGGAAAG CTGGTTATGCTTGCTTGCTTGCTTGC	ADNc ADNc	-42 pb 928 pb	Clonage de la séquence codante et de la séquence génomique
5'BMyb3 3'XMyb3	TAATGGATCCATGGGCAGAGCACCTTGTTGT TAATTCTAGATTAAATGAGTAGTGATTCGGCGA	ADNc ADNc	1 pb 861 pb	Clonage de la séquence codante de *VvMybPA1* dans le vecteur pADI pour la transgénèse dans *Arabidopsis*
Clonage de la séquence codante du gène *VvMyb24*				
CB913371scDNA CB913371AScDNA	CTTCTCTGTCCCTCTCTC GGTTCGACCTTATCATATAG	ADNc ADNc	1pb 567 pb	Clonage de la séquence codante

ANNEXE 2. Couples d'amorces utilisées pour les analyses des profils d'expression par RT-PCR semi-quantitative.

La localisation des amorces est indiquée par rapport à l'ATG. Les amorces localisées dans la région promotrice sont indiquées avec un chiffre négatif.

Nom de l'oligonucléotide	Séquence 5'-3'	Taille de l'amplification	TM
Expression du gène *VvMybPA1*			
M5FS1 M5FAS	CCTTCTGTCCCTTGATTCTC CGGTGGTCTCTCATCGCAG	303 pb	60°C
5'BMyb3 3'XMyb3	TAATGGATCCATGGGCAGAGCACCTTGTTGT TAATTCTAGATTAAATGAGTAGTGATTCGGCGA	861 pb	58°C
Expression du gène *AtMyb82*			
AtMyb82sens AtMyb82AS3	ATGGAATGCAAAAGAGAAGAAG CCAGGAAAGTCCTAAAGCTG	617 pb	60°C
Expression des gènes *VvMybA*			
VvMybA1F2 VvMybA1R2	AGATGCCGAAAAAGCTGCAGG CTCCTTTTTGAAGTGGTGACT	207 pb	64°C
VvMybA1sens VvMybA2rAS	ATGGAGAGCTTAGGAGTTAGAAAG CATTTGATCTGATATAGACCATTG	1047 pb	60°C
VvMybA3sens VvMybA3AS	GCAACACAGACAAAGGGACC TGATTAGAGAGTAGAGTGTG	193 pb	56°C
Expression du gène *VvMyb24*			
CB913371sens CB913371AS	AGATGCCGAAAAAGCTGCAGG CTCCTTTTTGAAGTGGTGACT	253 pb	58°C
pRTCB913371sens pRTCB913371AS	CCCGGGATGGATAAAAACCCTGC GGATCCTTAATCTCCATTAAGTAG	567 pb	56°C
CB913371scDNA CB913371AScDNA	CTTCTCTGTCCCTCTCTCTC GGTTCGACCTTATCATATAG	567 pb	60°C

ANNEXE 2 (suite).

Nom de l'oligonucléotide	Séquence 5'-3'	Taille de l'amplification	TM
Gènes constitutifs			
EF1γsens EF1γAS	GCGGGCAAGAGATACCTCAA TCAATCTGTCTAGGAAAGGAAG	258 pb	56°C
Act2E1S Act2AS	ATCTCATCTTCTTCCGCTCTTT CAGTAAGGTCACGTCCAGCA	ADNg : 1127 pb ADNc : 606 pb	60°C

ANNEXE 3. Amorces utilisées pour les criblages des bactéries et des levures.

Nom de l'oligonucléotide	Séquence 5'-3'	Localisation	Utilisation
Criblage simple et double hybride			
T7DH 3AD	TAATACGACTCACTATAGGCGA GTGAACTTGCGGGGTTTTCAGTATCTACGATT	Vecteur pGADT7 et pGADT7-Rec2	Criblage du nombre de plasmide par clones de levures/Taille de l'ADNc insérés
pHISsens pHISAS	CGACGGCCAGTGAATTGTAATACG TCTGCTCTGTCATCTTTGCCTTCG	Vecteur pHIS2	Clonage du fragment S4 de VvMyb5a dans le vecteur pHIS2
2Ssens 2SAS	GGTCAGGGTCAGGGTCAGGG GTTACTCGTTTCCAGTCACCG	Gène Alb1 (2S Albumine)	Elimination par PCR des clones récurrents obtenus en double hybride
Grip22sens Grip22AS	TATAATGGGGATCCCGGTGTG GGGTTCTGGTGGCACTGGGCT	Grip 22 (Grape ripening induced protein 22)	
Criblage des clones bactériens positifs			
T7 Sp6	TAATACGACTCACTATAGGG TATTTAGGTGACACTATAG	Vecteur pGEMT®-easy	Clonage dans le vecteur pGEMT®-easy
pHISsens pHISAS	CGACGGCCAGTGAATTGTAATACG TCTGCTCTGTCATCTTTGCCTTCG	Vecteur pHIS2	Clonage du fragment S4 de VvMyb5a dans le vecteur pHIS2
pAM35sens pAM35AS	CGACGGCCAGTGAATTGTAATACG TCTGCTCTGTCATCTTTGCCTTCG	Vecteur pAM35	Clonage des séquences promotrices de VvMyb5a dans le vecteur pAM35

ANNEXE 4. Amorces utilisées pour la transgénèse chez *Arabidopsis thaliana* : génotypage des mutants d'insertion, amplification de la jonction gène *AtMyb82*/ADN-T dans les lignées d'insertion d'ADN-T, expression du transgène *VvMybPA1*.

La localisation des amorces est indiquée par rapport à l'ATG.

Nom de l'oligonucléotide	Séquence 5'-3'	Localisation	Utilisation
Mutants *AtMyb82*			
TCO3 (1) 8409 (2)	TTGTGAGCCAAACAAAAGTTACAC GAATAAGAAGTTAGTATCGGTAAA	*AtMyb82* (-745 pb ADNg) FG (Frontière gauche) ADN-T	Amplification des jonctions entre le gène *AtMyb82* et les frontières droite et gauche de l'ADN-T/Génotypage des mutants d'insertion
3144 (5) AtMyb82AS3 (6)	GTGGATTGATGTGATATCTCC CCAGGAAAGTCCTAAAGCTG	FD (Frontière droite) ADN-T *AtMyb82* (783 pb ADNg)	
AtMyb82sens (3) AtMyb82AS (4)	ATGGAATGCAAAAGAGAAGAAG GTTGAAGAGGAGGAGGAAAA	ADNg 1 pb ADNg 246 pb	Génotypage des mutants d'insertion
Transformant 35 ::*VvMybPA1*			
5'BMyb3 3'XMyb3	TAATGGATCCATGGGCAGAGCACCTTGTTGT TAATTCTAGATTAAATGAGTAGTGATTCGGCGA	ADNc 1 pb ADNc 861 pb	Criblage des plantes transformées avec le gène *VvMybPA1*

ANNEXE 5.

Carte du vecteur pGEMT®-easy (Promega)

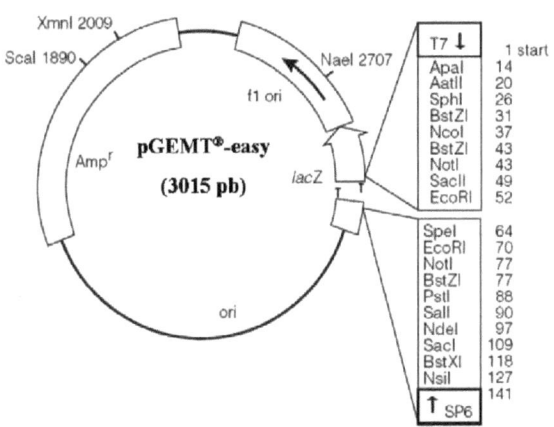

Multisite de clonage du vecteur pGEMT®-easy

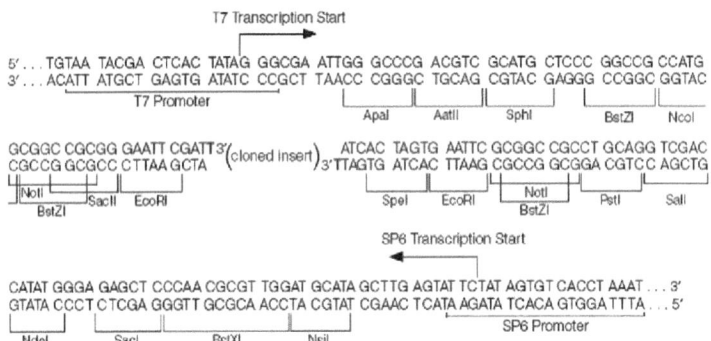

ANNEXE 6.

Carte du vecteur pGBKT7 (Clontech)

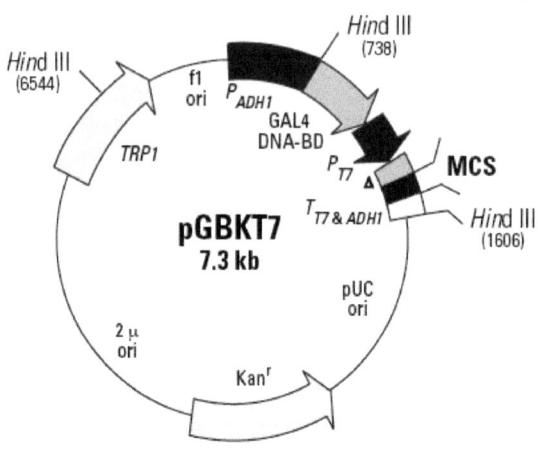

▲ c-Myc epitope tag

Multisite de clonage du vecteur pGBKT7

```
        MATCHMAKER 5' DNA-BD Vector
1155    Insert Screening Amplimer          GAL4 DNA-Binding Domain
        TCA TCG GAA GAG AGT AGT AAC AAA GGT CAA AGA CAG TTG ACT GTA TCG CCG GAA TTT
                                                                      a.a.
1212          T7 Sequencing Primer                                    147
        •    T7 Promoter                                    c-Myc Epitope Tag
        GTA ATA CGA CTC ACT ATA GGG CGA GCC GCC ATC ATG GAG GAG CAG AAG CTG ATC TCA GAG GAG GAC CTG
                                                        START
                                                        in vitro
1281
        CAT ATG GCC ATG GAG GCC GAA TTC CCG GGG ATC CGT CGA CCT GCA GCG GCC GCA TAACTAGCATAACCCC
        Nde I    Nco I  Sfi I  EcoR I Sma I/ BamH I Sal I    Pst I              STOP    STOP
1342                                   Xma I                                    (orf 1) (orf 2)
                  T7 Terminator
        TTGGGGCCTCTAAACGGGTCTTGAGGGGTTTTTGCGCGCTTGCAGCCAAGCTAATTCCGGGCGAATTTCTTATGATTT
                       STOP
                       (orf 3)
1430
        ATGATTTTTATTATTAAATAAGTTATAAAAAAAATAAGTGTATACAAATTTTAAAGTGACTCTTAGGTTTTAAAACGAAAA
                                                                3' DNA-BD Sequencing Primer
                                MATCHMAKER 3' DNA-BD Vector
                                Insert Screening Amplimer
```

ANNEXE 7.

Carte du vecteur pGADT7-Rec (Clontech)

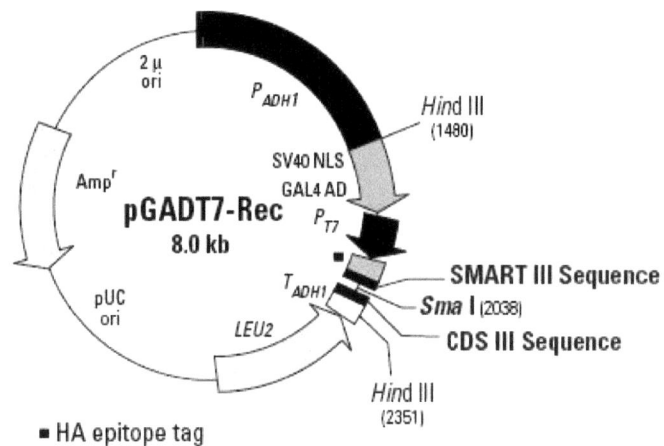

Multisite de clonage du vecteur pGADT7-Rec2

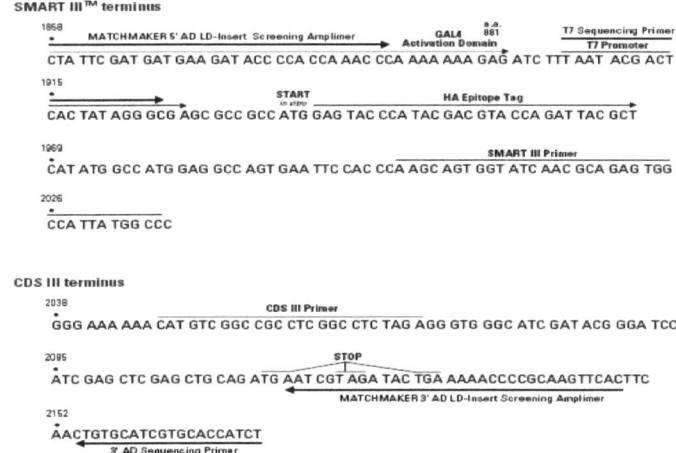

ANNEXE 8.

Carte du vecteur pGBKT7-53 (Clontech)

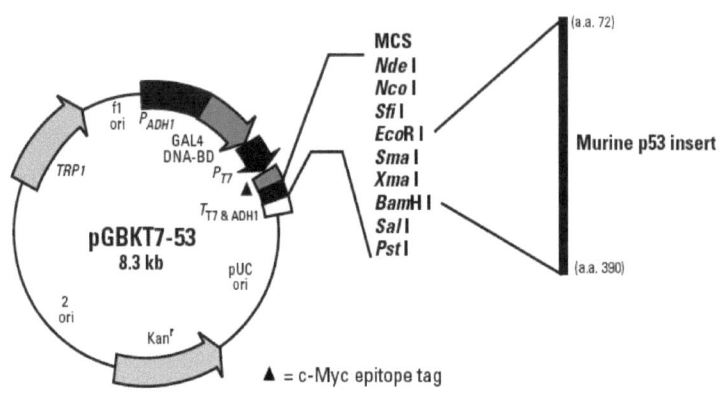

Carte du vecteur pGADT7-RecT (Clontech)

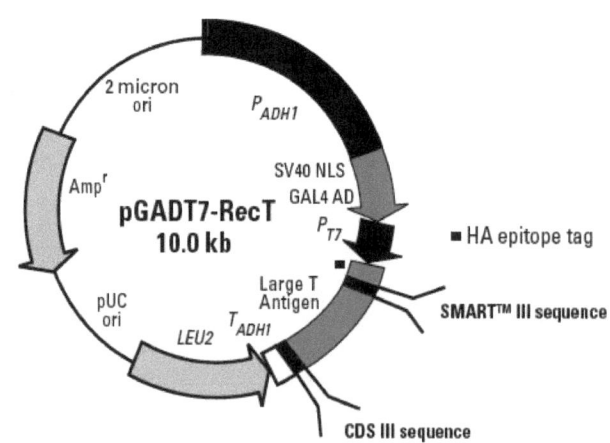

ANNEXE 8 (suite).

Carte du vecteur pGBKT7-Lam (Clontech)

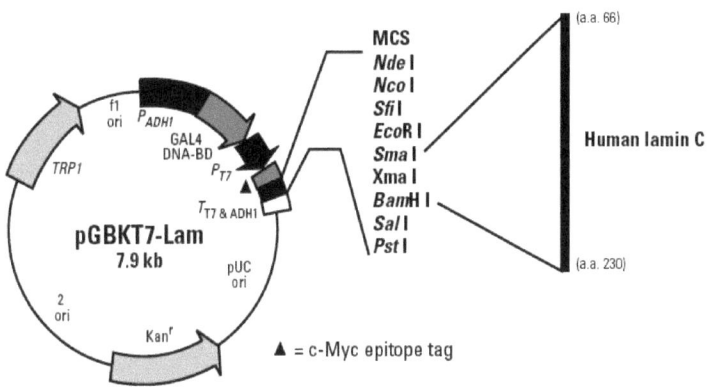

ANNEXE 9.

Carte du vecteur pHIS2 (Clontech)

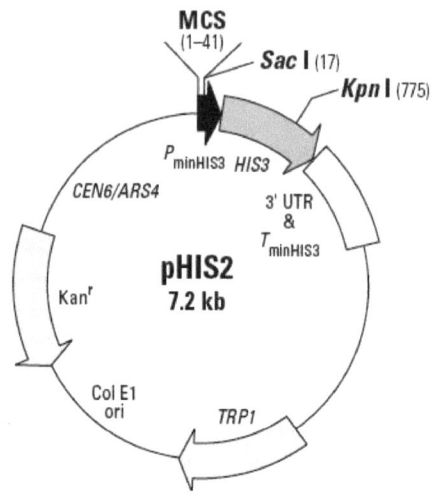

Multisite de clonage du vecteur pHIS2

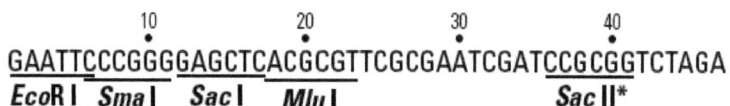

ANNEXE 10.

Carte du vecteur pGADT7-Rec2 (Clontech)

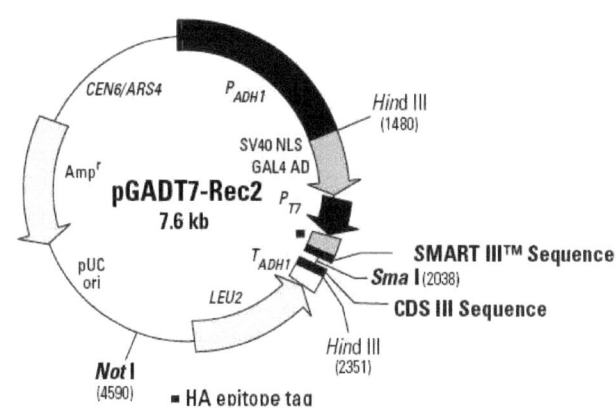

Multisite de clonage du vecteur pGADT7-Rec2

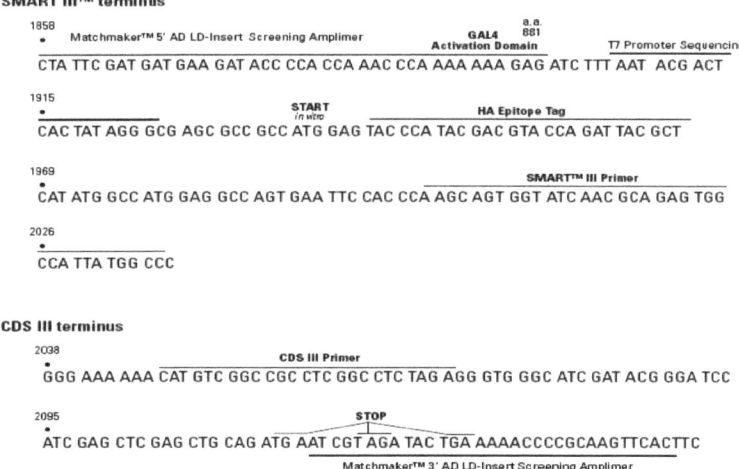

ANNEXE 11.

Carte du vecteur p53HIS2 (Clontech)

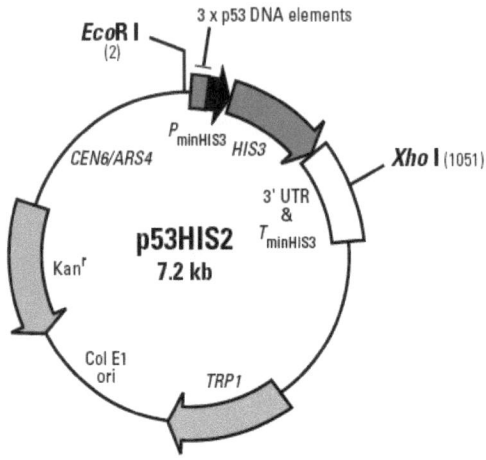

Vecteur pGAD-Rec2-53 (Clontech)

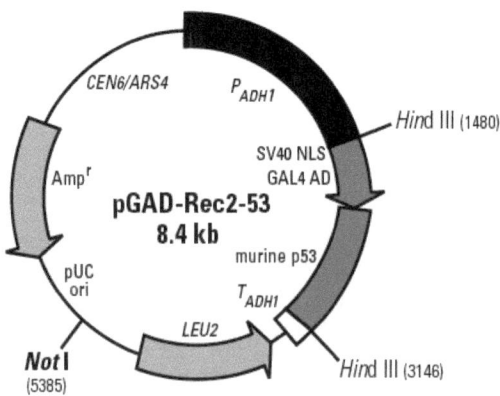

ANNEXE 12.

Vecteur pAM35 (D'après [365])

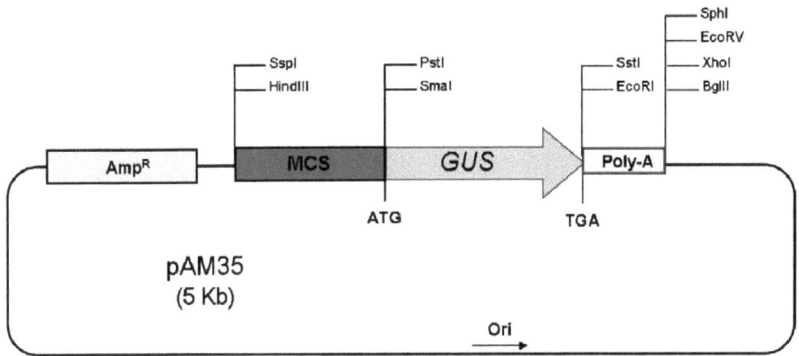

GUS : gène de la β-glucuronidase. **Ori** : origine de réplication bactérienne.
Amp[R] : gène *bla* (ß-lactamase) qui confère une résistance à l'ampicilline.
MCS: Multisite de clonage.

ANNEXE 13.

Carte du vecteur pADI (communication personnelle M. Hernould)

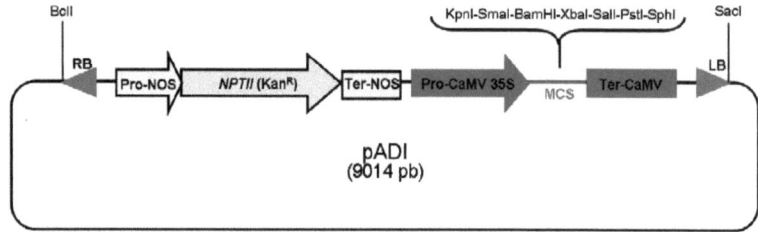

RB: bordure droite de l'ADN-T, **Pro-*NOS***: promoteur de la nopaline synthase, ***NPTII***: gène de la néomycin phosphotransferase II, **Ter-NOS**: terminateur de la nopaline synthase, **Pro-CaMV**: promoteur du virus de la mosaïque du chou-fleur, **MCS**: Multisite de clonage, **Ter-CaMV**: terminateur du virus de la mosaïque du chou-fleur, **LB**: bordure gauche de l'ADN-T.

ANNEXE 14. Liste des gènes régulées de façon différentielle entre les deux pellicules des baies mixtes de Béquignol mutant: la pellicule rouge et la pellicule blanche.

Seuls les gènes communs aux deux réplicats biologiques sont présentés dans ce tableau. L'identifiant ID, le numéro de TC, le numéro d'accession du gène homologue, l'identifiant Génoscope, le rapport d'expression et le nom du gène sont présentés. L'ID représente les annotations de chaque oligonucléotide déposé sur les puces à ADN, le TC correspond à la séquence d'ADNc pleine longueur ou partielle d'un gène dans la base de données du TIGR, l'ID Uniprot correspond à l'identifiant de la protéine. Les valeurs Ratio BR/BB correspondent au logarithme en base 2 des intensités de la pellicule rouge par rapport à la pellicule blanche. Chacune de ces valeurs correspond à la moyenne du logarithme des intensités d'une hybridation et de son swap. En rouge, sont représentées les gènes dont l'expression est activée dans la pellicule rouge par rapport à la pellicule blanche et en bleu les gènes réprimés. Les abréviations sont BR pour pellicule rouge du Béquignol mutant et BB pour pellicule blanche du Béquignol blanc.

ID	Ratio BR/BB	TC VvGI5	Accession Genbank	Accession Génoscope	ID Uniprot	Nom du gène
MÉTABOLISME						
Métabolisme						
Vv_10013819	2,79	TC60454	CD712859	GSVIVT00029087001	Q67V42	MutT domain protein-like
Vv_10011954	5,67	TC58552	CF211395	GSVIVT00023340001	Q8LIG3	Hydrolase
Métabolisme carboné						
Vv_10004797	0,492	TC55714	CF208002	GSVIVT00001594001	Q9LZS7	Putative lipase/acylhydrolase
Métabolisme des lipides						
Vv_10002706	2,07	TC67671	CB916572	GSVIVT00036595001	Q7X9T1	Alpha-amylase
Vv_10001316	2,36	TC59768	CF403736	GSVIVT00002749001	Q93YH3	ATP citrate lyase b-subunit
Vv_10005273	2,65	TC63991	CB009057	GSVIVT00028001001	Q3EDK1	similar to Protein At1g02850
Métabolisme des acides aminés						
Vv_10001147	2,43	TC54321	BQ796922	GSVIVT00015196001	Q6YH16	3-deoxy-D-arabino-heptulosonate 7-phosphate synthase
Vv_10008439	2,57	TC58764	CF605906	GSVIVT00011776001	Q5GIJ6	Polyphenol oxidase
Vv_10004275	2,81	TC57642	CB972316	GSVIVT00013348001	O24051	3-deoxy-D-arabino-heptulosonate 7-phosphate synthase precursor
Métabolisme extracellulaire						
Vv_10000555	4,59	TC62087	CB342790	GSVIVT00000051001	Q8H2A6	Germin-like protein
Métabolisme des phénylpropanoïdes						
Vv_10007208	2,31	TC51705	BM437829	GSVIVT00016217001	Q84NG3	Flavonoid 3',5'-hydroxylase
Vv_10010643	2,48	TC63447	CB968638	GSVIVT00016500001	Q41293	Phenylalanine ammonia-lyase
Vv_10003457	2,53	TC63764	CF213530	GSVIVT00036840001	Q6IV45	Ferulate 5-hydroxylase
Vv_10011253	2,73	TC52364	CF215109	GSVIVT00037163001	Q9M560	Caffeic acid O-methyltransferase
Vv_10004575	2,95	TC55034	CA813921	GSVIVT00029513001	P51117	Chalcone isomerise
Vv_10009527	3,09	TC66743	CB974305	GSVIVT00014031001	Q49LX	4-coumarate–CoA ligase 2
Vv_10004481	3,38	TC51696	AB047090	GSVIVT00014047001	Q9AVK6	UDP-glucose:flavonoid 3-O-glucosyltransferase
Vv_10003716	3,96	TC66040	CD715818	GSVIVT00031383001	O24145	4-coumarate:coA ligase 2
Vv_10008118	4,29	TC67409	CF404765	GSVIVT00006341001	Q8W3P6	Chalcone synthase
Vv_10004449	5,03	TC61248	CF512453	GSVIVT00024561001	Q94C45	Phenylalanine ammonia-lyase 1
Vv_10000978	5,1	TC66528	CF511227	GSVIVT00013926001	P45735	Phenylalanine ammonia lyase 1
Vv_10003750	5,67	TC60180	CK136925	GSVIVT00018175001	Q6UD65	Dihydroflavonol 4-reductase
Vv_10000485	6,12	TC51699	CB969894	GSVIVT00014584001	P93799	Flavonome-3-hydroxylase
Vv_10003855	6,54	TC70298	CF415693	GSVIVT00036784001	P4109	

ID	Ratio BR/BB	TC VvGI5	Accession Genbank	Accession Génoscope	ID Uniprot	Nom du gène
ÉNERGIE						
Transport des électrons et conservation de l'énergie						
Vv_10003885	0,45	TC65998	CF403966	GSVIVT00015518001	P17340	Plastocyanin, chloroplast precursor
Photosynthèse						
Vv_10010962	0,48	TC53833	CF404451	GSVIVT00025803001	Q8GV53	Photosystem II 10 kDa protein
Glycolyse et gluconéogenèse						
Vv_10002681	2,15	TC70261	CF41516	GSVIVT00002610001	Q8L7J4	Pyruvate kinas
Vv_10004365	2,72	TC56030	CB920915	/	Q7FAH2	Glyceraldehyde-3-phosphate dehydrogenase, cytosolic
TRANSCRIPTION						
Activation de la transcription						
Vv_10006719	0,57	TC59409	CD797991	GSVIVT00020719001	Q70RD2	MYB-like protein
Vv_10001880	2,19	TC64282	CD800189	GSVIVT00027001100	Q6R7N3	WRKY41
Vv_10000830	2,44	TC62707	CA814568	GSVIVT00024387001	Q5TJD5	Zinc finger DNA-binding protein
Maturation des ARN						
Vv_10004886	2,14	TC52114	CF511110	GSVIVT00003606001	Q6YS30	Putative RNA helicase
SYNTHÈSE DES PROTÉINES						
Protéines Ribosomales						
Vv_10013557	2,08	TC52657	CB976458	/	Q8LAA	50S ribosomal protein
TRANSPORT						
Transport de substrat						
Vv_10008655	0,386	TC66195	CA817061	GSVIVT00017430001	Q9MBG9	Amino acid/polyamine transporter II
Vv_10007334	0,408	TC64351	CB974139	GSVIVT00036466001	Q6XL72	Cytochrome P-450-like protein (Fragment)
Vv_10004046	0,455	TC52892	CAK16891	GSVIVT00014312001	P07591	Thioredoxin M-type, chloroplast precursor
Vv_10005126	2,09	BM437693	CD004023	GSVIVT00009744001	Q94BV7	similar to AT4gt95020
Vv_10000751	3,72	TC61828	CF206451	GSVIVT00037742001	Q84TK8	Hypothetical protein

ID	Ratio BR/BB	TC VvGI5	Accession Genbank	Accession Génoscope	ID Uniprot	Nom du gène
DEVENIR DES PROTÉINES						
Modifications des protéines						
Vv_10005496	0,397	TC57148	CA807881	GSVIVT00010914001	Q6Z671	chloroplast nucleoid DNA-binding protein cnd41
Vv_10001253	0,468	TC57402	CF516179	GSVIVT00010914001	Q5Z4E5	41 kD chloroplast nucleoid DNA binding protein similar to At3g13430
Vv_10014132	2,28	TC69076	CD798319	GSVIVT00020045001	Q6NMJ8	Serine carboxypeptidase
Vv_10005003	2,52	TC58515	CF207195	GSVIVT00001507001	Q33BK5	Serine carboxypeptidase II-like protein
Vv_10011082	2,57		CF372125	GSVIVT00007061001	Q9LSM9	Glucose acyltransferase
Vv_10001107	5,55	TC58359	CF208300	GSVIVT00038626001	Q9LKY6	
Dégradation des protéines et peptides						
Vv_10001937	2,2	TC52230	CB980609	GSVIVT00015411001	Q9CAQ7	Nuclelin-like protein
Vv_10001062	2,58	TC55587	CD720960			similar to endopeptidase inhibitor
COMMUNICATION CELLULAIRE/MÉCANISME DE TRANSDUCTION DU SIGNAL						
Signalisation cellulaire						
Vv_10009610	2,46		CD006098	GSVIVT00026386001	Q9LZZ4	Protein kinase domain protein
Vv_10010624	4,53	TC67402	CF511102	GSVIVT00013813001	Q40523	Ras-related protein Rab11A
RÉPONSE DE DÉFENSE						
Réponse au stress						
Vv_10008701	0,32	TC55088	CF604824	GSVIVT00024648001	Q9LT39	polygalacturonase inhibitor
Vv_10008818	2,15	TC55328	CA818781	GSVIVT00016176001	Q8LL12	EDS1 (Enhance Disease Susceptibility 1)
Vv_10000593	2,39	TC63091	AF194173	GSVIVT00014303001	Q43690	alcohol dehydrogenase 1 (ADH1)
Vv_10004981	6,28	TC67060	CA814153	GSVIVT00038581001	Q7XAJ6	Putative pathogenesis related protein 1 precursor
Vv_10011243	8,21	NP833510	AJ536326	GSVIVT00038575001	Q7XAJ6	Putative pathogenesis related protein 1 precursor
Vv_10009597	9,39	TC52279	CF519104	GSVIVT00021517001	Q75QH3	Harpin inducing protein (Hin1
Maladies, virulence et défense						
Vv_10003617	2,38	TC64228		GSVIVT00001107001	P93621	Osmotin like protein
Vv_10013947	2,46	NP_181307	AY427142	GSVIVT00017940001	Q6T9U9	
Vv_10004060	2,85	TC60409	CA817457	GSVIVT00024746001	Q9LID5	Disease resistance response protein-like
Vv_10010803	3,68	TC58023	CD715995	GSVIVT00027447001	Q5MJX0	Avr9/Cf-9 rapidly elicited protein 20
Vv_10000483	4,35	TC53320	CD719788	GSVIVT00007703001	Q9XIY9	NtPRp27-like protein
Vv_10008072	5,76	TC63891	CB972023	GSVIVT00001109001	Q7XAU7	Thaumatin-like protein
Vv_10002588	10,6	TC56222	BM436446	GSVIVT00024739001	Q9LID5	Disease resistance response protein-like
Détoxification						
Vv_10008745	3,85	TC62793	CA817974	GSVIVT00031723001	Q43032	Anionic peroxidase precursor
Vv_10001226	12,6	TC69505	CB980625	GSVIVT00023496001	Q56AY1	Glutathione S-transferase

ID	Ratio BR/BB	TC VvGI5	Accession Genbank	Accession Génoscope	ID Uniprot	Nom du gène
INTERACTION SYSTEMIQUE AVEC L'ENVIRONNEMENT						
Perception systémique spécifique plante/champignon et réponse						
Vv_10009047	0,483	TC55701	CF606133	GSVIVT00000692001	Q84RC3	Gibberellin 2-oxidase 1
Vv_10004370	3,46	TC60326	CB970406	GSVIVT00025952001	Q8S932	1-aminocyclopropane-1-carboxylate oxidase (ACC oxidase)
SORT DE LA CELLULE						
Croissance cellulaire/morphogenèse						
Vv_10011267	0,469	TC66717	CB917184	GSVIVT00021669001	Q7PCA1	Putative phytosulfokine peptide precursor
BIOGENÈSE DE COMPOSES CELLULAIRE						
Paroi						
Vv_10008891	0,450	/	CB981513	GSVIVT00020310001	Q8L685	Pherophorin-dz1 protein precursor
FONCTION INCONNUE						
Classification pas claire						
Vv_10000209	0,47	TC51849	CB340267	GSVIVT00009172001	Q9SHG8	SOUL-like protein
Vv_10010935	3,92	TC68716	CF511863	GSVIVT00007061001	/	Hypothetical protein
Vv_10011077	4,14	/	CF604877	GSVIVT00014186001	Q9NES7	Hypothetical protein
Fonction inconnue						
Vv_10013999	0,41	TC69080		GSVIVT00002776001	/	/
Vv_10009017	0,45	TC63012			/	/
Vv_10000726	0,47	TC58843	CD798668	GSVIVT00006752001	Q9T0A4	Hypothetical protein AT4g23890
Vv_10007532	2		CD003599	GSVIVT00035872001	Q8W3M8	6b-interacting protein 1
Vv_10011764	2,03	TC66212	CB981835		/	/
Vv_10013488	2,05	TC66627	CF415232		/	/
Vv_10013031	2,12	TC63994	CD798384	GSVIVT00029400001	Q8LG60	Hypothetical protein At5g27760
Vv_10009312	2,17	TC62568	CF210311		/	/
Vv_10013613	2,20	TC55407	CF414634	GSVIVT00019287001	/	/
Vv_10005909	2,28	TC56007	CF403459	GSVIVT00029825001	/	/
Vv_10007239	2,30	TC67690	CD011601		/	/
Vv_10011993	2,38	TC64701	CF405502	GSVIVT00030454001	Q9ZU37	Predicted by genscan and genefinder
Vv_10005505	2,42	TC69160	BQ793105	GSVIVT00014228001	/	/
Vv_10002661	2,42	TC69135		GSVIVT00038067001	Q9LJ47	Arabidopsis thaliana genomic DNA
Vv_10001280	2,86	TC69524		GSVIVT00035969001	/	/
Vv_10006300	3,20	TC67430	CF605495	GSVIVT00020877001	/	Protein new-gluc 1 precursor (NG-1) similar to At1g13520
Vv_10003495	3,22	TC62955	CF214090	GSVIVT00030230001	Q6NNH1	
Vv_10000513	4,26	TC52465				

ID	Ratio BR/BB	TC VvGI5	Accession Genbank	Accession Génoscope	ID Uniprot	Nom du gène
FONCTION INCONNUE						
Fonction inconnue						
Vv_10011583	4,90	TC55041	CD713131	GSVIVT00014325001	Q6ZD72	Hypothetical protein
Pas d'annotation						
Vv_10014197	2,08	/	/	/	/	/
Vv_10012777	2,29	TC66507	CF205969	GSVIVT00014321001	/	/
Vv_10002315	2,40	TC51939	CF373376	GSVIVT00003392001	Q84XU8	Cold acclimation protein COR413-TM1
Vv_10013582	2,63	TC62568	CF207048	/	/	/
Vv_10014326	3,28	TC56227	/	GSVIVT00017719001	/	Hypothetical protein ORF protein binding
Vv_10014110	3,41	TC70009	/	/	/	/
Vv_10011375	4,33	TC54771	CD009101	GSVIVT00030229001	Q6NM24	Hypothetical protein At1g13470

BIBLIOGRAPHIE

1. Ferrieres J: **The French paradox: lessons for other countries.** *Heart* 2004, **90**(1):107-111.

2. Bisson LF, Waterhouse AL, Ebeler SE, Walker MA, Lapsley JT: **The present and future of the international wine industry.** *Nature* 2002, **418**(6898):696-699.

3. Gronbaek M, Deis A, Sorensen TI, Becker U, Schnohr P, Jensen G: **Mortality associated with moderate intakes of wine, beer, or spirits.** *BMJ* 1995, **310**(6988):1165-1169.

4. Vercauteren JF, Castagnino, Chantal (FR): **Novel cosmetic applications of polyphenols and derivatives thereof** In., vol. EP1519709: Caudalie (FR); 2005.

5. Agreste: www.agreste.agriculture.gouv.fr. 2008.

6. Cronquist A: **The Evolution and Classification of Flowering Plants Second edition.** New York: The New York Botanical Garden; 1988.

7. The Angiosperm Phylogeny Group AI: **An Ordinal Classification for the Families of Flowering Plants.** *Annals of the Missouri Botanical Garden* 1998.

8. Angiosperm Phylogeny Group AI: **An update of the Angiosperm Phylogeny Group classification for the orders and families of flowering plants: APG II**, vol. 141; 2003.

9. Jansen R, Kaittanis C, Saski C, Lee S-B, Tomkins J, Alverson A, Daniell H: **Phylogenetic analyses of Vitis (Vitaceae) based on complete chloroplast genome sequences: effects of taxon sampling and phylogenetic methods on resolving relationships among rosids.** *BMC Evolutionary Biology* 2006, **6**(1):32.

10. Huglin P, Schneider C: **Biologie et écologie de la vigne.** 1998, **Tec & doc, Paris.**

11. This P, Lacombe T, Thomas MR: **Historical origins and genetic diversity of wine grapes.** *Trends in Genetics* 2006, **22**(9):511-519.

12. Jaillon O, Aury JM, Noel B, Policriti A, Clepet C, Casagrande A, Choisne N, Aubourg S, Vitulo N, Jubin C et al: **The grapevine genome sequence suggests ancestral hexaploidization in major angiosperm phyla.** *Nature* 2007, **449**(7161):463-467.

13. Hocquigny S, Pelsy F, Dumas V, Kindt S, Heloir MC, Merdinoglu D: **Diversification within grapevine cultivars goes through chimeric states.** *Genome* 2004, **47**(3):579-589.

14. Baggiolini M: **Les stades repères dans le développement annuel de la vigne et leur utilisation pratique.** *Rev Romande Agric vitic Arboric* 1952, **8**:4-6.

15. Champagnol F: **Eléments de physiologie de la Vigne et de viticulture générale.** In: *Eléments de physiologie de la Vigne et de viticulture générale.* 1984: 351 pp.

16. Coombe BG, Bovio M, Schneider A: **Solute Accumulation by Grape Pericarp Cells: V. Relationship to berry size and the effects of defoliation.** *J Exp Bot* 1987, **38**(11):1789-1798.

17. Coombe BG: **Research on Development and Ripening of the Grape Berry.** *Am J Enol Vitic* 1992, **43**(1):101-110.

18. Cadot Y, Minana-Castello MT, Chevalier M: **Anatomical, Histological, and Histochemical Changes in Grape Seeds from *Vitis vinifera* L. cv Cabernet franc during Fruit Development.** *J Agric Food Chem* 2006, **54**(24):9206-9215.

19. Kennedy JA: **Understanding berry development.** *Practical Winery and Vineyard* 2002, **July/August**:14-23.

20. Park HS: **Le péricarpe des baies de raisin normales et millerandées: ontogénèse de la structure et évolution de quelques constituants biochimiques, notamment les tanins.** *Thèse de l'université de Bordeaux II* 1995, **n°1434**.

21. Coombe BG, Hale CR: **The Hormone Content of Ripening Grape Berries and the Effects of Growth Substance Treatments.** *Plant Physiol* 1973, **51**(4):629-634.

22. Tattersall DB, van Heeswijck R, Hoj PB: **Identification and Characterization of a Fruit-Specific, Thaumatin-Like Protein That Accumulates at Very High Levels in Conjunction with the Onset of Sugar Accumulation and Berry Softening in Grapes**. *Plant Physiol* 1997, **114**(3):759-769.

23. Davies C, Robinson SP: **Differential Screening Indicates a Dramatic Change in mRNA Profiles during Grape Berry Ripening. Cloning and Characterization of cDNAs Encoding Putative Cell Wall and Stress Response Proteins**. *Plant Physiol* 2000, **122**(3):803-812.

24. Ollat N, Diakou-Verdin P, Carde JP, Barrieu F, Gaudillere JP, Moing A: **Grape berry development: A review**. *Journal International Des Sciences De La Vigne Et Du Vin* 2002, **36**(3):109-131.

25. Conde C, Silva P, Fontes N, Dias ACP, Tavares RM, Sousa MJ, Agasse A, Delrot S, Geros H: **Biochemical changes throughout grape berry development and fruit and wine quality**. In.: Global Science Books; 2007.

26. Staudt G, Scheinder W, Leidel J: **Phases of berry growth in Vitis vinifera**. *Ann Bot* 1986, **58**:789-900.

27. Ollat N, Geny L, JP S: **Les boutures fructifères de Vigne: validation d'un modèle d'étude de la physiologie de la Vigne**. *Journal International des Sciences de la Vigne et du Vin* 1998, **32**(3):1-9.

28. Coombe BG: **Relationship of Growth and Development to Changes in Sugars, Auxins, and Gibberellins in Fruit of Seeded and Seedless Varieties of Vitis Vinifera**. *Plant Physiol* 1960, **35**(2):241-250.

29. Possner DRE, Kliewer WM: **The localisation of acids, sugars, potassium and calcium in developing grape berries**. *Vitis* 1985, **24**(4):229-240.

30. Stines AP, Grubb J, Gockowiak H, Henschke PA, Hoj PB, Heeswijck Rv: **Proline and arginine accumulation in developing berries of Vitis vinifera L. in Australian vineyards: influence of vine cultivar, berry maturity and tissue type**. *Australian Journal of Grape and Wine Research* 2000, **6**(2):150-158.

31. Allen MS, Lacey MJ, Boyd SJ: **Methoxypyrazines: new insights into their biosynthesis and occurrence**. In: *Proceedings of the fourth international symposium on cool climate viticulture & enology, Rochester, New York, USA, 16-20 July 1996*. 1997: V-36-V-39.

32. Harris JM, Kriedemann PE, Possingham JV: **Anatomical aspects of grape berry development**. *Vitis* 1968, **7**(2):106-119.

33. Nunan KJ, Sims IM, Bacic A, Robinson SP, Fincher GB: **Changes in Cell Wall Composition during Ripening of Grape Berries**. *Plant Physiol* 1998, **118**(3):783-792.

34. Lund ST, Bohlmann J: **The Molecular Basis for Wine Grape Quality-A Volatile Subject**. *Science* 2006, **311**(5762):804-805.

35. Dokoozlian NK: **Grape Berry Growth and Development** In: *Raisin Production Manual*. Edited by Agricultural and Natural Resources Publication 3393 O, CA. University of California; 2000: 30-37

36. DeBolt S, Cook DR, Ford CM: **L-Tartaric acid synthesis from vitamin C in higher plants**. *Proceedings of the National Academy of Sciences* 2006, **103**(14):5608-5613.

37. Deluc LG, Grimplet J, Wheatley MD, Tillett RL, Quilici DR, Osborne C, Schooley DA, Schlauch KA, Cushman JC, Cramer GR: **Transcriptomic and metabolite analyses of Cabernet Sauvignon grape berry development**. *Bmc Genomics* 2007, **8**:429.

38. Iland PG, Coombe BG: **Malate, tartrate, potassium, and sodium in flesh and skin of Shiraz grapes during ripening: concentration and compartmentation**. *American Journal of Enology and Viticulture* 1988, **39**(1):71-76.

39. Famiani F, Walker RP, Tecsi L, Chen Z-H, Proietti P, Leegood RC: **An immunohistochemical study of the compartmentation of metabolism during the development of grape (Vitis vinifera L.) berries**. *J Exp Bot* 2000, **51**(345):675-683.

40. Ruffner HP, Kliewer WM: **Phosphoenolpyruvate Carboxykinase Activity in Grape Berries**. *Plant Physiol* 1975, **56**(1):67-71.

41. Ruffner HP, Possner D, Brem S, Rast DM: **The physiological role of malic enzyme in grape ripening**. *Planta* 1984, **160**(5):444-448.

42. Terrier N, Sauvage FX, Ageorges A, Romieu C: **Changes in acidity and in proton transport at the tonoplast of grape berries during development**. *Planta* 2001, **213**(1):20-28.

43. Boss PK, Davies C: **Molecular biology of sugar and anthocyanin accumulation in grape berries**. In: *Molecular Biology & Biotechnology of the Grapevine.* 2001: 1-33.

44. Zhang X-Y, Wang X-L, Wang X-F, Xia G-H, Pan Q-H, Fan R-C, Wu F-Q, Yu X-C, Zhang D-P: **A Shift of Phloem Unloading from Symplasmic to Apoplasmic Pathway Is Involved in Developmental Onset of Ripening in Grape Berry**. *Plant Physiol* 2006, **142**(1):220-232.

45. Davies C, Wolf T, Robinson SP: **Three putative sucrose transporters are differentially expressed in grapevine tissues**. *Plant Science* 1999, **147**(2):93-100.

46. Zhang YL, Meng QY, Zhu HL, Guo Y, Gao HY, Luo YB, Lu JA: **Functional characterization of a LAHC sucrose transporter isolated from grape berries in yeast**. *Plant Growth Regulation* 2008, **54**(1):71-79.

47. Manning K, Davies C, Bowen HC, White PJ: **Functional Characterization of Two Ripening-related Sucrose Transporters from Grape Berries**. *Annals of Botany* 2001, **87**(1):125-129.

48. Fillion L, Ageorges A, Picaud S, Coutos-Thevenot P, Lemoine R, Romieu C, Delrot S: **Cloning and expression of a hexose**

transporter gene expressed during the ripening of grape berry. *Plant Physiology* 1999, **120**(4):1083-1093.

49. Hayes MA, Davies C, Dry IB: **Isolation, functional characterization, and expression analysis of grapevine (Vitis vinifera L.) hexose transporters: differential roles in sink and source tissues**. *Journal of Experimental Botany* 2007, **58**(8):1985-1997.

50. Hawker JS: **Changes in the activities of enzymes concerned with sugar metabolism during the development of grape berries**. *Phytochemistry* 1969, **8**(1):9-17.

51. Davies C, Robinson SP: **Sugar Accumulation in Grape Berries (Cloning of Two Putative Vacuolar Invertase cDNAs and Their Expression in Grapevine Tissues)**. *Plant Physiol* 1996, **111**(1):275-283.

52. Luan F, Wust M: **Differential incorporation of 1-deoxy--xylulose into (3S)-linalool and geraniol in grape berry exocarp and mesocarp**. *Phytochemistry* 2002, **60**(5):451-459.

53. Davies C, Boss PK, Robinson SP: **Treatment of Grape Berries, a Nonclimacteric Fruit with a Synthetic Auxin, Retards Ripening and Alters the Expression of Developmentally Regulated Genes**. *Plant Physiol* 1997, **115**(3):1155-1161.

54. Waters DLE, Holton TA, Ablett EM, Lee LS, Henry RJ: **The ripening wine grape berry skin transcriptome**. *Plant Science* 2006, **171**(1):132-138.

55. Cawthon DL, Morris JR: **Relationships of seed numbers and hormone content to fruit ripening in Concord grapes**. *Arkansas Farm Research* 1982, **31**(6):12.

56. Symons GM, Davies C, Shavrukov Y, Dry IB, Reid JB, Thomas MR: **Grapes on Steroids. Brassinosteroids Are Involved in Grape Berry Ripening**. *Plant Physiol* 2006, **140**(1):150-158.

57. Chervin C, El-Kereamy A, Roustan J-P, Latche A, Lamon J, Bouzayen M: **Ethylene seems required for the berry development

and ripening in grape, a non-climacteric fruit. *Plant Science* 2004, **167**(6):1301-1305.

58. Chervin C, Terrier N, Ageorges A, Ribes F, Kuapunyakoon T: **Influence of ethylene on sucrose accumulation in grape berry.** *American Journal of Enology and Viticulture* 2006, **57**(4):511-513.

59. El-Kereamy A, Chervin C, Roustan JP, Cheynier V, Souquet JM, Moutounet M, Raynal J, Ford C, Latche A, Pech JC *et al*: **Exogenous ethylene stimulates the long-term expression of genes related to anthocyanin biosynthesis in grape berries.** *Physiologia Plantarum* 2003, **119**(2):175-182.

60. Jeong ST, Goto-Yamamoto N, Kobayashi S, Esaka M: **Effects of plant hormones and shading on the accumulation of anthocyanins and the expression of anthocyanin biosynthetic genes in grape berry skins.** *Plant Science* 2004, **167**(2):247-252.

61. Cantin CM, Fidelibus MW, Crisostoc CH: **Application of abscisic acid (ABA) at veraison advanced red color development and maintained postharvest quality of 'Crimson Seedless' grapes.** *Postharvest Biology and Technology* 2007, **46**(3):237-241.

62. Palejwala VA, Parikh HR, Modi VV: **The role of abscisic acid in the ripening of grapes.** *Physiologia Plantarum* 1985, **65**(4):498-502.

63. Hiratsuka S, Onodera H, Kawai Y, Kubo T, Itoh H, Wada R: **ABA and sugar effects on anthocyanin formation in grape berry cultured in vitro.** *Scientia Horticulturae* 2001, **90**(1/2):121-130.

64. Vidya Vardhini B, Rao SSR: **Acceleration of ripening of tomato pericarp discs by brassinosteroids.** *Phytochemistry* 2002, **61**(7):843-847.

65. Yu O, Matsuno M, Subramanian S: **Flavonoid compounds in flowers: genetics and biochemistry.** In: *Floriculture, ornamental and plant biotechnology.* 2006: 282-292.

66. Ghedira K: **Les flavonoïdes: structure, propriétés biologiques, rôle prophylactique et emplois en thérapeutique**. *Phytothérapie* 2005, **3**(4):162-169.

67. Winkel-Shirley B: **It Takes a Garden. How Work on Diverse Plant Species Has Contributed to an Understanding of Flavonoid Metabolism**. *Plant Physiol* 2001, **127**(4):1399-1404.

68. Winkel-Shirley B: **Flavonoid Biosynthesis. A Colorful Model for Genetics, Biochemistry, Cell Biology, and Biotechnology**. *Plant Physiol* 2001, **126**(2):485-493.

69. Lepiniec L, Debeaujon I, Routaboul JM, Baudry A, Pourcel L, Nesi N, Caboche M: **Genetics and biochemistry of seed flavonoids**. *Annu Rev Plant Biol* 2006, **57**:405-430.

70. Pourcel L, Routaboul JM, Kerhoas L, Caboche M, Lepiniec L, Debeaujon I: **TRANSPARENT TESTA10 encodes a laccase-like enzyme involved in oxidative polymerization of flavonoids in Arabidopsis seed coat**. *Plant Cell* 2005, **17**(11):2966-2980.

71. Nyman NA, Kumpulainen JT: **Determination of anthocyanidins in berries and red wine by high-performance liquid chromatography**. *Journal of Agricultural and Food Chemistry* 2001, **49**(9):4183-4187.

72. Nakayama T: **Enzymology of aurone biosynthesis**. *Journal of Bioscience and Bioengineering* 2002, **94**(6):487-491.

73. Pourcel L, Routaboul JM, Cheynier V, Lepiniec L, Debeaujon I: **Flavonoid oxidation in plants: from biochemical properties to physiological functions**. *Trends in Plant Science* 2007, **12**(1):29-36.

74. Kong JM, Chia LS, Goh NK, Chia TF, Brouillard R: **Analysis and biological activities of anthocyanins**. *Phytochemistry* 2003, **64**(5):923-933.

75. Grotewold E: **The genetics and biochemistry of floral pigments**. *Annu Rev Plant Biol* 2006, **57**:761-780.

76. Dixon RA, Xie D-Y, Sharma SB: **Proanthocyanidins - a final frontier in flavonoid research?** *New Phytologist* 2005, **165**(1):9-28.

77. Pang Y, Peel GJ, Wright E, Wang Z, Dixon RA: **Early Steps in Proanthocyanidin Biosynthesis in the Model Legume Medicago truncatula.** *Plant Physiol* 2007, **145**(3):601-615.

78. Mattivi F, Guzzon R, Vrhovsek U, Stefanini M, Velasco R: **Metabolite profiling of grape: Flavonols and anthocyanins.** *Journal of Agricultural and Food Chemistry* 2006, **54**(20):7692-7702.

79. Grotewold E: **The science of flavonoids.** In: *The science of flavonoids: viii + 274pp.* 2006.

80. Dong X, Braun EL, Grotewold E: **Functional conservation of plant secondary metabolic enzymes revealed by complementation of Arabidopsis flavonoid mutants with maize genes.** *Plant Physiol* 2001, **127**(1):46-57.

81. Kreuzaler F, Ragg H, Fautz E, Kuhn DN, Hahlbrock K: **UV-Induction of Chalcone Synthase mRNA in Cell Suspension Cultures of Petroselinum hortense.** *Proceedings of the National Academy of Sciences* 1983, **80**(9):2591-2593.

82. Koes R, Verweij W, Quattrocchio F: **Flavonoids: a colorful model for the regulation and evolution of biochemical pathways.** *Trends Plant Sci* 2005, **10**(5):236-242.

83. Menssen A, Hohmann S, Martin W, Schnable PS, Peterson PA, Saedler H, Gierl A: **The En/Spm transposable element of Zea mays contains splice sites at the termini generating a novel intron from a dSpm element in the A2 gene.** *EMBO J* 1990, **9**(10):3051-3057.

84. Schiefelbein JW, Furtek DB, Dooner HK, Nelson OE, Jr.: **Two mutations in a maize bronze-1 allele caused by transposable elements of the Ac-Ds family alter the quantity and quality of the gene product.** *Genetics* 1988, **120**(3):767-777.

85. Tanner GJ, Francki KT, Abrahams S, Watson JM, Larkin PJ, Ashton AR: **Proanthocyanidin biosynthesis in plants. Purification of legume leucoanthocyanidin reductase and molecular cloning of its cDNA**. *J Biol Chem* 2003, **278**(34):31647-31656.

86. Xie DY, Sharma SB, Dixon RA: **Anthocyanidin reductases from Medicago truncatula and Arabidopsis thaliana**. *Arch Biochem Biophys* 2004, **422**(1):91-102.

87. Xie D-Y, Sharma SB, Paiva NL, Ferreira D, Dixon RA: **Role of Anthocyanidin Reductase, Encoded by BANYULS in Plant Flavonoid Biosynthesis**. *Science* 2003, **299**(5605):396-399.

88. Devic M, Guilleminot J, Debeaujon I, Bechtold N, Bensaude E, Koornneef M, Pelletier G, Delseny M: **The BANYULS gene encodes a DFR-like protein and is a marker of early seed coat development**. *Plant J* 1999, **19**(4):387-398.

89. Abrahams S, Lee E, Walker AR, Tanner GJ, Larkin PJ, Ashton AR: **The Arabidopsis TDS4 gene encodes leucoanthocyanidin dioxygenase (LDOX) and is essential for proanthocyanidin synthesis and vacuole development**. *The Plant Journal* 2003, **35**(5):624-636.

90. Ralston L, Yu O: **Metabolons involving plant cytochrome P450s**. *Phytochemistry Reviews* 2006, **5**(2):459-472.

91. Jorgensen K, Rasmussen AV, Morant M, Nielsen AH, Bjarnholt N, Zagrobelny M, Bak S, Moller BL: **Metabolon formation and metabolic channeling in the biosynthesis of plant natural products**. *Current Opinion in Plant Biology* 2005, **8**(3):280-291.

92. Saslowsky D, Winkel-Shirley B: **Localization of flavonoid enzymes in Arabidopsis roots**. *Plant J* 2001, **27**(1):37-48.

93. Achnine L, Blancaflor EB, Rasmussen S, Dixon RA: **Colocalization of L-phenylalanine ammonia-lyase and cinnamate 4-hydroxylase for metabolic channeling in phenylpropanoid biosynthesis**. *Plant Cell* 2004, **16**(11):3098-3109.

94. Hrazdina G, Wagner GJ: **Metabolic pathways as enzyme complexes: evidence for the synthesis of phenylpropanoids and flavonoids on membrane associated enzyme complexes**. *Arch Biochem Biophys* 1985, **237**(1):88-100.

95. Winkel BS: **Metabolic channeling in plants**. *Annu Rev Plant Biol* 2004, **55**:85-107.

96. Burbulis IE, Winkel-Shirley B: **Interactions among enzymes of the Arabidopsis flavonoid biosynthetic pathway**. *Proc Natl Acad Sci U S A* 1999, **96**(22):12929-12934.

97. Winkel-Shirley B: **Evidence for enzyme complexes in the phenylpropanoid and flavonoid pathways**. *Physiologia Plantarum* 1999, **107**(1):142-149.

98. Ono E, Fukuchi-Mizutani M, Nakamura N, Fukui Y, Yonekura-Sakakibara K, Yamaguchi M, Nakayama T, Tanaka T, Kusumi T, Tanaka Y: **Yellow flowers generated by expression of the aurone biosynthetic pathway**. *Proceedings of the National Academy of Sciences* 2006, **103**(29):11075-11080.

99. Saslowsky DE, Warek U, Winkel BSJ: **Nuclear localization of flavonoid enzymes in Arabidopsis**. *Journal of Biological Chemistry* 2005, **280**(25):23735-23740.

100. Taylor LP, Grotewold E: **Flavonoids as developmental regulators**. *Current Opinion in Plant Biology* 2005, **8**(3):317-323.

101. Feucht W, Treutter D, Polster J: **Flavanol binding of nuclei from tree species**. *Plant Cell Rep* 2004, **22**(6):430-436.

102. Marinova K, Kleinschmidt K, Weissenbock G, Klein M: **Flavonoid Biosynthesis in Barley Primary Leaves Requires the Presence of the Vacuole and Controls the Activity of Vacuolar Flavonoid Transport**. *Plant Physiol* 2007, **144**(1):432-444.

103. Marrs KA, Alfenito MR, Lloyd AM, Walbot V: **A glutathione S-transferase involved in vacuolar transfer encoded by the maize gene Bronze-2**. *Nature* 1995, **375**(6530):397-400.

104. Alfenito MR, Souer E, Goodman CD, Buell R, Mol J, Koes R, Walbot V: **Functional complementation of anthocyanin sequestration in the vacuole by widely divergent glutathione S-transferases**. *Plant Cell* 1998, **10**(7):1135-1149.

105. Larsen ES, Alfenito MR, Briggs WR, Walbot V: **A carnation anthocyanin mutant is complemented by the glutathione S-transferases encoded by maize Bz2 and petunia An9**. *Plant Cell Reports* 2003, **21**(9):900-904.

106. Kitamura S, Shikazono N, Tanaka A: **TRANSPARENT TESTA 19 is involved in the accumulation of both anthocyanins and proanthocyanidins in Arabidopsis**. *The Plant Journal* 2004, **37**(1):104-114.

107. Dixon DP, Lapthorn A, Edwards R: **Plant glutathione transferases**. *Genome Biol* 2002, **3**(3):REVIEWS3004.

108. Mueller LA, Goodman CD, Silady RA, Walbot V: **AN9, a Petunia Glutathione S-Transferase Required for Anthocyanin Sequestration, Is a Flavonoid-Binding Protein**. *Plant Physiol* 2000, **123**(4):1561-1570.

109. Baxter IR, Young JC, Armstrong G, Foster N, Bogenschutz N, Cordova T, Peer WA, Hazen SP, Murphy AS, Harper JF: **A plasma membrane H+-ATPase is required for the formation of proanthocyanidins in the seed coat endothelium of Arabidopsis thaliana**. *Proceedings of the National Academy of Sciences* 2005, **102**(7):2649-2654.

110. Lu YP, Li ZS, Drozdowicz YM, Hortensteiner S, Martinoia E, Rea PA: **AtMRP2, an Arabidopsis ATP binding cassette transporter able to transport glutathione S-conjugates and chlorophyll catabolites: functional comparisons with Atmrp1**. *Plant Cell* 1998, **10**(2):267-282.

111. Lu YP, Li ZS, Rea PA: **AtMRP1 gene of Arabidopsis encodes a glutathione S-conjugate pump: isolation and functional definition of a plant ATP-binding cassette transporter gene**. *Proc Natl Acad Sci U S A* 1997, **94**(15):8243-8248.

112. Goodman CD, Casati P, Walbot V: **A Multidrug Resistance-Associated Protein Involved in Anthocyanin Transport in Zea mays**. *Plant Cell* 2004, **16**(7):1812-1826.

113. Debeaujon I, Peeters AJM, Leon-Kloosterziel KM, Koornneef M: **The TRANSPARENT TESTA12 gene of Arabidopsis encodes a multidrug secondary transporter-like protein required for flavonoid sequestration in vacuoles of the seed coat endothelium**. *Plant Cell* 2001, **13**(4):853-871.

114. Mathews H, Clendennen SK, Caldwell CG, Liu XL, Connors K, Matheis N, Schuster DK, Menasco DJ, Wagoner W, Lightner J *et al*: **Activation tagging in tomato identifies a transcriptional regulator of anthocyanin biosynthesis, modification, and transport**. *Plant Cell* 2003, **15**(8):1689-1703.

115. Zhang H, Wang L, Deroles S, Bennett R, Davies K: **New insight into the structures and formation of anthocyanic vacuolar inclusions in flower petals**. *BMC Plant Biology* 2006, **6**(1):29.

116. Poustka F, Irani NG, Feller A, Lu Y, Pourcel L, Frame K, Grotewold E: **A Trafficking Pathway for Anthocyanins Overlaps with the Endoplasmic Reticulum-to-Vacuole Protein-Sorting Route in Arabidopsis and Contributes to the Formation of Vacuolar Inclusions**. *Plant Physiol* 2007, **145**(4):1323-1335.

117. Boss PK, Davies C, Robinson SP: **Analysis of the expression of anthocyanin pathway genes in developing Vitis vinifera L. cv Shiraz grape berries and the implications for pathway regulation**. *Plant Physiology* 1996, **111**(4):1059-1066.

118. Kennedy JA, Robinson S, Walker M: **Grape and wine tannins: Production, Perfection, Perception**. *Practical Winery &Vineyard* 2007(May/June):57-67.

119. Fournand D, Vicens A, Sidhoum L, Souquet JM, Moutounet M, Cheynier V: **Accumulation and extractability of grape skin tannins and anthocyanins at different advanced physiological**

stages. *Journal of Agricultural and Food Chemistry* 2006, **54**(19):7331-7338.

120. Mazza G: **Anthocyanins in grapes and grape products**. *Crit Rev Food Sci Nutr* 1995, **35**(4):341-371.

121. Boulton R: **The Copigmentation of Anthocyanins and Its Role in the Color of Red Wine: A Critical Review**. *Am J Enol Vitic* 2001, **52**(2):67-87.

122. Boss PK, Davies C, Robinson SP: **Anthocyanin composition and anthocyanin pathway gene expression in grapevine sports differing in berry skin colour**. *Australian Journal of Grape and Wine Research* 1996, **2**(3):163-170.

123. Kennedy JA, Matthews MA, Waterhouse AL: **Changes in grape seed polyphenols during fruit ripening**. *Phytochemistry* 2000, **55**(1):77-85.

124. Amrani Joutei K, Glories Y, Mercier M: **Localization of tannins in grape berry skins**. *Vitis: 33 (3) 133-138* 1995, **33**(3):133-138.

125. Geny L, Saucier C, Bracco S, Daviaud F, Glories Y: **Composition and cellular localization of tannins in grape seeds during maturation**. *Journal of Agricultural and Food Chemistry* 2003, **51**(27):8051-8054.

126. Bogs J, Downey MO, Harvey JS, Ashton AR, Tanner GJ, Robinson SP: **Proanthocyanidin synthesis and expression of genes encoding leucoanthocyanidin reductase and anthocyanidin reductase in developing grape berries and grapevine leaves**. *Plant Physiol* 2005, **139**(2):652-663.

127. Adams DO: **Phenolics and ripening in grape berries**. *American Journal of Enology and Viticulture* 2006, **57**(3):249-256.

128. Fujita A, Goto-Yamamoto N, Aramaki I, Hashizume K: **Organ-specific transcription of putative flavonol synthase genes of grapevine and effects of plant hormones and shading on flavonol**

biosynthesis in grape berry skins. *Bioscience, Biotechnology and Biochemistry* 2006, **70**(3):632-638.

129. Downey MO, Harvey JS, Robinson SP: **Synthesis of flavonols and expression of flavonol synthase genes in the developing grape berries of Shiraz and Chardonnay (Vitis vinifera L.)**. *Australian Journal of Grape and Wine Research* 2003, **9**(2).

130. Mol J, Grotewold E, Koes R: **How genes paint flowers and seeds**. *Trends in Plant Science* 1998, **3**(6):212-217.

131. Nesi N, Debeaujon I, Jond C, Pelletier G, Caboche M, Lepiniec L: **The TT8 Gene Encodes a Basic Helix-Loop-Helix Domain Protein Required for Expression of DFR and BAN Genes in Arabidopsis Siliques**. *Plant Cell* 2000, **12**(10):1863-1878.

132. Pelletier MK, Burbulis IE, Winkel-Shirley B: **Disruption of specific flavonoid genes enhances the accumulation of flavonoid enzymes and end-products in Arabidopsis seedlings**. *Plant Molecular Biology* 1999, **40**(1):45-54.

133. Boss PK, Davies C, Robinson SP: **Expression of anthocyanin biosynthesis pathway genes in red and white grapes**. *Plant Molecular Biology* 1996, **32**(3):565-569.

134. Kobayashi S, Ishimaru M, Ding CK, Yakushiji H, Goto N: **Comparison of UDP-glucose:flavonoid 3-O-glucosyltransferase (UFGT) gene sequences between white grapes (Vitis vinifera) and their sports with red skin**. *Plant Science* 2001, **160**(3):543-550.

135. Braidot E, Petrussa E, Bertolini A, Peresson C, Ermacora P, Loi N, Terdoslavich M, Passamonti S, Macrì F, Vianello A: **Evidence for a putative flavonoid translocator similar to mammalian bilitranslocase in grape berries (Vitis vinifera L.) during ripening**. *Planta*.

136. Zhang W, Conn S, Franco C: **Characterisation of anthocyanin transport and storage in Vitis vinifera L. cv. Gamay Freaux cell suspension cultures**. *Journal of Biotechnology* 2007, **131**(2):S208-S208.

137. Terrier N, Glissant D, Grimplet J, Barrieu F, Abbal P, Couture C, Ageorges A, Atanassova R, Léon C, Renaudin J-P *et al*: **Isogene specific oligo arrays reveal multifaceted changes in gene expression during grape berry (Vitis vinifera L.) development.** *Planta* 2005, **222**(5):832-847.

138. Ageorges A, Fernandez L, Vialet S, Merdinoglu D, Terrier N, Romieu C: **Four specific isogenes of the anthocyanin metabolic pathway are systematically co-expressed with the red colour of grape berries.** *Plant Science* 2006, **170**(2):372-383.

139. Grimplet J, Deluc LG, Tillett RL, Wheatley MD, Schlauch KA, Cramer GR, Cushman JC: **Tissue-specific mRNA expression profiling in grape berry tissues.** *Bmc Genomics* 2007, **8**.

140. Davies KM, Schwinn KE: **Transcriptional regulation of secondary metabolism.** *Functional Plant Biology* 2003, **30**(9):913-925.

141. Dooner HK: **Coordinate genetic regulation of flavonoid biosynthetic enzymes in maize.** *Molecular & General Genetics* 1983, **189**(1):136-141.

142. Dooner HK, Robbins TP, Jorgensen RA: **Genetic and developmental control of anthocyanin biosynthesis.** *Annu Rev Genet* 1991, **25**:173-199.

143. Saito K, Yamazaki M: **Biochemistry and molecular biology of the late-stage of biosynthesis of anthocyanin: lessons from Perilla frutescens as a model plant.** *New Phytologist* 2002, **155**(1):9-23.

144. Kobayashi, Kobayashi S, Ishimaru, Ishimaru M, Hiraoka, Hiraoka K, Honda, Honda C: **Myb-related genes of the Kyoho grape (Vitis labruscana) regulate anthocyanin biosynthesis.** *Planta* 2002, **215**(6):924-933.

145. Thomas MC, Chiang CM: **The general transcription machinery and general cofactors.** *Critical Reviews in Biochemistry and Molecular Biology* 2006, **41**(3):105-178.

146. Singh KB: **Transcriptional regulation in plants: The importance of combinatorial control.** *Plant Physiology* 1998, **118**(4):1111-1120.

147. Maston GA, Evans SK, Green MR: **Transcriptional regulatory elements in the human genome.** *Annu Rev Genomics Hum Genet* 2006, **7**:29-59.

148. Zhang MQ: **Computational analyses of eukaryotic promoters.** *BMC Bioinformatics* 2007, **8**.

149. McKnight SL: **Functional relationships between transcriptional control signals of the thymidine kinase gene of herpes simplex virus.** *Cell* 1982, **31**(2 Pt 1):355-365.

150. Lemon B, Tjian R: **Orchestrated response: a symphony of transcription factors for gene control.** *Genes & Development* 2000, **14**(20):2551-2569.

151. Yang VW: **Eukaryotic Transcription Factors: Identification, Characterization and Functions.** *J Nutr* 1998, **128**(11):2045-2051.

152. Dixon RA, Paiva NL: **Stress-induced phenylpropanoid metabolism.** *Plant Cell* 1995, **7**(7):1085-1097.

153. Harmer SL, Hogenesch LB, Straume M, Chang HS, Han B, Zhu T, Wang X, Kreps JA, Kay SA: **Orchestrated transcription of key pathways in Arabidopsis by the circadian clock.** *Science* 2000, **290**(5499):2110-2113.

154. Lois R, Dietrich A, Hahlbrock K, Schulz W: **A phenylalanine ammonia-lyase gene from parsley: structure, regulation and identification of elicitor and light responsive cis-acting elements.** *EMBO J* 1989, **8**(6):1641-1648.

155. Ohl S, Hedrick SA, Chory J, Lamb CJ: **Functional properties of a phenylalanine ammonia-lyase promoter from Arabidopsis.** *Plant Cell* 1990, **2**(9):837-848.

156. Logemann E, Wu SC, Schroder J, Schmelzer E, Somssich IE, Hahlbrock K: **Gene activation by UV light, fungal elicitor or fungal infection in Petroselinum crispum is correlated with repression of cell cycle-related genes.** *Plant Journal* 1995, **8**(6):865-876.

157. Mizutani M, Ohta D, Sato R: **Isolation of a cDNA and a genomic clone encoding cinnamate 4-hydroxylase from Arabidopsis and its expression manner in planta.** *Plant Physiology* 1997, **113**(3):755-763.

158. Whitbred JM, Schuler MA: **Molecular characterization of CYP73A9 and CYP82A1 P450 genes involved in plant defense in pea.** *Plant Physiology* 2000, **124**(1):47-58.

159. Harrison MJ, Choudhary AD, Dubery I, Lamb CJ, Dixon RA: **Stress responses in alfalfa (Medicago sativa L.). 8. Cis-elements and trans-acting factors for the quantitative expression of a bean chalcone synthase gene promoter in electroporated alfalfa protoplasts.** *Plant Mol Biol* 1991, **16**(5):877-890.

160. Faktor O, Kooter JM, Loake GJ, Dixone RA, Lamb CJ: **Differential utilization of regulatory cis-elements for stress-induced and tissue-specific activity of a French bean chalcone synthase promoter.** *Plant Science* 1997, **124**(2):175-182.

161. Faktor O, Loake G, Dixon RA, Lamb CJ: **The G-box and H-box in a 39 bp region of a French bean chalcone synthase promoter constitute a tissue-specific regulatory element.** *Plant Journal* 1997, **11**(5):1105-1113.

162. Hartmann U, Sagasser M, Mehrtens F, Stracke R, Weisshaar B: **Differential combinatorial interactions of cis-acting elements recognized by R2R3-MYB, BZIP, and BHLH factors control light-responsive and tissue-specific activation of phenylpropanoid biosynthesis genes.** *Plant Molecular Biology* 2005, **57**(2):155-171.

163. Hernandez JM, Heine GF, Irani NG, Feller A, Kim MG, Matulnik T, Chandler VL, Grotewold E: **Different mechanisms participate in**

the R-dependent activity of the R2R3 MYB transcription factor C1. *Journal of Biological Chemistry* 2004, **279**(46):48205-48213.

164. Debeaujon I, Nesi N, Perez P, Devic M, Grandjean O, Caboche M, Lepiniec L: **Proanthocyanidin-accumulating cells in Arabidopsis testa: regulation of differentiation and role in seed development.** *Plant Cell* 2003, **15**(11):2514-2531.

165. Grotewold E, Chamberlin M, Snook M, Siame B, Butler L, Swenson J, Maddock S, St Clair G, Bowen B: **Engineering secondary metabolism in maize cells by ectopic expression of transcription factors.** *Plant Cell* 1998, **10**(5):721-740.

166. Bruce W, Folkerts O, Garnaat C, Crasta O, Roth B, Bowen B: **Expression profiling of the maize flavonoid pathway genes controlled by estradiol-inducible transcription factors CRC and P.** *Plant Cell* 2000, **12**(1):65-80.

167. Vom Endt D, Kijne JW, Memelink J: **Transcription factors controlling plant secondary metabolism: what regulates the regulators?** *Phytochemistry* 2002, **61**(2):107-114.

168. Baudry A, Heim MA, Dubreucq B, Caboche M, Weisshaar B, Lepiniec L: **TT2, TT8, and TTG1 synergistically specify the expression of BANYULS and proanthocyanidin biosynthesis in Arabidopsis thaliana.** *The Plant Journal* 2004, **39**(3):366-380.

169. Ramsay NA, Glover BJ: **MYB-bHLH-WD40 protein complex and the evolution of cellular diversity.** *Trends Plant Sci* 2005, **10**(2):63-70.

170. Gonzalez A, Zhao M, Leavitt JM, Lloyd AM: **Regulation of the anthocyanin biosynthetic pathway by the TTG1/bHLH/Myb transcriptional complex in Arabidopsis seedlings.** *Plant Journal* 2008, **53**(5):814-827.

171. Gonda TJ, Sheiness DK, Bishop JM: **Transcripts from the cellular homologs of retroviral oncogenes: distribution among chicken tissues.** *Mol Cell Biol* 1982, **2**(6):617-624.

172. Klempnauer KH, Gonda TJ, Bishop JM: **Nucleotide sequence of the retroviral leukemia gene v-myb and its cellular progenitor c-myb: the architecture of a transduced oncogene.** *Cell* 1982, **31**(2 Pt 1):453-463.

173. Introna M, Luchetti M, Castellano M, Arsura M, Golay J: **The Myb Oncogene Family Of Transcription Factors - Patent Regulators Of Hematopoietic-Cell Proliferation And Differentiation.** *Seminars in Cancer Biology* 1994, **5**(2):113-124.

174. Bedon F: **Stucture génique et caractérisation fonctionnelle de facteurs de transcription MYB-R2R3 impliqués dans la formation du xylème chez les conifères.** Université Paul Sabatier Toulouse III; 2007.

175. Biedenkapp H, Borgmeyer U, Sippel AE, Klempnauer KH: **Viral myb oncogene encodes a sequence-specific DNA-binding activity.** *Nature* 1988, **335**(6193):835-837.

176. Peters CW, Sippel AE, Vingron M, Klempnauer KH: **Drosophila and vertebrate myb proteins share two conserved regions, one of which functions as a DNA-binding domain.** *EMBO J* 1987, **6**(10):3085-3090.

177. Klempnauer KH, Sippel AE: **The highly conserved amino-terminal region of the protein encoded by the v-myb oncogene functions as a DNA-binding domain.** *EMBO J* 1987, **6**(9):2719-2725.

178. Hovring I, Bostad A, Ording E, Myrset AH, Gabrielsen OS: **DNA-binding domain and recognition sequence of the yeast BAS1 protein, a divergent member of the Myb family of transcription factors.** *J Biol Chem* 1994, **269**(26):17663-17669.

179. Martin C, PazAres J: **MYB transcription factors in plants.** *Trends in Genetics* 1997, **13**(2):67-73.

180. Ogata K, Morikawa S, Nakamura H, Sekikawa A, Inoue T, Kanai H, Sarai A, Ishii S, Nishimura Y: **Solution Structure Of A Specific**

Dna Complex Of The Myb Dna-Binding Domain With Cooperative Recognition Helices. *Cell* 1994, **79**(4):639-648.

181. Tanikawa J, Yasukawa T, Enari M, Ogata K, Nishimura Y, Ishii S, Sarai A: **Recognition of specific DNA sequences by the c-myb protooncogene product: role of three repeat units in the DNA-binding domain.** *Proc Natl Acad Sci U S A* 1993, **90**(20):9320-9324.

182. Dini PW, Lipsick JS: **Oncogenic truncation of the first repeat of c-Myb decreases DNA binding in vitro and in vivo.** *Mol Cell Biol* 1993, **13**(12):7334-7348.

183. Ness SA, Marknell A, Graf T: **The v-myb oncogene product binds to and activates the promyelocyte-specific mim-1 gene.** *Cell* 1989, **59**(6):1115-1125.

184. Jin H, Martin C: **Multifunctionality and diversity within the plant MYB-gene family.** *Plant Molecular Biology* 1999, **41**(5):577-585.

185. Weston K: **Myb proteins in life, death and differentiation.** *Current Opinion in Genetics & Development* 1998, **8**(1):76-81.

186. Dubendorff JW, Whittaker LJ, Eltman JT, Lipsick JS: **Carboxy-terminal elements of c-Myb negatively regulate transcriptional activation in cis and in trans.** *Genes Dev* 1992, **6**(12B):2524-2535.

187. Katzen AL, Kornberg TB, Bishop JM: **Isolation of the proto-oncogene c-myb from D. melanogaster.** *Cell* 1985, **41**(2):449-456.

188. Tice-Baldwin K, Fink GR, Arndt KT: **BAS1 has a Myb motif and activates HIS4 transcription only in combination with BAS2.** *Science* 1989, **246**(4932):931-935.

189. Nomura N, Takahashi M, Matsui M, Ishii S, Date T, Sasamoto S, Ishizaki R: **Isolation of human cDNA clones of myb-related genes, A-myb and B-myb.** *Nucleic Acids Res* 1988, **16**(23):11075-11089.

190. Lipsick JS: **One billion years of Myb.** *Oncogene* 1996, **13**(2):223-235.

191. Morrow BE, Ju Q, Warner JR: **A bipartite DNA-binding domain in yeast Reb1p**. *Mol Cell Biol* 1993, **13**(2):1173-1182.

192. Paz-Ares J, Ghosal D, Wienand U, Peterson PA, Saedler H: **The regulatory c1 locus of Zea mays encodes a protein with homology to myb proto-oncogene products and with structural similarities to transcriptional activators**. *EMBO J* 1987, **6**(12):3553-3558.

193. Chen YH, Yang XY, He K, Liu MH, Li JG, Gao ZF, Lin ZQ, Zhang YF, Wang XX, Qiu XM *et al*: **The MYB transcription factor superfamily of arabidopsis: Expression analysis and phylogenetic comparison with the rice MYB family**. *Plant Molecular Biology* 2006, **60**(1):107-124.

194. Riechmann JL, Heard J, Martin G, Reuber L, Jiang CZ, Keddie J, Adam L, Pineda O, Ratcliffe OJ, Samaha RR *et al*: **Arabidopsis transcription factors: Genome-wide comparative analysis among eukaryotes**. *Science* 2000, **290**(5499):2105-2110.

195. Stracke R, Werber M, Weisshaar B: **The R2R3-MYB gene family in Arabidopsis thaliana**. *Current Opinion in Plant Biology* 2001, **4**(5):447-456.

196. Avila J, Nieto C, Canas L, Benito MJ, Pazares J: **Petunia-Hybrida Genes Related To The Maize Regulatory C1-Gene And To Animal Myb Protooncogenes**. *Plant Journal* 1993, **3**(4):553-562.

197. Cedroni ML, Cronn RC, Adams KL, Wilkins TA, Wendel JF: **Evolution and expression of MYB genes in diploid and polyploid cotton**. *Plant Molecular Biology* 2003, **51**(3):313-325.

198. Jiang CZ, Gu X, Peterson T: **Identification of conserved gene structures and carboxy-terminal motifs in the Myb gene family of Arabidopsis and Oryza sativa L. ssp indica**. *Genome Biology* 2004, **5**(7).

199. Qu LJ, Zhu YX: **Transcription factor families in Arabidopsis: major progress and outstanding issues for future research - Commentary**. *Current Opinion in Plant Biology* 2006, **9**(5):544-549.

200. Simon M, Lee MM, Lin Y, Gish L, Schiefelbein J: **Distinct and overlapping roles of single-repeat MYB genes in root epidermal patterning**. *Developmental Biology* 2007, **311**(2):566-578.

201. Green RM, Tobin EM: **The role of CCA1 and LHY in the plant circadian clock**. *Developmental Cell* 2002, **2**(5):516-518.

202. Tominaga R, Iwata M, Okada K, Wada T: **Functional analysis of the epidermal-specific MYB genes CAPRICE and WEREWOLF in Arabidopsis**. *Plant Cell* 2007, **19**(7):2264-2277.

203. Rubio-Somoza I, Martinez M, Abraham Z, Diaz I, Carbonero P: **Ternary complex formation between HvMYBS3 and other factors involved in transcriptional control in barley seeds**. *Plant Journal* 2006, **47**(2):269-281.

204. Rubio-Somoza I, Martinez M, Diaz I, Carbonero P: **HvMCB1, a R1MYB transcription factor from barley with antagonistic regulatory functions during seed development and germination**. *Plant Journal* 2006, **45**(1):17-30.

205. Mercy IS, Meeley RB, Nichols SE, Olsen OA: **Zea mays ZmMybst1 cDNA, encodes a single Myb-repeat protein with the VASHAQKYF motif**. *J Exp Bot* 2003, **54**(384):1117-1119.

206. Jiang CZ, Gu JY, Chopra S, Gu X, Peterson T: **Ordered origin of the typical two- and three-repeat Myb genes**. *Gene* 2004, **326**:13-22.

207. Ito M: **Conservation and diversification of three-repeat Myb transcription factors in plants**. *Journal of Plant Research* 2005, **118**(1):61-69.

208. Yamamoto Y, Ito M: **A group of R1R2R3-Myb proteins act as repressors on transcription of G2/M phase-specific genes in Arabidopsis thaliana**. *Plant and Cell Physiology* 2007, **48**:S87-S87.

209. Dai XY, Xu YY, Ma QB, Xu WY, Wang T, Xue YB, Chong K: **Overexpression of an R1R2R3 MYB gene, OsMYB3R-2, increases tolerance to freezing, drought, and salt stress in transgenic Arabidopsis**. *Plant Physiology* 2007, **143**(4):1739-1751.

210. Li XX, Duan XP, Jiang HX, Sun YJ, Tang YP, Yuan Z, Guo JK, Liang WQ, Chen L, Yin JY et al: **Genome-wide analysis of basic/helix-loop-helix transcription factor family in rice and Arabidopsis**. *Plant Physiology* 2006, **141**(4):1167-1184.

211. Toledo-Ortiz G, Huq E, Quail PH: **The Arabidopsis basic/helix-loop-helix transcription factor family**. *Plant Cell* 2003, **15**(8):1749-1770.

212. Murre C, Bain G, Vandijk MA, Engel I, Furnari BA, Massari ME, Matthews JR, Quong MW, Rivera RR, Stuiver MH: **STRUCTURE AND FUNCTION OF HELIX-LOOP-HELIX PROTEINS**. *Biochimica Et Biophysica Acta-Gene Structure and Expression* 1994, **1218**(2):129-135.

213. Massari ME, Murre C: **Helix-loop-helix proteins: Regulators of transcription in eucaryotic organisms**. *Molecular and Cellular Biology* 2000, **20**(2):429-440.

214. Atchley WR, Fitch WM: **A natural classification of the basic helix-loop-helix class of transcription factors**. *Proceedings of the National Academy of Sciences of the United States of America* 1997, **94**(10):5172-5176.

215. Buck MJ, Atchley WR: **Phylogenetic analysis of plant basic helix-loop-helix proteins**. *Journal of Molecular Evolution* 2003, **56**(6):742-750.

216. Ludwig SR, Wessler SR: **Maize R gene family: tissue-specific helix-loop-helix proteins**. *Cell* 1990, **62**(5):849-851.

217. Heim MA, Jakoby M, Werber M, Martin C, Weisshaar B, Bailey PC: **The basic helix-loop-helix transcription factor family in plants: A genome-wide study of protein structure and functional diversity**. *Molecular Biology and Evolution* 2003, **20**(5):735-747.

218. Bailey PC, Martin C, Toledo-Ortiz G, Quail PH, Huq E, Heim MA, Jakoby M, Werber M, Weisshaar B: **Update on the basic helix-loop-helix transcription factor gene family in Arabidopsis thaliana**. *Plant Cell* 2003, **15**(11):2497-2501.

219. Pattanaik S, Xie CH, Yuan L: **The interaction domains of the plant Myc-like bHLH transcription factors can regulate the transactivation strength.** *Planta* 2008, **227**(3):707-715.

220. Feller A, Hernandez JM, Grotewold E: **An ACT-like domain participates in the dimerization of several plant basic-helix-loop-helix transcription factors.** *J Biol Chem* 2006, **281**(39):28964-28974.

221. Neer EJ, Schmidt CJ, Nambudripad R, Smith TF: **The Ancient Regulatory-Protein Family Of Wd-Repeat Proteins (VOL 371, PG 297, 1994).** *Nature* 1994, **371**(6500):812-812.

222. van Nocker S, Ludwig P: **The WD-repeat protein superfamily in Arabidopsis: conservation and divergence in structure and function.** *Bmc Genomics* 2003, **4**.

223. Torii KU, McNellis TW, Deng XW: **Functional dissection of Arabidopsis COP1 reveals specific roles of its three structural modules in light control of seedling development.** *EMBO J* 1998, **17**(19):5577-5587.

224. Lechelt C, Peterson T, Laird A, Chen J, Dellaporta SL, Dennis E, Peacock WJ, Starlinger P: **Isolation and molecular analysis of the maize P locus.** *Mol Gen Genet* 1989, **219**(1-2):225-234.

225. Grotewold E, Athma P, Peterson T: **Alternatively spliced products of the maize P gene encode proteins with homology to the DNA-binding domain of myb-like transcription factors.** *Proc Natl Acad Sci U S A* 1991, **88**(11):4587-4591.

226. Cone KC, Burr FA, Burr B: **Molecular analysis of the maize anthocyanin regulatory locus C1.** *Proc Natl Acad Sci U S A* 1986, **83**(24):9631-9635.

227. Cone KC, Cocciolone SM, Burr FA, Burr B: **Maize anthocyanin regulatory gene pl is a duplicate of c1 that functions in the plant.** *Plant Cell* 1993, **5**(12):1795-1805.

228. Chandler VL, Radicella JP, Robbins TP, Chen J, Turks D: **Two regulatory genes of the maize anthocyanin pathway are homologous: isolation of B utilizing R genomic sequences.** *Plant Cell* 1989, **1**(12):1175-1183.

229. Lloyd AM, Schena M, Walbot V, Davis RW: **Epidermal cell fate determination in Arabidopsis: patterns defined by a steroid-inducible regulator.** *Science* 1994, **266**(5184):436-439.

230. Perrot GH, Cone KC: **Nucleotide sequence of the maize R-S gene.** *Nucleic Acids Res* 1989, **17**(19):8003.

231. Carey CC, Strahle JT, Selinger DA, Chandler VL: **Mutations in the pale aleurone color1 regulatory gene of the Zea mays anthocyanin pathway have distinct phenotypes relative to the functionally similar TRANSPARENT TESTA GLABRA1 gene in Arabidopsis thaliana.** *Plant Cell* 2004, **16**(2):450-464.

232. Schwinn K, Venail J, Shang Y, Mackay S, Alm V, Butelli E, Oyama R, Bailey P, Davies K, Martin C: **A small family of MYB-regulatory genes controls floral pigmentation intensity and patterning in the genus Antirrhinum.** *Plant Cell* 2006, **18**(4):831-851.

233. Goodrich J, Carpenter R, Coen ES: **A Common Gene Regulates Pigmentation Pattern In Diverse Plant-Species.** *Cell* 1992, **68**(5):955-964.

234. Quattrocchio F, Wing JF, van der Woude K, Mol JNM, Koes R: **Analysis of bHLH and MYB domain proteins: species-specific regulatory differences are caused by divergent evolution of target anthocyanin genes.** *Plant Journal* 1998, **13**(4):475-488.

235. Quattrocchio F, Wing J, van der Woude K, Souer E, de Vetten N, Mol J, Koes R: **Molecular analysis of the anthocyanin2 gene of petunia and its role in the evolution of flower color.** *Plant Cell* 1999, **11**(8):1433-1444.

236. Spelt C, Quattrocchio F, Mol J, Koes R: **ANTHOCYANIN1 of petunia controls pigment synthesis, vacuolar pH, and seed coat**

development by genetically distinct mechanisms. *Plant Cell* 2002, **14**(9):2121-2135.

237. de Vetten N, Quattrocchio F, Mol J, Koes R: **The an11 locus controlling flower pigmentation in petunia encodes a novel WD-repeat protein conserved in yeast, plants, and animals.** *Genes Dev* 1997, **11**(11):1422-1434.

238. Borevitz JO, Xia Y, Blount J, Dixon RA, Lamb C: **Activation tagging identifies a conserved MYB regulator of phenylpropanoid biosynthesis.** *Plant Cell* 2000, **12**(12):2383-2394.

239. Park J-S, Kim J-B, Cho K-J, Cheon C-I, Sung M-K, Choung M-G, Roh K-H: **Arabidopsis R2R3-MYB transcription factor AtMYB60 functions as a transcriptional repressor of anthocyanin biosynthesis in lettuce (Lactuca sativa).** *Plant Cell Reports* 2008.

240. Bernhardt C, Lee MM, Gonzalez A, Zhang F, Lloyd A, Schiefelbein J: **The bHLH genes GLABRA3 (GL3) and ENHANCER OF GLABRA3 (EGL3) specify epidermal cell fate in the Arabidopsis root.** *Development* 2003, **130**(26):6431-6439.

241. Payne CT, Zhang F, Lloyd AM: **GL3 encodes a bHLH protein that regulates trichome development in arabidopsis through interaction with GL1 and TTG1.** *Genetics* 2000, **156**(3):1349-1362.

242. Zhang F, Gonzalez A, Zhao M, Payne CT, Lloyd A: **A network of redundant bHLH proteins functions in all TTG1-dependent pathways of Arabidopsis.** *Development* 2003, **130**(20):4859-4869.

243. Ramsay NA, Walker AR, Mooney M, Gray JC: **Two basic-helix-loop-helix genes (MYC-146 and GL3) from Arabidopsis can activate anthocyanin biosynthesis in a white-flowered Matthiola incana mutant.** *Plant Mol Biol* 2003, **52**(3):679-688.

244. Walker AR, Davison PA, Bolognesi-Winfield AC, James CM, Srinivasan N, Blundell TL, Esch JJ, Marks MD, Gray JC: **The TRANSPARENT TESTA GLABRA1 locus, which regulates trichome differentiation and anthocyanin biosynthesis in**

Arabidopsis, encodes a WD40 repeat protein. *Plant Cell* 1999, **11**(7):1337-1350.

245. Berger F, Linstead P, Dolan L, Haseloff J: **Stomata patterning on the hypocotyl of Arabidopsis thaliana is controlled by genes involved in the control of root epidermis patterning.** *Dev Biol* 1998, **194**(2):226-234.

246. Galway ME, Masucci JD, Lloyd AM, Walbot V, Davis RW, Schiefelbein JW: **The TTG gene is required to specify epidermal cell fate and cell patterning in the Arabidopsis root.** *Dev Biol* 1994, **166**(2):740-754.

247. Kobayashi S, Goto-Yamamoto N, Hirochika H: **Retrotransposon-induced mutations in grape skin color.** *Science* 2004, **304**(5673):982.

248. Walker AR, Lee E, Bogs J, McDavid DAJ, Thomas MR, Robinson SP: **White grapes arose through the mutation of two similar and adjacent regulatory genes.** *The Plant Journal* 2007, **49**(5):772-785.

249. Deluc L, Barrieu F, Marchive C, Lauvergeat V, Decendit A, Richard T, Carde JP, Merillon JM, Hamdi S: **Characterization of a grapevine R2R3-MYB transcription factor that regulates the phenylpropanoid pathway.** *Plant Physiol* 2006, **140**(2):499-511.

250. Deluc L, Bogs J, Walker AR, Ferrier T, Decendit A, Merillon J-M, Robinson SP, Barrieu F: **The transcription factor VvMYB5b contributes to the regulation of anthocyanin and proanthocyanidin biosynthesis in developing grape berries.** *Plant Physiol* 2008:pp.108.118919.

251. Schwinn K, Davies K, Alm V, Mackay S, Martin C: **Regulation of anthocyanin biosynthesis in antirrhinum.** In: *Proceedings of the 4th International Symposium on in Vitro Culture and Horticultural Breeding.* Edited by Sorvari S, Karhu S, Kanervo E, Pihakaski S; 2001: 201-206.

252. Schwinn K, Venail J, Shang YJ, Mackay S, Alm V, Butelli E, Oyama R, Bailey P, Davies K, Martin C: **A small family of MYB-**

regulatory genes controls floral pigmentation intensity and patterning in the genus Antirrhinum. *Plant Cell* 2006, **18**(4):831-851.

253. Spelt C, Quattrocchio F, Mol JNM, Koes R: **anthocyanin1 of petunia encodes a basic helix-loop-helix protein that directly activates transcription of structural anthocyanin genes.** *Plant Cell* 2000, **12**(9):1619-1631.

254. Gerats AGM, Farcy E, Wallroth M, Groot SPC, Schram AW: **Control of anthocyanin synthesis in Petunia hybrida by multiple allelic series of the genes An1 and An2.** *Genetics* 1984, **106**(3):501-508.

255. Quattrocchio F, Baudry A, Lepiniec L, Grotewold E: **The Regulation of Flavonoid Biosynthesis.** In: *The Science of Flavonoids*. 2006: 97-122.

256. Sompornpailin K, Makita Y, Yamazaki M, Saito K: **A WD-repeat-containing putative regulatory protein in anthocyanin biosynthesis in Perilla frutescens.** *Plant Molecular Biology* 2002, **50**(3):485-495.

257. Zimmermann IM, Heim MA, Weisshaar B, Uhrig JF: **Comprehensive identification of Arabidopsis thaliana MYB transcription factors interacting with R/B-like BHLH proteins.** *The Plant Journal* 2004, **40**(1):22-34.

258. Tohge T, Nishiyama Y, Hirai MY, Yano M, Nakajima J-i, Awazuhara M, Inoue E, Takahashi H, Goodenowe DB, Kitayama M *et al*: **Functional genomics by integrated analysis of metabolome and transcriptome of Arabidopsis plants over-expressing an MYB transcription factor.** *The Plant Journal* 2005, **42**(2):218-235.

259. Springob K, Nakajima J, Yamazaki M, Saito K: **Recent advances in the biosynthesis and accumulation of anthocyanins.** *Nat Prod Rep* 2003, **20**(3):288-303.

260. Aharoni A, De Vos CHR, Wein M, Sun Z, Greco R, Kroon A, Mol JNM, O'Connell AP: **The strawberry FaMYB1 transcription**

factor suppresses anthocyanin and flavonol accumulation in transgenic tobacco. *The Plant Journal* 2001, **28**(3):319-332.

261. Allan AC, Hellens RP, Laing WA: **MYB transcription factors that colour our fruit**. *Trends in Plant Science* 2008, **13**(3):99-102.

262. Bogs J, Jaffe FW, Takos AM, Walker AR, Robinson SP: **The grapevine transcription factor VvMYBPA1 regulates proanthocyanidin synthesis during fruit development**. *Plant Physiol* 2007, **143**(3):1347-1361.

263. Nesi N, Jond C, Debeaujon I, Caboche M, Lepiniec L: **The Arabidopsis TT2 Gene Encodes an R2R3 MYB Domain Protein That Acts as a Key Determinant for Proanthocyanidin Accumulation in Developing Seed**. *Plant Cell* 2001, **13**(9):2099-2114.

264. Baudry A, Caboche M, Lepiniec L: **TT8 controls its own expression in a feedback regulation involving TTG1 and homologous MYB and bHLH factors, allowing a strong and cell-specific accumulation of flavonoids in Arabidopsis thaliana**. *The Plant Journal* 2006, **46**(5):768-779.

265. Stracke R, Ishihara H, Barsch GHA, Mehrtens F, Niehaus K, Weisshaar B: **Differential regulation of closely related R2R3-MYB transcription factors controls flavonol accumulation in different parts of the Arabidopsis thaliana seedling**. *Plant Journal* 2007, **50**(4):660-677.

266. Mehrtens F, Kranz H, Bednarek P, Weisshaar B: **The Arabidopsis Transcription Factor MYB12 Is a Flavonol-Specific Regulator of Phenylpropanoid Biosynthesis**. *Plant Physiol* 2005, **138**(2):1083-1096.

267. Quattrocchio F, Verweij W, Kroon A, Spelt C, Mol J, Koes R: **PH4 of Petunia Is an R2R3 MYB Protein That Activates Vacuolar Acidification through Interactions with Basic-Helix-Loop-Helix Transcription Factors of the Anthocyanin Pathway**. *Plant Cell* 2006, **18**(5):1274-1291.

268. Vannini C, Locatelli F, Bracale M, Magnani E, Marsoni M, Osnato M, Mattana M, Baldoni E, Coraggio I: **Overexpression of the rice Osmyb4 gene increases chilling and freezing tolerance of Arabidopsis thaliana plants**. *Plant J* 2004, **37**(1):115-127.

269. Li SF, Santini JM, Nicolaou O, Parish RW: **A novel myb-related gene from Arabidopsis thaliana**. *FEBS Lett* 1996, **379**(2):117-121.

270. Grotewold E, Sainz MB, Tagliani L, Hernandez JM, Bowen B, Chandler VL: **Identification of the residues in the Myb domain of maize C1 that specify the interaction with the bHLH cofactor R**. *Proc Natl Acad Sci U S A* 2000, **97**(25):13579-13584.

271. Kranz HD, Denekamp M, Greco R, Jin H, Leyva A, Meissner RC, Petroni K, Urzainqui A, Bevan M, Martin C et al: **Towards functional characterisation of the members of the R2R3-MYB gene family from Arabidopsis thaliana**. *Plant J* 1998, **16**(2):263-276.

272. Wilkins RC, Lis JT: **DNA distortion and multimerization: novel functions of the glutamine-rich domain of GAGA factor**. *Journal of Molecular Biology* 1999, **285**(2):515-525.

273. Song H, Hasson P, Paroush Ze, Courey AJ: **Groucho Oligomerization Is Required for Repression In Vivo**. *Mol Cell Biol* 2004, **24**(10):4341-4350.

274. Courey AJ, Tjian R: **Analysis of Sp1 in vivo reveals mutiple transcriptional domains, including a novel glutamine-rich activation motif**. *Cell* 1988, **55**(5):887-898.

275. Perutz MF, Johnson T, Suzuki M, Finch JT: **Glutamine Repeats as Polar Zippers: Their Possible Role in Inherited Neurodegenerative Diseases**. *Proceedings of the National Academy of Sciences* 1994, **91**(12):5355-5358.

276. Fields S, Song O-k: **A novel genetic system to detect proteinÂ–protein interactions**. *Nature* 1989, **340**(6230):245-246.

277. Brent R: **Repression of transcription in yeast**. *Cell* 1985, **42**(1):3-4.

278. Triezenberg SJ, Kingsbury RC, McKnight SL: **Functional dissection of VP16, the trans-activator of herpes simplex virus immediate early gene expression.** *Genes Dev* 1988, **2**(6):718-729.

279. Ma J, Przibilla E, Hu J, Bogorad L, Ptashne M: **Yeast activators stimulate plant gene expression.** *Nature* 1988, **334**(6183):631-633.

280. Woodger FJ, Millar A, Murray F, Jacobsen JV, Gubler F: **The role of GAMYB transcription factors in GA-regulated gene expression.** *Journal of Plant Growth Regulation* 2003, **22**(2):176-184.

281. Matsushime H, Jinno A, Takagi N, Shibuya M: **A novel mammalian protein kinase gene (mak) is highly expressed in testicular germ cells at and after meiosis.** *Mol Cell Biol* 1990, **10**(5):2261-2268.

282. Yamamoto Y, Ichida H, Matsui M, Obokata J, Sakurai T, Satou M, Seki M, Shinozaki K, Abe T: **Identification of plant promoter constituents by analysis of local distribution of short sequences.** *Bmc Genomics* 2007, **8**(1):67.

283. Yamamoto YY, Ichida H, Abe T, Suzuki Y, Sugano S, Obokata J: **Differentiation of core promoter architecture between plants and mammals revealed by LDSS analysis.** *Nucl Acids Res* 2007:gkm685.

284. Struhl K: **Fundamentally different logic of gene regulation in eukaryotes and prokaryotes.** *Cell* 1999, **98**(1):1-4.

285. Achard P, Lagrange T, El-Zanaty AF, Mache R: **Architecture and transcriptional activity of the initiator element of the TATA-less RPL21 gene.** *Plant J* 2003, **35**(6):743-752.

286. Nakamura M, Tsunoda T, Obokata J: **Photosynthesis nuclear genes generally lack TATA-boxes: a tobacco photosystem I gene responds to light through an initiator.** *Plant J* 2002, **29**(1):1-10.

287. Higo K, Ugawa Y, Iwamoto M, Korenaga T: **Plant cis-acting regulatory DNA elements (PLACE) database: 1999**. *Nucleic Acids Res* 1999, **27**(1):297-300.

288. Rombauts S, Dehais P, Van Montagu M, Rouze P: **PlantCARE, a plant cis-acting regulatory element database**. *Nucleic Acids Res* 1999, **27**(1):295-296.

289. Cartharius K, Frech K, Grote K, Klocke B, Haltmeier M, Klingenhoff A, Frisch M, Bayerlein M, Werner T: **MatInspector and beyond: promoter analysis based on transcription factor binding sites**. *Bioinformatics* 2005, **21**(13):2933-2942.

290. Quandt K, Frech K, Karas H, Wingender E, Werner T: **MatInd and MatInspector: new fast and versatile tools for detection of consensus matches in nucleotide sequence data**. *Nucleic Acids Res* 1995, **23**(23):4878-4884.

291. Deluc L: **Identification et caractérisation fonctionnelle de deux gènes régulateurs du métabolisme des composés phénoliques de la baie de raisin**. Bordeaux: Université de Bordeaux I; 2004.

292. Leung J, Giraudat J: **ABSCISIC ACID SIGNAL TRANSDUCTION**. *Annual Review of Plant Physiology and Plant Molecular Biology* 1998, **49**(1):199-222.

293. Simpson SD, Nakashima K, Narusaka Y, Seki M, Shinozaki K, Yamaguchi-Shinozaki K: **Two different novel cis-acting elements of erd1, a clpA homologous Arabidopsis gene function in induction by dehydration stress and dark-induced senescence**. *Plant J* 2003, **33**(2):259-270.

294. Shen Q, Ho TH: **Functional dissection of an abscisic acid (ABA)-inducible gene reveals two independent ABA-responsive complexes each containing a G-box and a novel cis-acting element**. *Plant Cell* 1995, **7**(3):295-307.

295. Shen Q, Zhang P, Ho TH: **Modular nature of abscisic acid (ABA) response complexes: composite promoter units that are**

necessary and sufficient for ABA induction of gene expression in barley. *Plant Cell* 1996, **8**(7):1107-1119.

296. Kaplan B, Davydov O, Knight H, Galon Y, Knight MR, Fluhr R, Fromm H: **Rapid Transcriptome Changes Induced by Cytosolic Ca2+ Transients Reveal ABRE-Related Sequences as Ca2+-Responsive cis Elements in Arabidopsis.** *Plant Cell* 2006, **18**(10):2733-2748.

297. Choi H, Hong J, Ha J, Kang J, Kim SY: **ABFs, a family of ABA-responsive element binding factors.** *J Biol Chem* 2000, **275**(3):1723-1730.

298. Kim SY, Chung HJ, Thomas TL: **Isolation of a novel class of bZIP transcription factors that interact with ABA-responsive and embryo-specification elements in the Dc3 promoter using a modified yeast one-hybrid system.** *Plant J* 1997, **11**(6):1237-1251.

299. Busk PK, Pages M: **Regulation of abscisic acid-induced transcription.** *Plant Mol Biol* 1998, **37**(3):425-435.

300. Finkelstein RR, Lynch TJ: **The Arabidopsis abscisic acid response gene ABI5 encodes a basic leucine zipper transcription factor.** *Plant Cell* 2000, **12**(4):599-609.

301. Abe H, Urao T, Ito T, Seki M, Shinozaki K, Yamaguchi-Shinozaki K: **Arabidopsis AtMYC2 (bHLH) and AtMYB2 (MYB) Function as Transcriptional Activators in Abscisic Acid Signaling.** *Plant Cell* 2003, **15**(1):63-78.

302. Kyoko T, Taka-aki U, Junji Y: **Promoter elements required for sugar-repression of the RAmy3D gene for Î±-amylase in rice.** *FEBS Letters* 1998, **428**(3):275-280.

303. Chen P-W, Chiang C-M, Tseng T-H, Yu S-M: **Interaction between Rice MYBGA and the Gibberellin Response Element Controls Tissue-Specific Sugar Sensitivity of {alpha}-Amylase Genes.** *Plant Cell* 2006, **18**(9):2326-2340.

304. Gubler F, Kalla R, Roberts JK, Jacobsen JV: **Gibberellin-regulated expression of a myb gene in barley aleurone cells: evidence for Myb transactivation of a high-pI alpha-amylase gene promoter.** *Plant Cell* 1995, **7**(11):1879-1891.

305. Zhang Z-L, Xie Z, Zou X, Casaretto J, Ho T-hD, Shen QJ: **A Rice WRKY Gene Encodes a Transcriptional Repressor of the Gibberellin Signaling Pathway in Aleurone Cells.** *Plant Physiol* 2004, **134**(4):1500-1513.

306. Sutoh K, Yamauchi D: **Two cis-acting elements necessary and sufficient for gibberellin-upregulated proteinase expression in rice seeds.** *Plant J* 2003, **34**(5):635-645.

307. Klinedinst S, Pascuzzi P, Redman J, Desai M, Arias J: **A xenobiotic-stress-activated transcription factor and its cognate target genes are preferentially expressed in root tip meristems.** *Plant Mol Biol* 2000, **42**(5):679-688.

308. Hao D, Ohme-Takagi M, Sarai A: **Unique mode of GCC box recognition by the DNA-binding domain of ethylene-responsive element-binding factor (ERF domain) in plant.** *J Biol Chem* 1998, **273**(41):26857-26861.

309. Ohme-Takagi M, Suzuki K, Shinshi H: **Regulation of Ethylene-Induced Transcription of Defense Genes.** *Plant Cell Physiol* 2000, **41**(11):1187-1192.

310. Brown RL, Kazan K, McGrath KC, Maclean DJ, Manners JM: **A role for the GCC-box in jasmonate-mediated activation of the PDF1.2 gene of Arabidopsis.** *Plant Physiol* 2003, **132**(2):1020-1032.

311. Arguello-Astorga G, Herrera-Estrella L: **EVOLUTION OF LIGHT-REGULATED PLANT PROMOTERS.** *Annu Rev Plant Physiol Plant Mol Biol* 1998, **49**:525-555.

312. Terzaghi WB, Cashmore AR: **LIGHT-REGULATED TRANSCRIPTION.** *Annual Review of Plant Physiology and Plant Molecular Biology* 1995, **46**:445-474.

313. Hudson ME, Quail PH: **Identification of Promoter Motifs Involved in the Network of Phytochrome A-Regulated Gene Expression by Combined Analysis of Genomic Sequence and Microarray Data**. *Plant Physiol* 2003, **133**(4):1605-1616.

314. Jiao Y, Lau OS, Deng XW: **Light-regulated transcriptional networks in higher plants**. *Nat Rev Genet* 2007, **8**(3):217-230.

315. Block A, Dangl JL, Hahlbrock K, Schulze-Lefert P: **Functional borders, genetic fine structure, and distance requirements of cis elements mediating light responsiveness of the parsley chalcone synthase promoter**. *Proc Natl Acad Sci U S A* 1990, **87**(14):5387-5391.

316. Chan C-S, Guo L, Shih M-C: **Promoter analysis of the nuclear gene encoding the chloroplast glyceraldehyde-3-phosphate dehydrogenase B subunit of Arabidopsis thaliana**. *Plant Molecular Biology* 2001, **46**(2):131-141.

317. Le Gourrierec J, Li YF, Zhou DX: **Transcriptional activation by Arabidopsis GT-1 may be through interaction with TFIIA-TBP-TATA complex**. *Plant J* 1999, **18**(6):663-668.

318. Green PJ, Yong MH, Cuozzo M, Kano-Murakami Y, Silverstein P, Chua NH: **Binding site requirements for pea nuclear protein factor GT-1 correlate with sequences required for light-dependent transcriptional activation of the rbcS-3A gene**. *EMBO J* 1988, **7**(13):4035-4044.

319. Izawa T, Foster R, Chua NH: **Plant bZIP protein DNA binding specificity**. *J Mol Biol* 1993, **230**(4):1131-1144.

320. Monte E, Tepperman JM, Al-Sady B, Kaczorowski KA, Alonso JM, Ecker JR, Li X, Zhang Y, Quail PH: **Inaugural Article: The phytochrome-interacting transcription factor, PIF3, acts early, selectively, and positively in light-induced chloroplast development**. *Proceedings of the National Academy of Sciences* 2004, **101**(46):16091-16098.

321. Narusaka Y, Nakashima K, Shinwari ZK, Sakuma Y, Furihata T, Abe H, Narusaka M, Shinozaki K, Yamaguchi-Shinozaki K: **Interaction between two cis-acting elements, ABRE and DRE, in ABA-dependent expression of Arabidopsis rd29A gene in response to dehydration and high-salinity stresses.** *Plant J* 2003, **34**(2):137-148.

322. Svensson JT, Crosatti C, Campoli C, Bassi R, Stanca AM, Close TJ, Cattivelli L: **Transcriptome analysis of cold acclimation in barley albina and xantha mutants.** *Plant Physiol* 2006, **141**(1):257-270.

323. Xue GP: **The DNA-binding activity of an AP2 transcriptional activator HvCBF2 involved in regulation of low-temperature responsive genes in barley is modulated by temperature.** *Plant J* 2003, **33**(2):373-383.

324. Sugimoto K, Takeda S, Hirochika H: **Transcriptional activation mediated by binding of a plant GATA-type zinc finger protein AGP1 to the AG-motif (AGATCCAA) of the wound-inducible Myb gene NtMyb2.** *Plant J* 2003, **36**(4):550-564.

325. Nishiuchi T, Shinshi H, Suzuki K: **Rapid and transient activation of transcription of the ERF3 gene by wounding in tobacco leaves: possible involvement of NtWRKYs and autorepression.** *J Biol Chem* 2004, **279**(53):55355-55361.

326. Cakir B, Agasse A, Gaillard C, Saumonneau A, Delrot S, Atanassova R: **A Grape ASR Protein Involved in Sugar and Abscisic Acid Signaling.** *Plant Cell* 2003, **15**(9):2165-2180.

327. Sun C, Palmqvist S, Olsson H, Boren M, Ahlandsberg S, Jansson C: **A Novel WRKY Transcription Factor, SUSIBA2, Participates in Sugar Signaling in Barley by Binding to the Sugar-Responsive Elements of the iso1 Promoter.** *Plant Cell* 2003, **15**(9):2076-2092.

328. Di Laurenzio L, Wysocka-Diller J, Malamy JE, Pysh L, Helariutta Y, Freshour G, Hahn MG, Feldmann KA, Benfey PN: **The SCARECROW gene regulates an asymmetric cell division that is essential for generating the radial organization of the Arabidopsis root.** *Cell* 1996, **86**(3):423-433.

329. Kamiya N, Itoh J, Morikami A, Nagato Y, Matsuoka M: **The SCARECROW gene's role in asymmetric cell divisions in rice plants**. *Plant J* 2003, **36**(1):45-54.

330. Downey MO, Dokoozlian NK, Krstic MP: **Cultural practice and environmental impacts on the flavonoid composition of grapes and wine: A review of recent research**. *American Journal of Enology and Viticulture* 2006, **57**(3):257-268.

331. Joscelyne VL, Downey MO, Mazza M, Bastian SEP: **Partial shading of Cabernet Sauvignon and Shiraz vines altered wine color and mouthfeel attributes, but increased exposure had little impact**. *Journal of Agricultural and Food Chemistry* 2007, **55**(26):10888-10896.

332. Mori K, Sugaya S, Gemma H: **Decreased anthocyanin biosynthesis in grape berries grown under elevated night temperature condition**. *Scientia Horticulturae* 2005, **105**(3):319-330.

333. Weaver RJ, McCune SB: **Influence of Light on Color Development in Vitis Vinifera Grapes**. *Am J Enol Vitic* 1960, **11**(4):179-184.

334. Smart RE, Robinson JB, Due GR, Brien CJ: **Canopy microclimate modification for the cultivar Shirza. II. Effects on must and wine composition**. *Vitis* 1985, **24**(2):119-128.

335. Haselgrove L, Botting D, Heeswijck Rv, Hoj PB, Dry PR, Ford C, Iland PG: **Canopy microclimate and berry composition: the effect of bunch exposure on the phenolic composition of Vitis vinifera L cv. Shiraz grape berries**. *Australian Journal of Grape and Wine Research* 2000, **6**(2):141-149.

336. Rabino I, Mancinelli AL: **Light, temperature, and anthocyanin production**. *Plant Physiology* 1986, **81**(3):922-924.

337. Mori K, Goto-Yamamoto N, Kitayama M, Hashizume K: **Loss of anthocyanins in red-wine grape under high temperature**. *Journal of Experimental Botany* 2007, **58**(8):1935-1945.

338. Keough RA, Macmillan EM, Lutwyche JK, Gardner JM, Tavner FJ, Jans DA, Henderson BR, Gonda TJ: **Myb-binding protein 1a is a nucleocytoplasmic shuttling protein that utilizes CRM1-dependent and independent nuclear export pathways**. *Exp Cell Res* 2003, **289**(1):108-123.

339. Serebriiskii IG, Golemis EA: **Two-Hybrid System and False Positives**. In., vol. 177; 2001: 123-134.

340. Van Criekinge W, Beyaert R: **Yeast Two-Hybrid: State of the Art**. *Biol Proced Online* 1999, **2**:1-38.

341. Hernandez JM, Feller A, Morohashi K, Frame K, Grotewold E: **The basic helix-loop-helix domain of maize R links transcriptional regulation and histone modifications by recruitment of an EMSY-related factor**. *Proceedings of the National Academy of Sciences* 2007, **104**(43):17222-17227.

342. Puig O, Caspary F, Rigaut G, Rutz B, Bouveret E, Bragado-Nilsson E, Wilm M, Seraphin B: **The tandem affinity purification (TAP) method: a general procedure of protein complex purification**. *Methods* 2001, **24**(3):218-229.

343. Lalonde S, Ehrhardt DW, Loque D, Chen J, Rhee SY, Frommer WB: **Molecular and cellular approaches for the detection of protein-protein interactions: latest techniques and current limitations**. *The Plant Journal* 2008, **53**(4):610-635.

344. Walker AR, Lee E, Robinson SP: **Two new grape cultivars, bud sports of Cabernet Sauvignon bearing pale-coloured berries, are the result of deletion of two regulatory genes of the berry colour locus**. *Plant Mol Biol* 2006, **62**(4-5):623-635.

345. Bouchez D, Hofte H: **Functional genomics in plants**. *Plant Physiol* 1998, **118**(3):725-732.

346. Gelvin SB: **Agrobacterium and Plant Genes Involved in T-DNA Transfer and Integration**. *Annu Rev Plant Physiol Plant Mol Biol* 2000, **51**:223-256.

347. Li Y, Rosso MG, Viehoever P, Weisshaar B: **GABI-Kat SimpleSearch: an Arabidopsis thaliana T-DNA mutant database with detailed information for confirmed insertions**. *Nucleic Acids Res* 2007, **35**(Database issue):D874-878.

348. Holmes-Davis R, Tanaka CK, Vensel WH, Hurkman WJ, McCormick S: **Proteome mapping of mature pollen of Arabidopsis thaliana**. *Proteomics* 2005, **5**(18):4864-4884.

349. Castillo-Munoz N, Gomez-Alonso S, Garcia-Romero E, Hermosin-Gutierrez I: **Flavonol Profiles of Vitis vinifera Red Grapes and Their Single-Cultivar Wines**. *J Agric Food Chem* 2007, **55**(3):992-1002.

350. Honda C, Kotoda N, Wada M, Kondo S, Kobayashi S, Soejima J, Zhang ZL, Tsuda T, Moriguchi T: **Anthocyanin biosynthetic genes are coordinately expressed during red coloration in apple skin**. *Plant Physiology and Biochemistry* 2002, **40**(11):955-962.

351. Kim SH, Lee JR, Hong ST, Yoo YK, An G, Kim SR: **Molecular cloning and analysis of anthocyanin biosynthesis genes preferentially expressed in apple skin**. *Plant Science* 2003, **165**(2):403-413.

352. Gong ZZ, Yamazaki M, Sugiyama M, Tanaka Y, Saito K: **Cloning and molecular analysis of structural genes involved in anthocyanin biosynthesis and expressed in a forma-specific manner in Perilla frutescens**. *Plant Molecular Biology* 1997, **35**(6):915-927.

353. Yamazaki M, Shibata M, Nishiyama Y, Springob K, Kitayama M, Shimada N, Aoki T, Ayabe SI, Saito K: **Differential gene expression profiles of red and green forms of Perilla frutescens leading to comprehensive identification of anthocyanin biosynthetic genes**. *Febs J* 2008, **275**(13):3494-3502.

354. Yakushiji H, Kobayashi S, Goto-Yamamoto N, Tae Jeong S, Sueta T, Mitani N, Azuma A: **A skin color mutation of grapevine, from black-skinned Pinot Noir to white-skinned Pinot Blanc, is caused**

by deletion of the functional VvmybA1 allele. *Biosci Biotechnol Biochem* 2006, **70**(6):1506-1508.

355. Tohge T, Nishiyama Y, Hirai MY, Yano M, Nakajima JI, Awazuhara M, Inoue E, Takahashi H, Goodenowe DB, Kitayama M *et al*: **Identification of genes involved in anthocyanin accumulation by integrated analysis of metabolome and transcriptome in PAP1-overexpressing Arabidopsis plants.** Dordrecht: Springer; 2007.

356. Mandaokar A, Thines B, Shin B, Markus Lange B, Choi G, Koo YJ, Yoo YJ, Choi YD, Choi G, Browse J: **Transcriptional regulators of stamen development in Arabidopsis identified by transcriptional profiling.** *The Plant Journal* 2006, **46**(6):984-1008.

357. Yang XY, Li JG, Pei M, Gu H, Chen ZL, Qu LJ: **Over-expression of a flower-specific transcription factor gene AtMYB24 causes aberrant anther development.** *Plant Cell Reports* 2007, **26**(2):219-228.

358. Matus JT, Aquea F, Arce-Johnson P: **Analysis of the grape MYB R2R3 subfamily reveals expanded wine quality-related clades and conserved gene structure organization across Vitis and Arabidopsis genomes.** *BMC Plant Biol* 2008, **8**:83.

359. Lee MM, Schiefelbein J: **Developmentally distinct MYB genes encode functionally equivalent proteins in Arabidopsis.** *Development* 2001, **128**(9):1539-1546.

360. Zimmermann P, Hirsch-Hoffmann M, Hennig L, Gruissem W: **GENEVESTIGATOR. Arabidopsis microarray database and analysis toolbox.** *Plant Physiology* 2004, **136**(1):2621-2632.

361. Winter D, Vinegar B, Nahal H, Ammar R, Wilson GV, Provart NJ: **An Electronic Fluorescent Pictograph Browser for Exploring and Analyzing Large-Scale Biological Data Sets.** *PLoS One* 2007, **2**(8):e718.

362. Tatusova TA, Madden TL: **BLAST 2 Sequences, a new tool for comparing protein and nucleotide sequences**. *FEMS Microbiol Lett* 1999, **174**(2):247-250.

363. Thompson JD, Higgins DG, Gibson TJ: **CLUSTAL W: improving the sensitivity of progressive multiple sequence alignment through sequence weighting, position-specific gap penalties and weight matrix choice**. *Nucleic Acids Res* 1994, **22**(22):4673-4680.

364. Quevillon E, Silventoinen V, Pillai S, Harte N, Mulder N, Apweiler R, Lopez R: **InterProScan: protein domains identifier**. *Nucleic Acids Res* 2005, **33**(Web Server issue):W116-120.

365. Guerineau F, Benjdia M, Zhou DX: **A jasmonate-responsive element within the A. thaliana vsp1 promoter**. *J Exp Bot* 2003, **54**(385):1153-1162.

366. Hajdukiewicz P, Svab Z, Maliga P: **The small, versatile pPZP family of Agrobacterium binary vectors for plant transformation**. *Plant Mol Biol* 1994, **25**(6):989-994.

367. Pietrzak M, Shillito RD, Hohn T, Potrykus I: **Expression in plants of two bacterial antibiotic resistance genes after protoplast transformation with a new plant expression vector**. *Nucleic Acids Res* 1986, **14**(14):5857-5868.

368. Koncz C, Nemeth K, Redei GP, Schell J: **T-DNA insertional mutagenesis in Arabidopsis**. *Plant Mol Biol* 1992, **20**(5):963-976.

369. Reid KE, Olsson N, Schlosser J, Peng F, Lund ST: **An optimized grapevine RNA isolation procedure and statistical determination of reference genes for real-time RT-PCR during berry development**. *BMC Plant Biology* 2006, **6**.

370. Saiki RK, Scharf S, Faloona F, Mullis KB, Horn GT, Erlich HA, Arnheim N: **Enzymatic amplification of beta-globin genomic sequences and restriction site analysis for diagnosis of sickle cell anemia. 1985**. *Biotechnology* 1992, **24**:476-480.

371. Kennedy GC, Wilson IW: **Plant functional genomics: opportunities in microarray databases and data mining.** *Functional Plant Biology* 2004, **31**(4):295-314.

372. Quackenbush J: **Computational analysis of microarray data.** *Nat Rev Genet* 2001, **2**(6):418-427.

373. Saeed AI, Sharov V, White J, Li J, Liang W, Bhagabati N, Braisted J, Klapa M, Currier T, Thiagarajan M *et al*: **TM4: a free, open-source system for microarray data management and analysis.** *Biotechniques* 2003, **34**(2):374-378.

374. Quackenbush J: **Microarray data normalization and transformation.** *Nat Genet* 2002, **32 Suppl**:496-501.

375. Clough SJ, Bent AF: **Floral dip: a simplified method for Agrobacterium-mediated transformation of Arabidopsis thaliana.** *Plant J* 1998, **16**(6):735-743.

376. Edgar RC: **MUSCLE: multiple sequence alignment with high accuracy and high throughput.** *Nucleic Acids Res* 2004, **32**(5):1792-1797.

377. Saitou N, Nei M: **The neighbor-joining method: a new method for reconstructing phylogenetic trees.** *Mol Biol Evol* 1987, **4**(4):406-425.

378. Rzhetsky A, Nei M: **Statistical properties of the ordinary least-squares, generalized least-squares, and minimum-evolution methods of phylogenetic inference.** *J Mol Evol* 1992, 35(4):367-375.

Oui, je veux morebooks!

i want morebooks!

Buy your books fast and straightforward online - at one of the world's fastest growing online book stores! Environmentally sound due to Print-on-Demand technologies.

Buy your books online at
www.get-morebooks.com

Achetez vos livres en ligne, vite et bien, sur l'une des librairies en ligne les plus performantes au monde!
En protégeant nos ressources et notre environnement grâce à l'impression à la demande.

La librairie en ligne pour acheter plus vite
www.morebooks.fr

OmniScriptum Marketing DEU GmbH
Heinrich-Böcking-Str. 6-8
D - 66121 Saarbrücken
Telefax: +49 681 93 81 567-9

info@omniscriptum.de
www.omniscriptum.de

Printed by Books on Demand GmbH, Norderstedt / Germany